LOCUS

LOCUS

LOCUS

LOCUS

from

vision

from 35　PC 迷幻紀事

What the Dormouse Said

作者：John Markoff

譯者：查修傑

責任編輯：湯皓全

美術編輯：何萍萍

法律顧問：全理法律事務所董安丹律師

出版者：大塊文化出版股份有限公司

台北市 105 南京東路四段 25 號 11 樓

www.locuspublishing.com

讀者服務專線：0800-006689

TEL：(02) 87123898　FAX：(02) 87123897

郵撥帳號：18955675　戶名：大塊文化出版股份有限公司

總經銷：大和書報圖書股份有限公司

地址：台北縣五股工業區五工五路 2 號

TEL：(02) 89902588 (代表號)　FAX：(02)22901658

排版：天翼電腦排版印刷有限公司　製版：源耕印刷事業有限公司

初版一刷：2006 年 7 月

定價：新台幣 280 元

Printed in Taiwan

What the Dormouse Said
PC迷幻紀事

John Markoff 著
查修傑 譯

目錄

當邏輯與比例

都沒意義了

白騎士倒著說話

紅皇后大喊：「拖去砍了！」

別忘了睡鼠說的：

餵你的頭！

餵你的頭！

餵你的頭＊！

葛瑞絲．史萊克（Grace Slick），傑佛遜飛船，
「白兔子」（White Rabbit）（一九六六）

＊譯註：「餵你的頭」暗指吃迷幻藥。在六〇年代氛圍下，
作詞者鼓勵聽眾餵飽肚子之餘，嘗試藥物拓展感官經驗，充實腦袋。

前言

一般而言，關於個人電腦的起源，有兩個常聽到的說法。

第一種說法將PC的誕生歸功於一對年輕電腦玩家和創業家：史蒂芬・沃茲尼克（Stephen Wozniak）與史提夫・賈伯斯（Steven Jobs）。根據這項說法，沃茲尼克打造了一部電腦，與他在「自製電腦俱樂部」（Homebrew Computer Club）裡的朋友們分享。這個俱樂部在一九七五年春天成立於舊金山中半島（Midpeninsula），是個業餘性質草根團體。沃茲尼克的高中死黨史提夫・賈伯斯目睹這部機器之後，高瞻遠矚地預見了個人電腦在消費市場的潛力，兩人因而在一九七六年，共同創建蘋果電腦公司（Apple Computer）。

第二種說法則認爲，個人電腦是一九七〇年代，在全錄（Xerox）素享盛名的帕羅奧圖研究中心（PARC, Palo Alto Research Center）裡孕育而生的。這家影印機大廠招募了一群當時電腦科學界精英，給予他們足夠的發揮空間，構思未來辦公室的資訊設備。結果在一流人才的腦力激盪之下，誕生出一具代號奧圖（Alto）的電腦，可以視爲今日桌上型與可攜式電腦的前身。雖然外界咸認全錄因爲在奧圖商品化的過程中決策錯誤，而「搞砸了大好未來」，但PARC衍生的數十項研究成果卻觸發了一個矽谷至今仍爲人津津樂道的傳聞：史提夫・賈伯斯在一九七九年造訪PARC後，順道帶走了圖形使用者介面的概念。

兩種說法各有其眞實性，但也都不夠完整。

這本書要說的，是在這些歷史以前發生的事，回溯在不到二十年的時間裡，區區幾平方英哩的範圍內發生的政治、文化，與科技潮流交會激盪。思想的衝擊，催生出一個不平凡的概念：個人電腦，也就是一人完全掌控一臺電腦，並藉由電腦拓展與傳達思維的創見。在一九六〇年代晚期，這樣的概念已開始在舊金山中半島隱然浮現。

在全錄與自製電腦玩家們投入以前，個人電腦的基礎技術是由兩個美國政府單位贊助的實驗室在著手研發。這兩所實驗室位於史丹佛大學校區兩端，都成立於六〇年代，卻抱持完全不同的研究理念：道格拉斯・恩格保(Douglas Engelbart)在史丹佛研究院(SRI, Stanford Research Institute)成立的人類智識增益研究中心（Augmented Human Intellect Research Center），是以開發強大的電腦設備來提升人類心智爲出發點；相反地，約翰・麥卡席（John McCarthy）的史丹佛人工智慧實驗室（SAIL, Stanford Artificial Intelligence Laboratories），則是以模擬人類智識爲目標。

前者設法拓展人類心智，後者則試圖取代它。

雖然這兩個團隊在六〇年代沒有太多直接接觸，但在兩組人馬中，都有幾位研究人員和工程師預見了當時正在聖塔克拉拉河谷（Santa Clara Valley）成形的微電子產業，將遵循著一項基本鐵律：基於矽晶片特性，電腦運算能力的成長速度將超越史上任一種其他技術。不止如此，隨著晶圓上蝕刻的電晶體面積縮小，運算速度的成長將更爲驚人。電晶體大小每縮減一半，晶片上的線路數量就增加四倍。電腦的速度和容量將不斷倍增，成本和體積則將不斷遞減。此一觀念看似簡單，但對那些大膽接受它們的人來說，它所帶來的視野擴張效果，卻與嗑藥的感受無異。

英代爾的創始人之一高登・摩爾（Gordon Moore）在一九六五年提出這項概念，後人將之名爲「摩爾定律」（Moore's Law），並儼然成爲矽谷發展的寫照。八〇和九〇年代，摩爾定律幾乎被當作矽谷一切脈動的理解基礎，從科技到商業、教育，甚至文化皆涵蓋在內。這條「定律」指出電晶體的數量每隔幾年，就會成長一倍。它預言一切事物都會快速演進，任何科技都會轉眼過時，成本滑落和運算能力成長不是依循線性，而是以指數推進。如果你不是活在所謂的「網路時間」（Internet Time）裡，你就落伍了。

雖然後人以爲摩爾是此一觀念的創始者，但早在他之前，就有幾位電腦先驅發現了這個現象，事實上，這些研究人員也是最早醞釀採用微影技術把電晶體和邏輯電路印刷在矽晶片上的人。一九六〇年代初，一群研究機體電路的電腦設計師和工程師已經體認到這項技術蘊含著驚人的經濟效應，而且影響層面不僅只於登月探測和核子飛彈等尖端領域。隨著半導體製程技術精進，一個顯而易見的潮流是：當時僅有少數人能接觸的電腦設備，終將普及至社會大眾。

對這些先驅者來說，此一演進是必然的。因此，即使研究人員在史丹佛實驗室裡操作的早期設備既不「桌上型」，也稱不上「個人」，但互動性和單人操控的中心概念，卻很快就深植於他們打造的設備中。個人電腦的「創意」誕生在六〇年代，但一直要等到後來，成本降低和技術提升讓可行性浮現時，個人電腦才眞正問世。

當然，工程師的洞見非憑空而來。縮減電路的矽晶片不是無端出現，而是來自兩項地緣政治的挑戰：登陸月球，以及將導航電路塞進洲際彈道飛彈頂部的需求。這一點在今日很難體會，尤其是半導體工業的演進讓晶片世代交替變得如鐘擺般規律且輕易的此刻。同樣地，兩座史丹佛實驗室也在那個特定時間點，出現在那個特定地點。舊金山中半島在六〇和七〇年代早期，見證了科學、政治、藝術，和商業潮流的劃時代交會，而此一思潮匯聚，足可與一次戰後的維也納相比擬。

從五〇年代開始，計算機逐漸被視爲集權官僚的大型機構象徵，因而飽受攻詰。路易斯・孟佛（Lewis Mumford）在《機器之迷思：權力五角》（*The Myth of the Machine: The Pentagon of Power*）中聲稱電子運算器（electronic computer）的創造違反人類自由本性，並譴責開發高速運算機器的技術人員。不過，僅僅十年後，世人觀感丕變。電腦從受人鄙棄的官僚控管工具，搖身而成個人表現與解放的象徵。對於電腦的看法轉變，反映了當時大環境的物換星移。

一九六〇年代末，美國政治社會經歷大幅動盪起伏，撕裂了五〇年代的中產階級安逸表象。從民權運動、迷幻藥、女權問題、生態意識，到反戰運動，都促成抗拒美國戰後正統價值的反主流文化（counterculture）形成。今日我們司空慣見的電腦技術，其原始概念即成形於此一不羈年代，一個充滿示威抗議、迷幻藥實驗、反傳統社群，和無政府理想主義的時代。

史都華・布蘭德（Steward Brand）曾在「感謝嬉皮」（We Owe It All to the Hippies）一文中寫道：「反主流文化對單一威權的蔑視，不但是分散式網際網路概念由來，更孕育了整個個人電腦革命。」①希奧多・羅薩克（Theodore Roszak）也在他串連個人電腦產業興起與反主流文化的《從頓悟到矽谷》（*From Satori to Silicon Valley*, 1986）一書中，提出類似主張。

事實上，當時的新左派（New Left）和反主流文化分裂爲兩個陣營，分別是反機械化的新盧德派（Luddites），以及親科技派。有些人抱持反科技、回歸自然的想法，有些人則深信不斷改良的機器設備，可以帶來社會進步。布蘭德的親科技立場，可以從六〇年代最具影響力的書刊《全地球目錄》（*Whole Earth Catalog*, 1968）中清楚觀察到。他認爲社會可以運用科技來達到民主化和權力下放的目的。這本目錄最終影響了一整個世代的觀念，讓人們相信電腦技術可以促成政治改革、環境保護等理想的實現。

布蘭德是第一位窺探電腦新世界，並察覺迷幻藥與當時在史丹佛校園裡研發的新型電腦，在啓發心智上有異曲同工之妙的人。一九七二年，他匯集一系列有關電腦產業發展的短文，以

「太空大戰・電腦迷的痴狂生活」（Spacewar: Fanatic Life and Symbolic Death among the Computer Bums）爲題發表在《滾石》（*Rolling Stone*）雜誌上。兩年後，更進一步據此文寫成《兩塊電腦新大陸》（*II Cybernetic Frontiers*, 1974），並在書中首度大量使用「個人電腦」一詞並廣爲流傳。布蘭德在《滾石》一文中適切傳達了六〇年代電腦圈內氣氛，其中一段提到美國最尖端的電腦研究實驗室是如何在每天晚上搖身一變，成爲電動遊樂場。「這些都是電腦迷……多數都是，」他寫道：「電腦圈裡至少有一半以上是癡迷的狂熱份子。」②

一語中的。只要聽那些在六〇、七〇年代待過中半島的人回憶當年，你很快就能體會想要了解電腦劃時代變革的緣起，就不能不追溯那些幕後推手的境遇，與當時的大環境。當時中半島充沛的文化與科技能量帶來的影響力，可以從這些電腦技術拓荒者的個人軼事中發現痕跡。事實上，個人的決定，往往就牽繫著歷史的轉變。

凱普勒書店（Kepler's）一九五〇年代在門帕市（Menlo Park）砂石路（El Camino Real）上開始營業。老闆羅伊・凱普勒（Roy Kepler）是個和平反戰份子。如果你在這家書店門口插根棍子，沿著五英哩半徑畫個圓圈，那麼圈子裡不但有恩格保在史丹佛研究院的增益研究中心、麥卡席的史丹佛人工智慧實驗室、全錄的帕羅奧圖研究中心，還涵蓋了平民電腦公司（People's Computer Company）與自製電腦俱樂部的玩家據點。

地處電腦舊勢力邊陲的加州，能夠異軍突起成爲個人電腦發源地，並非巧合。計算機發展史上，多數電腦研究機構都集中在紐約上城的ＩＢＭ主機工廠，以及圍繞麻省理工學院（MIT）和劍橋市（Cambridge）設立的研究單位與高科技產業。不過，從六〇年代開始，位處聖荷西（San Jose）與舊金山之間，人口相對稠密的中半島，卻逐漸成爲政治示威、反主流文化，與電腦新思潮的融合與試驗場。

不過也有另一種看法認爲，個人電腦的種子是同時在東岸與西岸兩地孕育萌芽的。確實，在六〇年代，單一使用者的電腦概念不只出現在中半島，也流傳在麻州一二八號公路週遭。麻省理工學院物理學家衛斯里・克拉克（Wesley A. Clark）構思設計的 LINC 電腦，早從一九六一年即開始製造，並於次年首度在馬里蘭州貝斯達市（Bethesda）國家心理衛生研究院啓用，協助分析貓的神經反應。LINC 問世後第二年，伊凡・沙瑟蘭（Ivan E. Sutherland）也提出他的博士論文，內容描述一套概念新穎、取名「素描板」（Sketchpad）的軟體程式。這個程式在麻省理工學院設計的早期迷你電腦 TX-2 上運行，是史上第一個讓使用者直接在螢幕上製作圖形的軟體。

擁有沙瑟蘭、范尼瓦・布許（Vennevar Bush）、利克里德（J. C. R. Licklider）、羅勃・泰勒（Robert Taylor）、希爾多・尼爾森（Theodor Nelson），以及麻省理工學院電腦駭客③的美國東岸，顯然具備開發個人電腦的必要人才與技術，那到底是甚麼原因，導致ＰＣ熱潮和ＰＣ產業率先誕生於史丹佛周遭呢？

答案是，因爲在東岸沒有指向個人電腦的明確技術進程。在各自爲政的小型電腦實驗和具體成形的個人電腦之間形成連結的，是西岸對電腦將成爲新興媒介的重要體認，就像書籍、唱片、電影、收音機、電視一樣。個人電腦有能力囊括所有舊媒介，同時又因爲它問世之時正逢舊體制規範遭到質疑，而具有獨特優勢。因此，個人所有、個人所用的電腦，終於伴隨反權威、深信人性應凌駕企業科技，而非受其操控的反主流文化，一同問世。

東岸的電腦圈沒搞懂這一點。傳統的電腦產業是階級分明而保守的。即使在PC已爲大眾接受後多年，迷你電腦業者迪吉多（Digital Equipment Corporation）創始人肯恩・歐森（Ken Olson）仍拒絕承認事實：他公開表示不認爲家庭有必要擁有電腦。結果，迪吉多雖身爲迷你電腦先驅，卻因低估個人電腦影響力而錯失與西岸競爭的機會。

在六○年代，史丹佛大學的周遭社區具備許多矛盾特質。外表上，這裡是個平靜的大學城：綠樹成蔭的街道、形同「教授村」的沉悶社區、不起眼的購物中心，彷彿電視影集《天才小麻煩》（Leave it to Beaver）裡的高中。但中半島從來都不是典型美國派式傳統市鎮。早從奠基加州的移民文化開始，灣區就存在一股波希米亞邊緣文化，甚至在五○、六○年代初期，即可察覺這股勢力與主流中產階級對立的暗潮洶湧。

表面上，此區經濟是由軍方與產業合作支撐。史丹佛大學很早就衍生出維瑞安（Varian）、安培克斯（Ampex）、惠普（Hewlett-Packard）等公司，二次大戰後，中半島成爲高科技軍事製造與研發重鎮，南邊有製造北極星飛彈（Polaris）的洛克希德公司（Lockheed Missiles and Space Corporation），北邊有充當軍方與產業智庫的史丹佛研究院。

然而，穩定共生的表象已出現裂痕。帕羅奧圖市中產階級的外表下，隱藏著複雜的現實。這個小鎮曾數度現身著名小說，包括遭列黑名單的好萊塢劇作家克蘭西・席格（Clancy Sigal）自傳性著作《離鄉背井》（*Going Away*），和湯瑪斯・品瓊（Thomas Pynchon）的《四十九區的哭泣》（*The Crying of Lot 49*）都是以帕羅奧圖爲故事發源地。傑克・凱魯亞克（Jack Kerouac）《旅途上》（*On the Road*）一書中，主角迪恩・莫里阿提（Dean Moriarty）所代表的波希米亞精神，在當地也激發了一小股反主流文化。但這並不同於灣區另一頭柏克萊引爲特色的公開激進反動文化。六〇年代的中半島是另一種熔爐，包容了民謠音樂、比特族（beat scene），與一小群激進左派。羅勃・哈吉度（Robert Hajdu）在《絕對第四街》（*Positively Fouth Street*）中描述五〇年代初，一場在帕羅奧圖中學舉行的彼特・西傑（Pete Seeger）演唱會，是如何對一位史丹佛學生大衛・葛德（David Guard）造成改變一生的思想衝擊，促使他籌組金士頓三重唱（Kingston Trio）。民謠歌手瓊拜雅（Joan Baez）當年也和妹妹咪咪（Mimi）前往同一場演唱會，並認爲那是她「生命中一個重要時刻」。

除此之外，當然還有死之華（Grateful Dead）這個樂團。原名「魔法師」（Warlock）的他們原本只是在餐館表演的民謠搖滾樂團，但到了六〇年代中，卻儼然成爲中半島代言樂團。只須參加他們的演唱會就等於宣示自己是當地眾多政治文化反動團體一份子。死之華的起源，是由肯恩・凱西（Ken Kesey）與其號稱「歡樂惡搞團」（Merry Prankster）的徒眾所策劃的一系列「酸性實驗」（Acid Tests）迷幻派對。此一活動不但改變了中半島思潮，日後更擴大影響力至全美。

如今，事過境遷三十餘載，六〇年代最多只剩下腦中幾縷回憶。當然，就像那個笑話所說的：如果你還記得六〇年代，就表示你沒體驗過。今日看來，那個眾人披頭散髮、綁頭巾、擠小巴、戴念珠的時代場景或許引人發笑；高舉兩指成V字不再意味勝利，而代表和平。數百萬人集結發聲只為支持一個理想，無論是民權運動或終止越戰。相較之下，憤世自利的九〇年代，和越來越不確定的當代，都與六〇年代顯得如此不同。

站在歷史制高點，受到「敢說不」（just say no）的反毒宣傳影響，我們也很容易忘記、甚至無法理解六〇年代看待毒品的不同態度。尤其LSD，更成為分化性的敏感議題，其影響力遭社會刻意忽略。然而在四十年前，LSD曾經是文化戰爭裡一股先鋒勢力。就拿一九六六年六月二十八日出版的《觀感》（*Look*）雜誌來說，其中就有一篇針對加州與其「飄然」（turned-on）人物的報導。「許多加州人，包括模範學生和頂尖專業人士，都曾在謹慎控制下，以『嚴肅』態度嘗試過這種藥物，」文中寫道：「這些人試用LSD不是為求刺激或治病，而是希望了解不同層次、更豐富的意識境界。」④

但對成長於斯的人來說，六〇年代仍是個重要轉捩點。它改變了所有當代人——尤其是那些接受本書訪談的電腦科學家、創業家，和電腦駭客。在爲本書搜集資料過程中，我一再接觸到在六〇年代參與電腦研究以逃避兵役的工程師和程式設計師。這些人固然是爲了躲避戰場，但他們也深信自己有改變世界的能耐。即使身不在前線，這批人同樣深受時局衝擊，而這股時勢潮流更在接下來十五年裡，扭轉美國社會風貌。舊秩序顯然即將崩潰，而另一個更強調精神追求的新方向隱然若現。

某些在矽谷呼風喚雨的人物，並沒有忘記個人電腦和反主流文化間的連繫。二〇〇一年初，我和蘋果電腦創辦人之一史提夫·賈伯斯會過一次面。過去二十年，我採訪賈伯斯不下數十次，因此很清楚他的脾氣。當天訪問不太順利，因爲我帶了一位攝影師隨行，而這位情緒多變的蘋果總執行長最感冒的，就是訪問時被人拍照。

幾張照片之後，賈伯斯把攝影師趕出門，採訪氣氛每下愈況。那天他的心情顯然特別差。不過採訪近尾聲時，他走到他擁有的多臺麥金塔電腦之一前方坐下，向我展示那天早上他才對蘋果迷們揭露的新軟體。iTune的野心是把每一臺麥金塔電腦都變成數位音樂儲存庫兼播放器，無論來源是CD還是網路下載。它包含了一個簡單的視覺特效，能夠隨著音樂節拍在螢幕上顯示舞動的花色圖案。

賈伯斯顯然很喜歡這項功能，他轉身對著我微笑說：「這讓我想起年輕的時候。」我報出幾個在六〇年代嚐過迷幻藥的矽谷名人，沒想到卻引來他一段率直激動的告白。不少人都知道從波特蘭市瑞德學院（Reed College）輟學出來的賈伯斯，曾經嗑過迷幻藥、奉行反主流生活方式，而且期間橫跨他成立蘋果電腦公司前後。雖然賈伯斯如今已是坐著噴射機穿梭各地、身價逾十億美金的企業聞人，但在內心深處，他仍與他成長的那個年代有份深厚情感。

他向我表示，他始終相信嚐試LSD是他生命中最重要的兩三項經歷之一。此外，他也發現他身邊的人當中有些並未接觸過LSD，因此在嘗試了解他時，總是有層隔閡。他說他的反主流文化背景經常讓他感覺自己一方面是企業領袖，另一方面卻又與企業文化格格不入。

三十多年過去了，六〇年代的原始精神已大半流失。對今日許多人而言，那個年代幾乎已像是個歷史羅爾沙赫氏測驗（Rorschach test）：要不是緬懷其理想主義色彩，以抗議人士在槍管插花為代表意象，就是淪為保守份子如新聞週刊專欄作家喬治・威爾（George Will）等人的謾罵對象，點名邪惡的LSD和縱情逸樂的死之華，葬送數百萬人大好年華。

在看待資訊科技的態度上，六〇年代同樣也有類似的區隔作用。今日電腦產業分裂為兩大對立陣營：一邊是巨大的微軟勢力，主張資訊私有制。微軟認為軟體是可以買賣，須用力保護的商品物資。但相對於微軟陣營，有越來越多程式設計師認為資訊應自由化、共享軟體可以讓人善用日益強大的電腦硬體，因此集結發起所謂開放原始碼運動（open-source movement）。資訊私有化與資訊自由化兩派之間的歧見，不但影響電腦產業，更逐漸分化了整個數位領域，波及消費電器、唱片、電影等產業。資訊私有派人士倡言資訊所有權若不受保護，無論是放任檔案分享行為，或容許開放原始碼運動，都將嚴重威脅整個產業，阻礙創新動力。在微軟與唱片影視業者帶頭之下，業界開始吹起大敵當前的備戰號角，抨擊資訊共享是數位時代的共產邪說，其衝擊可比十九、二十世紀共產主義對新興工業國家的威脅。

然而，仔細衡量社會效益與個人權利間得失，容許資訊分享的後果，卻又並非如此百害而無一利。就以矽谷的起源為例，電晶體是AT&T的紐澤西貝爾實驗室發明的，但這家電訊巨擘後來卻因為反托拉斯官司與司法部和解，而被迫免費對外授權這項技術。矽谷的出現——美國史上最戲劇化的技術和創業成長期結晶——正是電晶體強制授權所帶來的收穫。

同樣地，分享資訊的駭客信條，也是個人電腦締造爆炸性成長的關鍵。個人電腦之所以誕生在六〇與七〇年代早期，並非巧合。就在反越戰聲浪、爭民權運動，和迷幻藥實驗風潮的最高峰，個人電腦也在幾個產官贊助的研究團隊，以及迫不及待想要實現個人駕馭電腦夢想的業餘玩家手中誕生了。

科幻小說作家威廉·吉布森（William Gibson）曾說：「未來已然降臨，只是還未普及。」⑤此一觀察正可貼切描述本書中的小社群，它就像十五世紀義大利佛羅倫斯一樣，地處邊陲一隅，卻在五百年前開創文藝復興運動，憾動全世界。

這本書是幾年前在加州索沙利托市（Sausalito）遊艇上一場熱烈晚餐聚會的產物。當晚是電腦業先驅道格拉斯・恩格保與幾位他曾領導過的研究人員一起吃飯敍舊，包括比爾・英格利夫婦（Bill and Roberta English）與比爾・杜佛夫婦（Bill and Ann Duvall），還有作陪的泰德・尼爾森（Ted Nelson）。尼爾森是位巡迴作家、發明家和社會科學家，也是電腦界的唐吉訶德；他與恩格保一同經歷六〇年代，並曾懷抱相同的創見。

不過，恩格保卻是第一位將概念具體化，並催生今日電腦產業的人。他很早就領會電腦擁有超越數字運算的強大潛能，預見了電腦將成爲協助人類溝通與拓展智識的工具。

在他著手推展此一理想的六〇年代當時，電腦幾乎完全是一小群科學家、大型企業，與軍方的禁臠。他從幾年前就開始構思以強大電腦爲中心，配合一系列資訊工具的工作藍圖。包括個人電腦和網際網路，都是此一概念的具體實現。語調輕柔、滿頭早白銀髮的恩格保，因其創見以及當時五角大廈幾位專案經理人的慧眼，從一九六三年起接受空軍、太空總署（NASA）與五角大廈的資助，展開尖端電腦科學實驗。

雖然只是一個人的願景，但恩格保的「增益架構」（Augmentation Framework）卻是由一小群深受中半島政治文化氣氛影響的研究員動手打造而成的。事實上，在恩格保初期工作的門帕市史丹佛研究院裡，他的研究門生常被視爲腦袋不太正常的邊緣團體。

在小平頭、白襯衫加領帶的工程師世界裡，突然出現了一群蓄長髮、大鬍子、房間鋪東方布毯、女生不穿胸罩、酒瓶隨處可見的小團體，偶爾身上還飄出一縷大麻味。只要走一遭史丹佛研究院的廳堂走廊，就能深切體會傳統大型主機電腦領域，與萌芽中個人電腦世界的巨大差異。

撇開反主流思潮背景不談，恩格保的未來電腦願景，與六〇年代的電腦產業主流走向也背道而馳。當時多數人深信人工智慧技術指日可待，未來的世界將充斥會思考的機器。恩格保提出組織工作群組、以電腦「增益」人類心智的想法，被認爲是古怪而無意義的。這樣的概念或許適合辦公室，或可提昇祕書工作效率，但絕不屬於電腦「科學」的層次。

事實上，恩格保的增益理論在許多層面上，都與企圖以機器取代人類的人工智慧理念兩極對立。人工智慧不僅是史丹佛研究院內部熱門題目，也盛行於史丹佛校園另一頭籌劃中的史丹佛人工智慧實驗室。此一研究計畫是由麻省理工學院頂尖數學家和電腦科學家麥卡席所設立的，也是日後一九七〇年代，全錄帕羅奧圖研究中心第二個創意與人才技術來源。然而，人工智慧實驗室與增益理論的著眼點雖不同，這兩所實驗室卻擁有相同的駭客文化，與一致的反權威態度。受到當時正處活躍開放時期的國防部尖端研究計畫局（Advanced Research Projects Agency）資助，人工智慧實驗室匯集了多位電腦領域創意人才，而且除了創新，作風更打破傳統。研究員就住在辦公室上面的閣樓，地下室的蒸汽管道更不時召開交心團體(encounter group)聚會，而就在這片隨興雜亂中，孕育出了定義矽谷、影響全世界的技術創見。

在與恩格保的晚餐中，我發現我雖然讀過無數有關矽谷與電腦起源的文章，但當晚聽到的那些故事卻是我前所未聞的。令人玩味的是，這些故事非關技術，而是這些研究人員的生活點滴、個人遭遇。包括他們試過的迷幻藥、性體驗、搖滾樂，以及他們走過的遊行場子。

我試圖在此記下這些事，以免它們被歷史遺忘。本書將用這些故事，重新探索一段孕育個人電腦的奔騰年代。

舊金山・二〇〇四年十二月

1　先知與信徒

一九六〇年二月，兩位年輕加州工程師登上飛機，前往參加在費城舉行的年度電子技術會議。國際電路大會（International Circuits Conference）過去的討論重點都是無線電，但隨著電子應用擴及消費、商業、軍事設備，議題焦點正逐漸轉移。

當然，那是一個充滿希望的年代。約翰・甘迺迪（John Kennedy）正競選總統；戰後經濟復甦的加州被視爲豐饒的樂土，其中又以聖塔克拉拉郡爲最。早在化身矽谷前，聖塔克拉拉的別名是「心醉谷」（Valley of Heart's Delight），這個稱號是一九二〇年代的聖荷西市商業局想出來的，目的是吸引移民和貿易。一九二二年時，郡內有八萬英畝種植梅李的農地，但到一九六〇年，農地已開始減少，取而代之的是爲容納一波波工程師、科學家進駐而搭建的住宅區。蘇聯發射的史潑尼克衛星（Sputnik）把美國人從安逸自滿中喚醒，聖塔克拉拉很快就成爲航太科技發展重鎭。

雖然大環境氣氛樂觀，但對這兩位工程師來說卻遠非如此，因爲過去幾年他們在史丹佛研究院進行的研究，如今看來前景黯淡。兩位年輕人之一的休伊特・克萊恩（Hewitt Crane），負責領導一項磁性固態電路相關研究。

贊助研究計畫的軍方對磁性電腦技術感興趣，是擔心未來戰爭將移往太空，屆時原本使用的真空管就會太佔空間而不適用，因此各方都在積極研究可以塞進月球太空船機艙、或是放進瞄準蘇聯飛彈彈頭裡的新一代電子開關。不過就在前一年，包括德州儀器（Texas Instrument）和菲柴德半導體（FairChild Semiconductor）兩家公司，都推出了能直接把電晶體蝕刻在矽晶圓上，就像印刷一樣快速簡單的技術，史丹佛研究院的磁性技術研究因此相形失去吸引力。

克萊恩有一顆富求知慾、點子又多的腦袋，他也是第一批參與電腦程式撰寫和設計的人之一。一九四〇年代末期，當他在哥倫比亞大學唸碩士班時，他曾擔任替IBM選擇序列電子計算機（SSEC, Selective Sequence Electronic Calculator）編寫程式的晚班工讀。這套佔滿整個房間的機器裝設在IBM紐約市麥迪遜大道上的辦公室，行人從街上就可一眼望見，彷彿在昭告IBM的高科技領先地位。這架計算機由一萬三千個機械繼電器組成，一秒鐘只能緩慢處理二十五個指令（今日英代爾 Pentium 微處理器可以在同一秒內輕鬆執行三十億個指令），但卻是一臺跨越原始計算機與現代電腦分界的運算設備。它沒有今天所謂的記憶體，須以打孔紙帶輸入程式。

克萊恩從IBM計算機累積的經驗，在他日後參與架設傳奇數學家約翰・馮諾曼（John von Neumann）設計的新型電腦時發揮了作用。當時在普林斯頓高等研究院（Institute for Advanced

Study in Princeton）任職的馮諾曼，對於這臺強尼埃克（Johniac）電腦的資料輸出入速度很不滿意，於是說服ＩＢＭ創辦人老湯姆・華生（Tom Watson Sr.）捐贈一臺打孔紙讀取機，以改善讀取效率。由於克萊恩是少數熟悉讀取機原理的人，因此而獲延攬加入設計團隊。

在普林斯頓，他有幸欣賞到世上最早的人工燈光秀之一：在夜間當班時坐看強尼埃克的十萬顆霓虹眞空管次第閃爍，舞動明滅。不用多久，他就能僅憑閃爍的韻律模式，判斷正在執行的是甚麼程式。強尼埃克是最早使用新型磁蕊記憶體（magnetic core memory）的電腦之一。這種記憶裝置狀似迷你救生圈，儲存庫的每個磁環可以儲存一個1或0。這項技術也成爲隨後二十年的儲存設備主流。

強尼埃克計畫在一九五五年結束之後，克萊恩搬到同一條路上幾英哩外的撒諾夫實驗室（Sarnoff Laboratories），繼續鑽研磁性儲存技術。他發明了一種奇特的多孔裝置（MAD, Multiple Aperture Device），可以儲存不只一位元的資料。另外他也開始思考以電線和磁鐵組裝電腦的可能性。這在當時是合理的技術構想，因爲那時的電腦受限於眞空管壽命，一次都只能運行一個小時左右。

不過他的磁性技術研究卻因爲一通來自史丹佛研究院的緊急求援，而被迫延後。原來史丹佛研究院的「資優天才」們正在爲美國銀行（Bank of America）打造一具新型資料處理器，亟需克萊恩協助程式除錯。美國銀行是在一九五〇年找上史丹佛研究院，提出支票處理自動化的需求。當時的銀行習慣在下午兩點鐘拉下鐵門，以便僱用的簿記大軍開始以手工處理和更新當天帳目。在戰後經濟起飛期間，美國銀行每個月的新增帳戶高達兩萬三千個，支票處理系統早已不堪負荷。如今在研究了五年之後，銀行方面已迫不及待想知道，到底這群工程師有無能耐打造他們想要的支票自動處理系統。

有過兩套大型電腦系統建置經驗的克萊恩，已被視爲這方面的專家。他搬到加州，在接下來一年裡幾乎每天跪在地上研究電子會計紀錄機（ERMA, Electronic Recording Machine Accounting）的電路圖。

等ERMA的工作告一段落，克萊恩又重新開始尋找有趣的工作，結果他的心思又回到了磁性研究。這塊領域充滿挑戰性，但史丹佛研究院裡所有人都已看出：磁性電腦的速度永遠不可能趕上未來的資料處理需求。即使如此，克萊恩依然認爲磁性研究是良好的心智鍛鍊，此外他的多孔裝置也獲得了幾家廠商與軍方系統採用，其中包括紐約市的地鐵系統。而直到將近五十年後的今天，這套裝置還在正常使用中。

一九六〇年冬，克萊恩的研究小組工作重點是磁性移位暫存器，這是電腦內部重要元件之一。前一年，他已在一場業界技術會議中發表了全磁電腦的概念，如今他希望能在費城這場研討會中遞出一份報告。陪同克萊恩出席的是他領導的磁性電腦研究小組成員之一道格拉斯・恩格保（Douglas Engelbart）。這兩人私交甚篤，都愛跳希臘民俗舞蹈，還會在他們中半島的家中表演自娛。

不過，恩格保也是克萊恩在團隊管理上的頭痛人物。思想獨立、懷抱理想主義的恩格保並不是個容易管束的研究員。他在一九五七年加入研究小組。雖然他清楚自己必須參與史丹佛研究院既有專案，才能續獲聘用，但他內心眞正想做的，其實是設計一臺能「增益」人類知識的機器。這並不是個熱門領域，當初他應徵進入史丹佛研究院時，面試主管之一甚至警告他最好別再提這檔事，因爲院方要是知道他有這樣的想法，就絕對不會錄取他。

道格・恩格保一直對自己的與眾不同，有著自知之明。他成長於奧瑞岡州波特蘭市（Portland）一座農場上，青少年時期沒有父親管教，家境只能說勉強過得去。他很早就意識到自己常忽略別人視爲當然的社交規範。中學三年級時，有一次在課堂中他無意間發現在一整排學生當中，他是唯一穿著破舊皮鞋的人。別人的鞋子都擦得黑亮，只有他的皮鞋沾滿了牛乳汚漬和牛屎。①

不過，在一九五〇年代的電子工程界，有點古怪絕不是缺點。恩格保很快成爲史丹佛研究院電磁實驗室的重要一份子，不但貢獻不少創意，還獲得幾項技術專利。但不可否認的是，恩格保眞的想法特殊，而且從一開始就很難搞。他有自己的理念，除此之外其餘皆屬次要。有一回，克萊恩眞的對他束手無策，只好到處求教史丹佛研究院的經理人，請教管束恩格保的辦法。結果無人能提出具體建議，於是某一天克萊恩就走進高層主管的辦公室裡宣告：「傑瑞，我跟你算熟了，我只想說兩件事，不會超過六十秒。第一，你必須做個選擇：你要不冒險留下這傢伙，要不就叫他走路。第二點我要說的是，這傢伙是我共事過最聰明的一位研究員。」說完以後，克萊恩就轉身，走出辦公室。

結果，恩格保待下來了。

不只如此，他還在工作中始終如一地堅持最初理念。這點，是一般人難以做到的。恩格保很幸運地在十幾年前當兵駐守菲律賓，等待二戰正式結束時，偶然找到了他的人生目標。一九四四年他受訓成為海軍雷達技術員，當他服役的船艦在一九四五年駛出舊金山港，駛向太平洋時，原本站在甲板上向送行人群揮手的他，突然聽到岸上響起震天口哨、鞭炮和歡呼聲。甲板上的水手彼此交頭接耳，正在狐疑這難道是送行慣例，船上的廣播器這時才傳出聲音，宣佈日本軍投降——當天正是太平洋戰場勝利之日！②恩格保原本還對前線戰鬥懷抱恐懼，現在卻不必擔心了。甲板上士兵高呼：「開回去！開回去！」

三十八天之後，軍艦把官兵送上了菲律賓撒瑪島（Samar）。雖然大夥兒對戰爭結束如釋重負，但恩格保還是在那裡待了乏味的一整年，才回到加州。漫漫長日，他靠著觀察巨大的熱帶雲朵變化來打發。通常雲層頂端都浸潤在白色光線裡，一路往下則呈現各種光譜變化，最後在底部轉為紫色。恩格保常在路上走著走著就停了下來，抬頭呆望天空。傍晚，他則習慣走到營區門口，詢問岸邊巡守士兵可否出營，坐在堤防上看夕陽。③

駐守期間，他和其他幾名士兵被轉調到鄰近的賴提島（Laiti）。在那裡，他無意間發現一所紅十字會的閱覽圖書室，藏身在茅草屋頂、竹子搭建的傳統高架屋裡。

就是在這間圖書室裡，他發現了自己的生命目標。在書架上成堆期刊裡的一本《生活》（*Life*）雜誌中，他讀到一段引述《大西洋月刊》一九四五年七月號的文章。④文章裡提到物理學家范尼瓦・布許（Vannevar Bush）提議打造一種能記錄並搜尋大量資訊的機器。布許在戰時擔任五角大廈科學研發單位主管，領導科學與工程計畫，如今他看好結合這些領域知識，打造一種新設備，協助研究人員應付激增的資料數據。

這是一篇類似《通俗機械》（*Popular Mechanics*）雜誌風格的文章，推測未來科學家可能擁有的神奇工具。不過在文章末尾，布許簡短描述了一樣讓恩格保大感震撼的機器：

> 試著想像一種個人使用的未來機器，有點類似自動化的私人檔案櫃或圖書館。爲了方便，我索性稱之爲「記憶機」（Memex）。記憶機可讓使用者儲存他所有的書籍、記事，和通信往來，而且完全自動化，因此能夠以最快的速度和最大的彈性存取。它等於是使用者腦中記憶的自然延伸。⑤

打造一個擴張人類智識潛能的設備，這樣的創見讓恩格保內心備受衝擊，以致他在接下來幾天中，不斷到處向人轉述這篇文章。不過，恩格保在菲律賓期間感到印象深刻的，還不僅只於布許的記憶機。一篇由威廉・詹姆斯（William James）執筆的散文「生命意義之所在」，也對他影響甚鉅。事實上這篇文章很可能和記憶機一樣重要，塑造了這名年輕人日後擇善固執、鍥而不捨的作事態度。

一年之後，恩格保回到美國，前往奧瑞岡州柯維理斯（Corvallis）繼續戰前未完的學業。他在奧瑞岡州立大學取得取得電機工程學位，一九四八年畢業。踏出校門後，他受雇在加州山景市（Mountain View）艾米斯研究中心（Ames Research Center）工作。此一機構隸屬美國國家航太諮詢委員會（NACA, National Advisory Committee for Aeronautics），亦即太空總署（NASA）的前身。恩格保的工作是在負責技術支援的電子部門擔任電子工程師。此部門主要職責是維護幾具巨大風洞，和製作特殊的電子設備。工作本身並未激起恩格保太大興趣，但工作過程讓他接觸到幾項新科技與技術概念。

恩格保依然嗜書如命，他很快就成爲史丹佛圖書館的常客。對生性靦腆的他來說，圖書館就像是寶庫，恩格保下班無事就埋首書堆。然而這絕非結交異姓、拓展人際的好地方，因此多年下來，他仍是孤家寡人一個。

某日，一位同事提議去跳土風舞來認識女孩子。恩格保一開始覺得很蠢而回絕了。不過這位朋友不斷找上門，終於說服了恩格保，到帕羅奧圖社區中心上了一堂中級土風舞課程。到場後，看到別人跳得盡興，他也放下身段，下場和所有人跳了起來。不久他果然在某堂課上，遇見了未來妻子，蓓拉德（Ballard）。

完成終身大事讓恩格保提早碰上生涯危機。求婚之後，他開車上班，原本滿心興奮，卻突然發現自己並不知道接下來的日子要幹些甚麼。他在路邊停下車，開始思考。

他驚訝地發現，目前手上的工作沒有一件能激起他的熱情。他喜歡工作的同事，艾米斯也算是不錯的工作環境，不過那裡不能讓他有共鳴。

當時是一九五〇年，他二十五歲。心中千頭萬緒的恩格保開車抵達辦公室後醒悟到：他已經完成了所有人生目標，這讓他備感羞愧。「天啊，太離譜了，竟然沒目標，」他自忖。⑥

當天晚上回家後，恩格保開始一項項分析該做些甚麼，好對世界有所貢獻。他從最普遍的做法開始考慮，像是學醫、加入和平工作團，或是鑽研社會學、經濟學，但這些都引不起他的興趣。接著，在短短一個鐘頭內，他的腦中閃現連串靈感，連結成一個解決生活中各種複雜緊急需求的願景。他決定打造協助人類面對這些挑戰的工具，深信這將是對世人的重大貢獻。

就在這一刻，恩格保已勾勒出資訊時代的完整遠景。他想像自己坐在大型電腦螢幕前方，上頭顯示各種符號。（恩格保後來透露，他的電腦螢幕概念或許來自服役海軍期間面對雷達顯示幕的經歷。）他想要打造一個能管理資料和通信，以應付各類任務的工作站。在他腦海裡，他想像著螢幕上不斷閃現文字符號。雖然當時這樣的機器聞所未聞，但恩格保覺得技術上應不困難，而且可以用槓桿、把手或開關等來操縱。它其實活脫就是范尼瓦・布許的記憶機化身，以電子計算機技術具體實現。

爲了創造出這樣一臺機器，恩格保知道自己必須先對計算機有更多了解，這使他回想起在菲律賓讀過的那篇威廉・詹姆斯文章。文中提到每件事都有起手的第一步，而現在該做的第一件事，就是申請研究所。史丹佛和柏克萊都接受了他的申請，但在得知史丹佛的計算機課程無特殊之處，而柏克萊一位教授打算建置一臺早期電腦後，他馬上選擇了柏克萊就讀。

唸書期間對恩格保來說無比忙碌，不但家中添了三個孩子，他也繼續深造獲得博士學位，論文題目是有點艱澀的氣體動力計算設備。之後他在柏克萊做了一年助理教授。但教學工作需要投注大量精神心力，恩格保很快就發現不可能在大學繼續他的「增益」(Augment) 研究。他接觸了幾所業界研發中心，但都不符合他的理想。參加面試時，他找不到能欣賞他的想法的人。奇異研究室 (General Electric Research Labs) 原本有意僱用他，但當他提出數位計算機的想法時，回應卻極爲冷淡。

他嚐試接觸當時在帕羅奧圖市擁有測試設備與類比振盪器小型工廠、經營頗爲成功的惠普。擔任研發主管的巴尼・奧利佛 (Barney Oliver) 聽取了恩格保的技術遠景後，認爲惠普或可從中擷取可行的產品概念，於是介紹恩格保與創辦人比爾・惠利 (Bill Hewlett) 和大衛・普克 (Dave Packard) 兩人會面。會談中，惠利力勸恩格保加入測試設備部門，普克則是在會面後提出合作方案，條件爲公司付他薪水做研發，若有成果上市，公司讓他抽成銷售所得。

「進公司前六個月，不管你做出甚麼，或是帶來甚麼技術，都屬於你，但此後的，都屬於公司，」普克提議。

恩格保覺得這條件很單純又合理。「我接受，」他回答。

就在他準備到惠普上班時，幾天後他卻突然想起還沒請教過惠普主管，他們是否有意進入數位計算機領域。他原本理所當然的以爲，從事儀器製造業的惠普一定會往這塊領域發展。他立刻停下車，在路邊找了個電話亭，打給奧利佛。這是一段簡短而讓人失望的談話。

「我想你們應該會朝數位領域發展，對吧？」他問。

研發主任回答，公司沒有這樣的打算。

「嗯，我該早些問你的，眞抱歉耽誤你這麼多時間，」恩格保沮喪地說：「因爲我無法如約去上班了。」⑦

漸漸地，恩格保領悟到他必須白力實現他的理想。他結識了一對舊金山的財主兄弟，他們擁有市區一個精華店面。對於以排氣零件來製造計算機或顯示器的想法，他們似乎頗感興趣。他還認識了一位專利律師，自稱「心中對兩種人——牧師和大學教授——有種特殊情感，」⑧因此有意出資協助他。最後恩格保終於在一九五六年夏天，成立了自己的公司——數位科技(Digital Techniques)。

這是家短命公司。恩格保的贊助者僱請史丹佛研究院評估技術可行性，結果報告內容悲觀。有一段時間，公司還努力生存，嚐試開發室外電子顯示幕等實用商品。但某天早上，恩格保從床上醒來，發現自己無法放棄打造智識增益設備的初衷，於是便一一致電三名合夥人，告訴他們退出公司的決定。三人隨即開車到恩格保家中開會，大家坐在餐桌旁心情沮喪，卻無法改變他的心意。

他再度回到史丹佛大學，申請擔任電腦學科教職，但史丹佛當時還沒有電腦科系，並視電腦爲支援技術，而非學術科目。恩格保收到校方措辭簡短的回絕信之後，又重拾到研究機構棲身的想法，因而找上史丹佛研究院。此刻他的想法是：只要他對院內的電機工程研發專案有所貢獻，應該就能換來推動自己研究計畫的自由。於是三個月後，他受聘成爲史丹佛研究院的電子工程師。

史丹佛研究院的成立宗旨，是做爲戰後的一個跨領域研究中心。其原址設在門帕市（Menlo Park）老霍普金斯宅邸（The Hopkins estate）。二次大戰期間，這塊地被美軍徵用，因爲擔心日本入侵引發全面戰爭而搭建了一所軍醫院。到了五〇年代中期，史丹佛研究院仍棲身在四散的鐵皮屋與臨時性建築裡。此一智庫是由一群二十幾歲的年輕工程師與博士們組成，大家都對開創事業和一展身手躍躍欲試。雖然數位系統的前景顯然看好，但類比和數位電腦之爭仍是各界激辯的話題。在接下美國銀行電子會計記錄機專案之後，史丹佛研究院開始朝向幾個不同領域發展，包括計算機邏輯、磁性儲存，和人工智慧。這是一個只要有新想法，就能激起眾人興奮討論的環境。雖然恩格保習於獨來獨往，但他仍然盡力一展所長，不但在電磁儲存領域屢有創見，更發現了現代微電子產業的基本定律。⑨

資訊社會能夠發展到今日規模，可說是微影技術一手造就而成的。此技術是矽晶片的製造基礎，利用曝光、加熱、化學作用等步驟，經由一連串精密複雜的製程，將積體電路中的電晶體、線路、電阻、電容等蝕刻在矽晶圓薄片上。雖然積體電路最早是由德州儀器在一九五九年的無線電工程展上發表，但在矽晶片生產上更具實際價值的「平面」製程，卻是由加州山景市的菲柴德半導體（Fairchild Semiconductor）在同一時期獨力開發出來的。這是一家小型新創公司，一九五七年在菲柴德照相機儀器公司投資一百五十萬美元下成立。

六年之後，菲柴德最早一批工程師之一高登•摩爾（Gordon Moore）提出一項有趣的預測。在一九六五年四月十九號出刊的《電子》（*Electronics*）雜誌上，摩爾預測一塊矽晶片上能夠容納的元件數量，將在可見的未來不斷增加。以當時的技術來說，一塊晶片上最多只能裝載五十個電晶體。摩爾推測到一九七五年時，單一晶片上將可容納六萬五千個電晶體——意謂線路密度將明顯暴增。這項宣告引起了媒體注意，並將其冠上「摩爾定律」的稱號。事實上，它根本稱不上是科學「定律」。摩爾所做的，只不過是清楚指出一種工業製程的潛力，預告它將持續縮減那些充當電子元件的細微幾何圖案所佔據的線路面積。

在接下來三十五年裡，摩爾定律影響力日益顯著。如今它已儼然是微電子產業的存在基礎。速度更快、線路更複雜的電腦處理器與記憶晶片，幾乎每隔一段時間就自然出現，進展速度至少到二〇一〇年以前沒有減緩跡象。新形態的微電子設備不斷改變著世界，從造成失業人口的自動櫃員機網路、電腦語音應答系統，到大量普及、改變人類溝通學習方式的個人電腦，矽晶片仍持續以不斷加快的速度，扭轉世界風貌。

外界多認爲此一資訊發展現象是由高登・摩爾所觀察得到，但道格・恩格保在六年前就做出了同樣推論。他對「比例增縮」(scaling) 現象與電腦效能隨之倍增的及早體認，改變了他的生涯走向，但他的先知先覺來得太早，因此未能激發電腦革命，反而埋沒於時代洪流中。

一九五九年，呼之欲出的固態電子技術讓平日與世隔絕的史丹佛研究院也感染了騷動。在休伊特・克萊恩的領導下，研究員一直是以固態磁性電腦爲探索方向。如今技術潮流卻快速轉向以矽爲材質的積體電路，而恩格保也看出了它的潛力。在分析積體電路時，恩格保回想起四〇、五〇年代他在艾米斯研究中心的工作經驗。這所研究中心位於舊金山西岸的莫菲特機場 (Moffett Field)，內部最主要的設施，就是幾座大大小小的風洞。航太工程師製作縮小的機翼模型或完整的飛機模型，以測試不同的設計在擬眞狀況下的性能表現，然後再將模型按比例放大到眞實的飛行器。

恩格保對比例增縮現象的思考，是在他偶然造訪另一個研究團隊後觸發的。這個研究小組和他隸屬的磁性團隊都在研究院同一條走廊上。他也在那裡找到他的第一個伯樂。

查理·羅森（Charlie Rosen）差不多和恩格保同時期來到研究院。他幼年住在加拿大，二戰時替一家製造地獄火俯衝轟炸機的工廠作事。專精無線電和導航電子的他常懷疑自己能否活到戰爭結束，因爲他雖不必上前線，卻經常必須親自參與首航，好測試飛機的電子儀器。組裝這些飛機的都是法裔加籍農夫，趕工情形之嚴重，往往讓羅森以爲飛機上去之後馬上就會掉下來。

還好幸運之神眷顧他，羅森活著盼到了大戰結束。他在加拿大和美國兩地深造電機工程和物理，最後落腳紐約州雪城（Syracuse）奇異研究中心，擔任電腦設計師。這是個好差使，要不是一九五六年一次全家長途公路旅行，他很可能就在此終老。羅森一家人從東岸開到西岸，當車子橫越縱貫山脈（Sierra Neveda）、途徑舊金山、順著太平洋海岸下行時，眼前一切把羅森給震懾住了。加州像是座天堂，他立刻就下定決心搬離冰雪帶的上紐約州。

一年之後，他獲得來自ＩＢＭ、洛克希德（Lockheed），以及史丹佛研究院的工作邀約。ＩＢＭ和洛克希德都希望他主導積體電路方面的尖端研究，但史丹佛研究院開出讓他任選研究題目的誘人條件，令他難以抗拒。

抵達史丹佛研究院後不久，羅森創立應用物理研究小組，設定多重研究方向，包括與新興微電子領域高度相關的新學科——固態物理。除了技術能力優秀，羅森還是募集資金的高手，也是史丹佛研究院裡第一位固定走訪華府，遊說政府單位投入資金的科學家。不用多久，研究院就陸續獲得來自陸軍通信兵團（Army Signal Corps）、國家安全局、海軍研發局，和羅姆航空研發中心（Rome Air Development Center）等單位的軍方合約。

一位與眾不同的成員也在此刻加入了研究院。肯恩・修德斯（Ken Shoulders）是羅森偏愛的那種自學天才。日後羅森曾對人表示，研究院是個沒有資歷限制，只要夠聰明就有機會的環境，而這正是修德斯的寫照。他是一個腦袋不斷蹦出瘋狂創意的傢伙。受雇史丹佛研究院之前，他曾在麻省理工學院做技師。很快地，他就被研究員私下投票選爲最有可能發明永動機器的人。

一九五八年，積體電路問世的前一年，修德斯對羅森聲稱他可以做出全新形態的電子設備：一種在眞空狀態下，由鉬和氧化鋁組成的裝置。他夢想發明微型三極眞空管——一種超小型電閘——已有好一段時間，而他打算採用的製造方式就是日後的半導體製程。修德斯的目標是以電子束在特殊材料上蝕刻線路，創造出比一微米還小的三極管。

羅森在電子領域經驗豐富，因此在聽取修德斯的想法後，雖然當時根本不存在晶片製作技術或類似製程，也沒人想過拿電阻或酸液蝕刻線路，但他仍斷定這並非異想天開。羅森向他的主管傑瑞・諾爾（Jerry Noe）提起這個研究計畫，對方卻說每個聽過修德斯想法的人都覺得他是瘋子。

「如果你同意他做，就得自己幫他找錢，」諾爾表示。

於是羅森前往東岸，說服海軍研發局提供兩萬五千美元，做爲修德斯的初始研究經費。而隨後他又持續從其他政府機關爭取到更多經費。

恩格保和羅森兩人在前一年恩格保初入史丹佛研究院時就見過面。可想而知，恩格保當然早透露了他打造布許記憶機的資訊革命夢想。羅森覺得這個想法很有趣，但未留下太深印象。不過恩格保的執著和決心倒是讓羅森印象深刻。這兩人偶爾會在咖啡機旁聊些科學課題。羅森眼中的恩格保，是個極有組織，面對問題按部就班、貫徹始終的人。

修德斯展開他的研發計畫後不久，一日恩格保偶然踱進應用物理實驗室，目睹修德斯的研究，他的立即反應是這並非短期內能實現的技術。但在一段時間後，他開始思考一些相關問題，反覆玩味大幅縮減平面電路面積的做法。這就好像是把一支望眼鏡倒過來當成顯微鏡來觀看。由於做過航太工程師，恩格保知道有所謂的雷諾斯數（Reynolds Number）——一個可讓設計人員預測機翼大小對飛航影響的數值。他推測微電子元件或許也有相同特性。

他寫了一篇簡短論文，勾勒出一些想法，拿給同事傳閱。羅森讀過後覺得很不錯，就把它列入帶往華府的計畫提案中。後來，某一次當他與五角大廈空軍研發局高官會晤時，對方突然問：「你認識道格・恩格保嗎？」

「當然，他就在我隔壁辦公室，」羅森吃驚地回答。

「他寫的那篇報告很不錯，你可以找他來談談嗎？」這位國防部官員說。⑩

等羅森返回門帕市不久，恩格保就收到了兩萬五千美元經費，讓他得以盡快展開比例增縮概念的研究。一九五九年五月，他和休伊特・克萊恩一起飛到德州奧斯汀，參加無線電工程師分組委員會會議，並在會中提出一些他的研究發現。

縮減電路面積的想法顯然已蔚爲潮流。那年夏天，恩格保偶然在華府舉行的第三屆全國軍事電子設備大會上看到一篇論文，研究方向和他如出一轍。這篇論文的題目爲「爲電腦瘦身以適應太空時代」(Shrinking the Giant Brains for the Space Age)，作者是美國柏許阿瑪公司 (American Bosch ARMA) 旗下阿瑪部門導彈小組的傑克・史塔勒 (Jack J. Staller)。論文開宗明義：「現在的挑戰是如何把一整個房間的數位計算設備，縮小到手提箱大小，再縮小成鞋盒，最後置於股掌之間。」文末樂觀地結論：「即將問世的新技術包括固態電路，也就是在單一固態小晶片上布置線路，此外還有原子底片技術，將厚度只有幾百萬分之一英吋的底片和同樣精細的導體層層相疊，組成僅數立方英吋的電腦零件或甚至整臺電腦。」⑪

十月間，恩格保完成一份準備在次年費城國際電路大會上發表的正式論文，並將論文綱要寄給紐澤西莫瑞丘 (Murray Hill) 貝爾實驗室一位主管，都鐸・芬奇 (Tudor Finch)，他是一九六〇年固態電路大會的活動委員會主席。

恩格保在隨附信函中解釋，他並未直接參與微縮化工作，但他在磁性邏輯方面的基礎研究，卻觸動了他一些想法。他謹愼地註明，他沒有資格判斷這篇論文到底有多大價值，不過該年五月他在奧斯汀提出這些想法時，在場人士給他的回應不像是「老調重彈」。

十一月，恩格保又針對這篇論文寄了一封後續信函給芬奇。信的內容簡短，主要是因爲委員會另一成員告訴恩格保他的論文題目「微電子學與仿似的藝術」(Microelectronics, and the Art of Similitude) 對多數與會人士來說太艱澀了。

「我猜測問題是出在『仿似』這個字，所以我建議把論文題目改爲較不精確、但或許較易懂的『微電子學與維度分析藝術』(Microelectronics, and the Art of Dimensional Analysis)……我希望這樣能避免可能的疑問，」他寫道。

此信正是道格・恩格保的寫照。不矜誇、有禮，但堅持。三天後，芬奇回信，簡短地告訴恩格保不必擔心，原本的題目並無不妥。

那次大會在一九六〇年二月十日至十二日間於賓州大學喜來登飯店舉行。恩格保不斷琢磨該如何以生動的敍述，讓在場聽眾體會微縮的概念。最後他決定講個故事。

「想像一下：如果這棟建築和這個房間突然向每個方向都擴大十倍，你會發覺甚麼不同嗎？」他問道：「你面前這傢伙長大了十倍，可是你們的距離也延長了十倍，所以你眼中的景象一切都沒變，對嗎？」

恩格保停了一下，讓聽眾思考他的問題。

「可是不對，你的體重呢？」他問：「你的體重變成了原來一千倍！但是你變強壯了嗎？」

聽眾裡沒有人有答案。

「這一點，是由骨骼和肌肉的橫切面積來決定的，所以你只有比原先強壯一百倍，」他繼續推論：「這下糟了！就好像你坐在這裡，突然間體重暴增爲十倍，如果你原本一百五十磅重，就變成一千五百磅，而你的椅子承受不住十倍的重量變化，就這樣垮了！」

以此開場之後，他才把主題轉到微電子元件，告訴聽眾：晶片設計人員在努力縮小線路，甚至放眼原子工程技術時，也必須留意同樣的物理限制。

當演說結束時，聽眾起立對他報以既長又熱烈的掌聲。

回程飛機上，克萊恩的情緒激昂。他告訴恩格保他覺得他們能在歷史上這一刻身處史丹佛研究院，眞是太幸運了。與其他學者不同的是，這樣環境讓他們可以實際動手實驗，立即觀察成果。

恩格保同意他的說法，但他的心思已飛往其他地方了。這次的小試牛刀，對他最大的意義在於讓他找到信心。現在他很確定自己的理想並不像某些人所想的那樣瘋狂。一九五〇年讓他陷入長考的那個想法，也就是增益人類智識的理想，未來終將實現。

現在他很確定將來會有充分的電腦處理效能，而且不只對他，而是對所有人來說皆如此。他還體會到，隨著比例增縮，基本特性也會改變，而且不是線性變化。即將發生的劇變是具有破壞能量的，且其發生速度將不斷加快。對道格・恩格保來說，機器本身絕不是目的。他已開始思考人類體制，以及在新科技與使用者的融合上，必須具備的組織規畫與技巧知識等。恩格保很早就預見了這些，就如同他對費城的演講聽眾所說的：「各位，讓我們等著迎接驚奇吧。」

這是六〇年代初期，美國還沒登上月球，美軍也仍未坐困東南亞，民權運動、言論自由和反戰示威都還未成形。美國創造了經濟奇蹟，但一小群美國人卻開始覺得一切物質取向的五〇年代，就快把他們壓得喘不過氣。在西裝畢挺的大企業裡，人們開始尋找抒發管道。就在恩格保埋首電腦科技、鑽研增益理論和比例增縮問題時，另一群人也在其他領域裡，探索提昇人類心智的蹊徑。

在法國，二次大戰觸發對意義的追尋，催生了存在主義。在美國，同樣也有許多人嘗試透過宗教、心靈探索，或神祕主義來了解生命意義。

麥倫·史塔勒羅夫（Myron Stolaroff）出身於二〇與三〇年代新墨西哥州羅斯威爾（Roswell）一個猶太家庭。他父親是個殷實商人，在當地頗有名望。麥倫資賦優異，就讀中學和當地的軍事專科學校時，均以第一名畢業。進入史丹佛大學後，也先後入選資優生榮譽學會（Phi Beta Kappa）與工程榮譽學會（Tau Beta Pi）。當年惠普兩位創辦人回到校園得意地展示第一具商業化振盪器時，他也正好在史丹佛唸書。二次大戰快結束時，他獲得工程學位，隨即成為亞歷山大·龐尼托夫（Alexander M. Poniatoff）開設的公司旗下第一位員工。這家公司位於加州貝蒙特（Belmont），生產電動馬達。

一開始，他的職位是設計工程師，接著他又協助龐尼托夫完成第一具盤式磁帶錄放音機（reel to reel）的原型。而以此爲主要商品，龐尼托夫又另創安培克斯電氣製造公司（Ampex Electric and Manufacturing），以便拓展自家生產優質馬達的應用領域。公司名稱取自龐尼托夫的姓名字首，再加上「ex」，意謂「優越」（excellence）。安培克斯在今日矽谷早已地位不再，一般人對其印象只剩下矗立在矽谷動脈一〇一號公路旁的顯目公司標誌。然而，安培克斯在矽谷歷史上，地位就如惠普一般重要，不少元老級工程師對它仍存有深厚感情。

磁帶錄音技術在二次戰後流傳到美國，緣起於一位美國陸軍軍官在德國法蘭克福電臺找到幾具錄音機，並將其中兩具寄回美國本土，好供他回國後進一步研究。第二年，他在無線電工程師學會的舊金山分部展示了這些機器。龐尼托夫聽說消息後，引導公司轉向錄音機的製造銷售。等到歌手賓恩・克羅斯比（Bing Crosby）也採用錄音機製作電臺節目，公司業務便快速起飛，奠定安培克斯在廣播與錄音產業的領導地位。

史塔勒羅夫的事業也隨著錄音機生意起飛。他很快從設計工程師升任應用工程師、工程業務主任，再晉升爲總裁身邊的長期規劃助理。工程師出身的史塔勒羅夫富人道精神與理想色彩，很早就取得龐尼托夫的信任。安培克斯的創辦人知道史塔勒羅夫不是那種覬覦大位的人。他是軍師，是那種保持一點距離，因而能對公司策略提供不同觀點的人。⑫

抱持人道主義，對猶太教信仰不深，又身處基督教主流的環境，史塔勒羅夫在精神生活上總有失落之感。一天，他接到公司裡一名時有往來的工程師來電。兩人平常就頗爲友好，常會聊些公司和工作以外的事。⑬這通電話不但改變了史塔勒羅夫一生，更攸關六〇年代反主流文化緣起，對整個美國都影響重大。

當然，這些在當時皆屬未可知，電話那端傳來的，只是聆聽演講的邀約，主講者是史丹佛大學商業法教授哈瑞·拉斯本（Harry Rathbun）。拉斯本是大學明星教授，開的課堂堂爆滿，擠滿前來聽他討論個人道德與價值觀的學生。

拉斯本的演講場地在帕羅奧圖南邊一所小圖書館，聽完之後，史塔勒羅夫「極受震撼」。⑭這位法學教授當晚提到的問題包括：「人是什麼？」「人何去何從？」都是有關人生的深奧課題。史塔勒羅夫深受感動，發現自己的生命貧乏空洞，而拉斯本的提出的問題與答案，都讓他神往。

這是一九五〇年代拉斯本在帕羅奧圖舉辦的系列演說第一場。在隨後的演講中，史塔勒羅夫對拉斯本的論述更加著迷，想到人類擁有龐大的潛能等待發掘，令他感到熱血沸騰。

不過，在最後一場演講中，拉斯本碰觸了讓史塔勒羅夫非常反感的話題。

原來拉斯本自己也是在一九三五年，與妻子艾蜜莉亞一同參加由加拿大退休富翁亨利·夏曼（Henry B. Sharman）舉辦的度假研討會時，受感召而改變人生觀的。夏曼寫過一本《耶穌我師》（*Jesus as Teacher*）的書，探討新約聖經的史實背景。返回史丹佛後，拉斯本夫婦開始在家中舉辦耶穌聖訓研討會，以史丹佛學生爲對象，不久更擴辦爲期兩周的避靜會，地點在史丹佛西南四十二英哩海灘小鎮聖塔克魯茲（Santa Cruz）附近山間。這些聚會演變成後來的「紅杉研討會」（Sequoia Seminars），日後在一九七〇年代還衍生一系列狂熱組織（包括「創新運動基金會」（Creative Initiative Foundation）、「超越戰爭」（Beyond War），和「女性環境改造」（Women to Women Building the Earth for the Children's Sake）等組織，吸引眾多社會中上階層人士參與。不少成員甚至不惜變賣家當，全心投入這些組織團體。

不過，早在七〇年代來到的二十年前，紅杉研討會就已造成更重大深遠的影響，而此一影響正發生在麥倫・史塔勒羅夫身上。雖然對於哈瑞・拉斯本精心設計演講內容，暗中埋下傳教伏筆的伎倆不滿，但史塔勒羅夫仍有意進一步了解拉斯本的思想。因此第二年他決定撇開對耶穌的反感，把猶太人受基督教不平等對待的成見放一邊，重新參加另一系列更深入的拉斯本研討會。

研討會中，史塔勒羅夫終於徹底撤除防線。他認爲這是他一生中首次體驗到誠心愛人的感受，並全心相信耶穌「話語的力量」。⑮他深信今後生命中最重要的事，就是依循上帝的旨意行事。

可想而知，史塔勒羅夫這位猶太工程師的第一次神祕體驗，也是在拉斯本的避靜會中發生的。一天晚上，他躺在聚會小屋地板上冥想，眼睛看著玻璃天窗外灑滿月光的紅杉樹叢，耳邊響著葛利果聖歌吟唱，突然感到胸口一陣劇痛，讓他陷入狂喜狀態。他相信那次經驗就是上帝與他接觸的證據，而以此推論，上帝眞的存在。⑯

在紅杉研討會中，史塔勒羅夫認識了拉斯本一位好友，傑拉德·赫德（Gerald Heard）。兼具英國與愛爾蘭血統的赫德最早是在劍橋和牛津大學從事學術工作。二〇年代，他成爲堅定的和平主義者，並和《美麗新世界》（*Brave New World*）作者阿朶斯·赫胥黎（Aldous Huxley）一起移民到美國洛衫磯。到了加州之後，赫德成爲印度某一教派信徒，寫過幾本書，主題涵蓋信仰、科幻小說和飛碟。他逐漸投身神祕主義，還引介赫胥黎認識東方哲學。他在紅杉研討會裡擔任一個主題廣泛的討論小組發起人。當時擔任安培克斯工程業務主任的史塔勒羅夫，經常會在出差洛衫磯時順道拜訪赫德的西岸斷崖（Pacific Palisades）宅邸。

就在一九五六年某次拜訪當中，赫德熱切地提到一種叫做ＬＳＤ的迷幻藥。史塔勒羅夫一聽下大感震驚，因爲他想不通爲何一位世界知名的神祕主義學者也要訴諸迷幻藥。但赫德顯然非常認眞，還對史塔勒羅夫透露有一位加拿大人偶爾會替他們帶藥過來。

擁有兩張護照，與警界和情報界都曾牽扯不淸的艾爾·哈伯（Al Hubbard）毫無疑問是美國五〇、六〇年代最特別的一號人物。對於他的生平，各方說法相當分歧，不過有關他早年活動最可信的一段描述，出現在傑伊·史帝芬（Jay Steven）的《ＬＳＤ與美國夢》（*LSD and the American Dream*）一書中。出生於肯塔基州，哈伯最早受到外界注意，是一九一九年他帶著自己發明的永動裝置，出現在西雅圖的時候。⑰之後有人傳說他在西岸包船走私軍火到北方，再由陸路經由加拿大，轉送英國，另外還有謠傳他曾間接透過黑市賣鈾給曼哈頓計畫（Manhattan Project）。即使在與哈伯熟識之後，史塔勒羅夫仍不淸楚這些說法有多少是眞。不過他很快就被哈伯吸引，臣服於他的權勢與感染力之下。

雖然後世在追溯LSD是如何進入美國時，焦點多半集中在肯恩．凱西（Ken Kesey）與心理學家提摩西．李瑞（Timothy Leary）身上，但哈伯特別之處，在於他從更早就開始推廣LSD，並於幕後促成幾位矽谷知名工程師嚐試迷幻藥。哈伯在五〇年代初擔任加拿大鈾礦公司總裁時，曾參加溫哥華大學的仙人掌鹼（mescaline）藥物實驗，從而得知迷幻劑的存在。一九五五年，他發現了LSD，隨即在一九五〇年代陸續引介給赫胥黎、赫德，和其他可能爲數逾千人士，此外還有史塔勒羅夫以及間接受其影響、從拉斯本紅杉研討會衍生而出的工程師自組小團體。

從赫德口中聽說哈伯之後，史塔勒羅夫原本逐漸忘了這回事，直到亞歷山大．龐尼托夫提起他在加拿大遇見一位聲稱能用LSD治療酗酒等毛病的特別人物，才又喚起他的記憶。兩度聽聞哈伯事蹟，促使史塔勒羅夫認眞地坐下來，將自己在紅杉研討會經歷的性靈體驗，以及他對LSD的興趣，寫在一封致哈伯的信函裡。不久後哈伯回電並拜訪他在安培克斯的辦公室。這次會面扭轉了史塔勒羅夫一生，並終究導致他失去原本受人敬重的工程師工作與事業地位。

體型精壯、笑口常開，能一眼洞悉他人弱點的哈伯引領著史塔勒羅夫，體驗了一趟奇幻之旅。抵達安培克斯的聖卡羅斯（San Carlos）總部當天，他就帶史塔勒羅夫到他們夫婦以及同行一名友人下榻的汽車旅館。他先讓史塔勒羅夫服下一粒梅太德林（Methedrine）藥丸，接著要他試吸氧氣和二氧化碳的綜合氣體，也就是所謂的梅杜納混合物（Meduna's mixture），或稱碳氧氣（Carbogen）。這種氣體會引發短暫輕度迷幻效果，在一九六〇年代常被當作迷幻治療的預備步驟，讓患者先行體驗迷幻感受爲何。史塔勒羅夫深吸幾口氣後，立刻進入一種美好、神奇的境界，而這種幸福感又因爲梅太德林的藥效而得以延長。現在，他很確定自己非試試ＬＳＤ不可。

一九五六年四月，史塔勒羅夫在哈伯的溫哥華寓所服下ＬＳＤ。由於哈伯在加拿大受到天主教會贊助研究ＬＳＤ，史塔勒羅夫此行還獲得當地教區大主教的祝福。這位主教甚至承諾會在史塔勒羅夫成行的第二天中午，藉著彌撒講道爲他禱告。⑱

他的ＬＳＤ初體驗，是六十六毫克的迷幻藥，生產廠商爲ＬＳＤ先驅——瑞士桑多茲藥廠（Sandoz Pharmaceuticals）。哈伯與他妻子瑞塔，以及另一名男子充當他的ＬＳＤ嚮導。嘗試的結果讓史塔勒羅夫心神俱震，他認爲這是一次宗教性的體驗，同時相信自己接觸到了潛在意識深層。

回到加州後，他成爲ＬＳＤ的狂熱信徒。他深信那次在加拿大的體驗就是人類問題的解答。

ＬＳＤ將爲世人帶來各種增進社會福祉的工具。就像恩格保一樣，史塔勒羅夫也爲了拓展人類心智，踏上推展個人理念的征途。

他的第一個目標，是紅杉研討會裡的友人。當時他已是策劃委員會成員之一，他一一向這些人引介ＬＳＤ，並成立一個由五對同事夫婦組成的非正式研習小組。小組成員包括年輕的安培克斯工程師唐恩・艾倫（Don Allen），史丹佛電機工程教授威利斯・哈曼（Willis Harman），以及幾位來自惠普和史丹佛研究院的工程師。這個研習小組的活動雖鮮爲人知，卻觸發了一連串社會變化，讓一群科技人在ＬＳＤ變成美國大學校園流行禁藥的整整十年前，就率先涉足迷幻領域。

這個研習小組所關切的，並非迷幻藥本身，而是探討一切有關哲學和生命的話題。每逢聚會晚上，他們一起針對宇宙知識、生命意義、人類定位進行探討，話題內容包括人是否有前生，以及該如何證明之類。小組固定週一晚上在成員之一家中集會，由一人服用ＬＳＤ，其餘成員從旁協助。下次聚會時，就由此人報告體驗過程，然後依此方式輪流試驗。[19]

史塔勒羅夫邀請哈伯到研習小組演講。這位眼神銳利、面色紅潤的佈道家，身上散發一股情報員般的危險氣息，但在場聽眾全都傾倒於他蘊含眞誠暗示的個人魅力。哈伯的情感豐富，每當談及人生至理時，眼中常不覺浮現淚光。

研習小組的經驗交換，讓史塔勒羅夫自認對ＬＳＤ瞭解透徹，因此他對醫界提出的負面報告——包括ＬＳＤ會引發幻象、錯覺等精神病症狀——日益抱持懷疑態度。他深信在ＬＳＤ引發的神智狀態下，人的心智可以達到通澈澄明的境界，創意因而自然湧現。這也讓他興起在安培克斯產品設計部門推行ＬＳＤ，以提昇產品銷售的想法。此一概念引領史塔勒羅夫走上一條更不尋常的生涯道路，因爲他相信迷幻藥可以打開工程師和藝術家的靈感大門。即使在ＬＳＤ還未遭濫用的當時，這也是極具爭議的看法，而且類似的爭論直至今日仍懸而未決，持續不斷的有支持與反對人士激辯化學藥物在提昇創意上的作用。在這片研究領域中最出名的學者，當屬一九九三年諾貝爾化學獎得主凱瑞·莫里斯（Kerry Mullis），他發現的聚合物連鎖反應（PCR），直到今天仍是生化科技領域的重要技術。[20]迷幻藥爭議之所以難有定論，或許是因爲潛在風險太高：雖然早期ＬＳＤ實驗中曾出現耐人尋味的正面效益，但令人喪失心智的案例，亦確有其事。

史塔勒羅夫對這些批評報告完全不予採信，自信在熟悉藥效的哈伯協助之下，可以排除一切可能的副作用。當時的史塔勒羅夫已是掌管安培克斯長期規劃的總裁助理，也是管理委員會成員之一。他向管理高層提出以ＬＳＤ加強研究發展的構想，卻立刻遭到駁回。雖然史塔勒羅夫強調自己與哈伯的試用經驗，顯示此藥在商業領域潛力無窮，但拿公司最重要資產：工程師的腦袋來實驗的想法，卻顯然太過激進，難以爲委員會所接受。

然而史塔勒羅夫並不因此退縮。既然公司不支持他的實驗，他乾脆自己來，徵召八位安培克斯工程師做為實驗對象。在哈伯和一位物理學家友人的協助下，一群人驅車直赴內華達山脈一所小木屋，讓工程師們服下LSD。不幸的是，由於受試者之一鮑伯·撒克曼（Bob Sackman）的感受不佳，史塔勒羅夫推廣LSD成為靈感催化劑的夢想終於破滅。

撒克曼日後創辦了美國創業公司（US Venture Partners），這是矽谷最富盛名的創投公司之一，也是昇陽微系統（Sun Microsytems）成立時主要資金來源之一。撒克曼顯然沒準備好嘗試LSD，這次的經驗「嚇壞了他」。㉑同樣被嚇壞的還有安培克斯的董事會。一九六一年，當時已有可觀個人資產的史塔勒羅夫在未傷和氣的氣氛下，同意離開公司，自行進行實驗。在大半資金來自他個人的情況下，史塔勒羅夫成立了名稱冠冕堂皇的先進研究基金會（Foundation for Advanced Study），地點在門帕市旁一條靜巷裡。基金會初期對每位參與LSD創意實驗的人收取五百美元費用，四年內，就把迷幻藥引介給超過三百五十人，其中包括幾位矽谷頂尖工程師。

五〇年代末、六〇年代初的舊金山中半島充滿了慵懶平靜的氣氛。此地居民多半可按其經濟來源，歸類為新興電子產業新貴，或是洛克希德等大型國防軍火商員工。不過在史丹佛大學校園北邊兩英哩砂石路上的凱普勒書店，卻聚集了一群背景多樣、不屬主流社群的知識份子。

史丹佛北邊綠樹成蔭的林邊鎮（Woodside），當時已經是氣氛優閒的別墅區，不過社區份子是更早一批在淘金熱中致富的富有階級。矽谷的科技新貴們還沒有進佔杉林間的豪宅別墅。

中半島的幽密角落裡，匿居著一小群浪蕩文人，包括住在史丹佛高爾夫球場旁一排鄉村小屋裡的佩瑞巷（Perry Lane）作家聚落。有些小屋極爲迷你，空間不超過四百平方英呎。雖然一九六三年時這片建築有部分被建商拆除，但它有很長一段時間都是中半島知識份子的祕密集會重鎮，經常可見藝術家、作家、共產主義信徒等搞怪份子出入。這條巷子和鄰近社區曾被人稱作「罪惡淵藪」（Sin Hollow），其歷史可一直追溯到史丹佛草創時期。㉒

曾經待過佩瑞巷的名人包括索斯頓・維布倫（Thorstein Veblen）。他是個激進經濟學家，寫過《有閒階級理論》（*The Theory of the Leisure Class*），對美國社會金字塔尖端發起嚴厲批判。維布倫僅在二十世紀初於史丹佛執教三年，卻留下深遠的影響。有次他偕女伴參加教職員茶會，女主人有些遲疑地向大家介紹這位女士是維布倫的「女兒」。

維布倫立即插話，「夫人，她不是我女兒！」女主人當場尷尬地紅了臉。

此一波希米亞傳統一直延續了半世紀。一九五九年，一位名叫維克・勒維爾（Vic Lovell）的史丹佛研究生說服他的同學作家肯恩・凱西參加門帕市退伍軍人醫院（Veterans' Administration Hospital）的一系列迷幻藥試驗。勒維爾後來成爲帕羅奧圖自由大學第一位籌劃人，凱西則透過一系列所謂的「酸性實驗」（Acid Test）聚會，把ＬＳＤ介紹給了世人，因而點燃了反主流文化火花，並在一九六九年的伍德斯托克（Woodstock）引爆全國性風潮。事實上，佩瑞巷消失在推土機前不過幾年後，一個原名魔法師（Warlock），後來改名死之華（Grateful Dead）的樂團就成了酸性實驗的常駐團體。

不過在六〇年代初，反主流文化能量仍持續在佩瑞巷脈動。另一方面，新左派也在反主流文化影響下，開始萌芽。五〇年代的史丹佛異議分子仍在地下活動。共產黨已經存在，但黨員集會只敢偷偷地在某跨國公司高階主管的帕羅奧圖宅邸裡進行。有些成員甚至來自佩瑞巷，但麥卡錫主義（McCarthyism）的威脅讓政治活動難見天日。某位曾經住過佩瑞巷的史丹佛教授後來證實是調查局的線民，其實不讓人意外。

灣區另一頭的柏克萊，氣氛早已顯得迫不及待和激進不滿。自從大學強制預官訓練（ROTC）在一八六二年莫瑞授地大學法案（Morrill Land Grant Act）庇佑下實施以來，這所加州大學校園就已陸續發生幾次抗議活動。一八六八年的州組織法（The State Organic Act）進一步將預官訓練納入法制。[23]一九五六年尾，隨著學生志願預官訓練委員會的成立，反對陣營的訴求也轉爲推動公投以決定強制預官訓練存廢。這也埋下了八年之後，柏克萊言論自由運動（Free Speech Movement）的衝突導火線。而在一九五六年當時，新成立的志願預官訓練委員會主席漢克・蘇維若（Hank di Suvero）因爲企圖在校內發送傳單，遭到教務長的制止，所持理由則從一開始的「破壞校園整潔，增加校工負擔」，演變爲主要的學生組織「學聯會」（Associated Students）沒有批准傳單發送。僵持結果，這些傳單還是只能在校外發送，國防部則在課堂上散發支持預官訓練的文宣。

這場爭議最後以公投落幕。投票結果爲一千五百九十一票對七百一十五票，反對派獲勝。[24]強制預官訓練的問題因爲受訓者必須簽署一份效忠誓詞而又更加複雜化，因爲拒絕簽名的大學新生便不得入學。雖然公投結果已定，校方卻把此案轉交一個董事委員會，從此一直被壓著直到一九五九年的秋天。要不是因爲一位嚴肅的年輕新生佛瑞德・摩爾（Fred Moore）入學，預官訓練案很有可能永遠懸而未決。

一九五八年夏末，還在唸高中的佛瑞德・摩爾跨上他的德國NSU機車，加滿油門，駛離他的維吉尼亞州阿靈頓（Arlington）老家。摩爾出身一個純美式家庭。老佛瑞德是軍人，喜歡賽車，曾在兩年前駕著他的奧斯汀—希利（Austin-Healey）跑車拿下全國大賽獎盃。佛瑞德個性單純的哥哥凱斯就讀大一電機系，當時放假在家。妹妹佩姬小他六歲。兩兄弟喜歡在週末跟父親一起上賽車場，充當維修助手。

佛瑞德身材矮瘦，但穿上賽車裝的他卻神似《飛車黨》（*The Wild One*）裡的馬龍・白蘭度（Marlon Brando）。這多少暗示了他日後的行爲走向，因爲縱然出身中產階級環境，佛瑞德卻始終像個局外人。他看事深遠，極有主見，外人難以動搖。

離家出走那個早晨，他父親在一張蓋了封臘的普通信紙上發現他留下的簡短訊息：

親愛的媽、爸、凱斯、佩姬 ＋ 友人 ＋ 敵人我去實踐我理想的生活方式。

我愛你們大家。

佛瑞德（拉瑞）摩爾二世㉕

第二天，佛瑞德仍舊音訊全無，他父親心焦如焚，通報給警方後，協尋這名十六歲少年的通告隨即送往各分局，但沒人提供任何線索。

他父親寫給警方的特徵描述如下：

深棕色眼珠

棕色頭髮

蘋果臉

小鼻子

兩顆前門牙斷裂

身高五呎七吋 體重一百二十到一百三十五磅

腰圍二十八英吋

成人小號襯衫

大約穿成人男性尺碼三十六號
攜棕色小皮袋
使用綠色帳篷
黃色雨衣
深棕色西裝
黑鞋—網球鞋
兩件灰長褲—舊卡其褲
天藍色T恤
未攜禦寒衣物或外套
NSU摩托車—新換後輪，維吉尼亞州阿靈頓車牌㉖

搜索結果令人失望，維吉尼亞警方一點線索也沒有。

接著，就如他離開時一樣，佛瑞德又毫無預兆地返家了。一星期後的週日晚上，佛瑞德哥哥聽見車道上傳來那熟悉的二衝程機車引擎聲。

他父親怒不可遏，他去那裡了？為何不告訴家人這段時間他做了什麼？經過一再追問，他才不情願地說出他把機車藏在附近公路旁的樹叢裡，步行到華盛頓機場，然後用暑假打工存的錢買了一張飛邁阿密的機票。他承認他的最後目的，是要租小船開到古巴去。

不過無論家人怎麼逼問，他就是不吐露原因。半年多後某個午後，他決定對他的高中同學山姆・金斯利（Sam Kingsley）告白。這兩人都天賦聰穎，一起上許多資優課，也一起參加哲學社。金斯利承諾保密，也從未食言，一直到三十九年後，佛瑞德五十七歲那年死於車禍，金斯利才揭露這個祕密。

一九五八年那年夏天，佛瑞德決定自己要當個和平主義者。由於事過境遷，如今已無人能確切說出他是如何獲得這個想法。他女兒艾琳（Irene）認爲佛瑞德的反暴力思想，是在他八、九歲隨父親部隊調動，移居日本東京時萌芽的。由於美軍戰後駐守日本，年輕的佛瑞德在一九五二年目睹了廣島、長崎的慘況。即使二次大戰結束已過七年，戰爭創傷卻仍未癒合。佛瑞德告訴女兒他看到被幅射灼傷的日本傷患、親眼目睹狗爬進水溝裡死掉。可以想像這些畫面深印在一個九歲男孩的腦海裡，造成影響絕非同時在美國本土成長的年輕人所能想像的。

他的理念既無來自成人或高中友人的外在影響，也非大量閱讀的結果。僅憑著簡單的信念，他在得知古巴內戰的消息後，便決定隻身前往當地。

抵達邁阿密後，他租了一艘小型開放式鋁製動力船，準備好柳橙汁、食物等補給品，等夜色降臨，便朝古巴開去。他計畫在加勒比海小島登陸，設法接觸叛軍和政府軍雙方，勸他們放下武器。

但結果，他根本沒去成古巴。

佛羅里達周遭水域暗藏險阻。出發不久，他的小船就碰上水底沙洲，把推進器給撞壞了。失去動力的小船在海上飄流超過一天，直到一名業餘捕魚人發現他，才把他拖回岸邊。

雖然古巴之行挫敗收場，但摩爾已註定對世局造成重大影響。效法甘地精神，站上第一線推動變革，摩爾日後終於扭轉了全球政治與科技走向。

古巴和平計畫受阻，佛瑞德重回求學之路，進入柏克萊大學理工科系。他在數學和工程方面顯然獨具天賦，這有部分要歸功於他經常在週末拜訪的未婚阿姨。她總愛出些益智問題來磨練佛瑞德的思考能力，激起他對科學的興趣。在排斥標新立異的時代氣氛下，佛瑞德的打扮與其他新生沒兩樣：網球鞋、白襪子、牛仔褲腳反折。他邊幅整潔、頭髮剪得短短的，前額髮線呈明顯V字型。露齒而笑時，嘴裡露出顯目的牙套，這在一九五〇年代末期，即使是中產階級家庭的孩子也不多見。他日後還曾拿牙套是他父親的軍人健保給付，由國防部買單這點來開玩笑。

雖然身在離家數千英哩的西岸校園，佛瑞德並沒忘記前一年的暑期遠征。那次出走就和他一生大半作爲一樣，是單槍匹馬的行動。雖然他才剛進入柏克萊，沒半個朋友，但已有學生記得他在註冊期間架起小桌子，尋求其他學生支持反對強制預官訓練。

十月一號，他在校園北邊兩個街區外租來的房間裡，打了一封致美國司法部長威廉・羅傑斯（William P. Rogers）的信：

敬愛的部長：

這封信是要通知您，我，菲德瑞克・羅倫斯・摩爾二世，將拒絕接受徵兵。由於我的宗教信仰，我無法服從任何與信仰衝突的法律。

我遵循的是更崇高的律法——亦即「愛」的律法。

我反對戰爭，拒絕參任何與殺戮行爲，無論是直接還是間接。我既不會加入，也不支持任何我不贊同的組織或行動。

我只爲全人類服務。

菲德瑞克・摩爾二世㉗

這封信寄出後，摩爾隨即被召喚到教務長辦公室，因爲他先前以「良心不允」（conscientious objector）爲由，申請免除預官訓練義務。教務長告訴這名年輕新生，只有身體殘障、非本國籍，和當過兵的人，才能豁免預官訓練。摩爾只有兩條路：參加預官訓練，或退學。

他挑了第三條路。十月十九日早上，他走進校園，坐在學校行政中心史普勞爾大樓（Sproul Hall）的前方階梯。他身上帶了一份兩頁聲明書、一個帆布墊、一瓶開水、一張訴請停止強制預官訓練的請願書，還有一塊擺在三角架上的標語，上面寫著：

非強制預官訓練

爲促請加州大學尊重個人良心，我在此展開七天絕食活動。

這次抗議行動立刻在校園引發騷動。這是首次有學生在史普勞爾廣場發動抗議。在此之前，那裡在許多人心中幾乎是個學生禁地。

佛瑞德．摩爾發起了六〇年代反戰運動的第一砲。這是非常大膽的第一步，也改變了此後美國校園抗議活動的本質。雖然越來越多學生與他看法一致，但從來沒人想過要以不合作方式（civil disobedience）來反對軍事行動或戰爭。

由於佛瑞德的父親是國防部上校軍官，佛瑞德的行爲很快就引起全國性關注，記者蜂擁至校園採訪這位年輕抗議人士。摩爾對《奧克蘭論壇報》（*Oakland Tribune*）表示他家人信仰維吉尼亞衛理教派，但他後來受到十九世紀丹麥哲學家齊克果（Søren Kierkegaard）的基督教存在主義很大影響。[28]它在高中二年級時加入了哲學社，年輕社員們在課後聚在一起，討論五〇年代很熱門的存在主義，佛瑞德因而對徵兵興起了質疑，認爲那是一種奴役和違憲的制度。這種做法有誰能接受？他質問記者。他還說他已經成爲神祕主義者，不屬於任何組織宗教。另一份報紙則報導了佛瑞德的哥哥凱斯當時正在維吉尼亞工藝學院（Virginia Polytechnic Institute）就讀，並已參加該校預官訓練。

學生們早上從他身邊經過，不時偷看一兩眼階梯上的孤獨身影。有些人停下來簽名支持他的請願，有些人對他高聲辱罵。幾小時後，教務長聲稱摩爾的靜坐已在他的窗前造成騷亂，於是打電話給他母親。稍晚他遞了一張紙條給摩爾，請他到辦公室一趟。摩爾離開他的靜坐地點，走上階梯到教務長辦公室和他母親講電話。他離開的時間總共四十五分鐘。

等他回來時，他向記者們宣告他母親要求他馬上回家。不過他告訴學生報紙的記者：「如果我被迫中斷史普勞爾大樓的靜坐，那一定是出於非自願的情況，而不是因爲我的信念改變。」他說他已經寫信給父母解釋他的行動，在電話中他也嘗試向母親解釋他的做法是正當的。他並一再向她強調，他的目的不是要讓他父親難堪。

「我們父子關係良好，」他說：「但對如何維繫和平有不同的看法。我爸認爲最好的方法就是鞏固軍備，但我認爲這不是確保和平之道。」㉙他補充說明，正確的方式應該是散播更多的愛，具體表現在提供外援等做法上。

第二天，絕食抗議的消息快速傳開，不少灣區民眾特地跑來看個究竟。李伊・史文森（Lee Swenson）是一名十九歲的史丹佛哲學系大三學生。他在星期二早上造訪凱普勒書店時，聽說了這位抗議獨行俠的行動，因爲消息已從柏克萊附屬的科迪書店（Cody's Books），傳到了史丹佛校園書店。羅伊·凱普勒在二戰期間曾以良心不允為由，申請豁免入伍，並在五〇年代開設這家活力十足的書店。奉行甘地精神、日後成為瓊拜亞精神導師的艾拉·山普爾（Ira Sandperl）也是這家書店的常客，每天傍晚都會出現在櫃臺後頭。

對出身瑞奇蒙（Richmond）工人家庭，與史丹佛校園貴族氣氛格格不入的史文森來說，凱普勒和山普爾就像是啓蒙者。因此當天下午他就請假暫離他在帕羅奧圖小學餵籃球給小朋友的課餘工作，開著他一九五一年份的黑色雪佛蘭到柏克萊，加入在階梯上抗議的摩爾。那時有一群學生坐在周遭，討論與這場抗議相關的哲學問題。殺人有哲學上的正當性嗎？上帝存在嗎？史文森之前讀了蘇格拉底之前的哲學家赫拉克利特斯（Heraclitus）的學說，因此兩名年輕人開始就古希臘哲學家與當代存在主義之間的異同，交換意見起來。

每隔幾分鐘，就有不滿學生對摩爾叫囂，咒罵他是懦夫或叛徒，打斷兩人談話。

「共產黨，回家吧！」一名路過學生喊道。

史文森待了幾個小時，過程中一度衝去停車處補銅板。返回帕羅奧圖時，他的內心深受摩爾的絕食行動感動。

這位柏克萊新生的抗議行動持續了兩天，直到他父親搭飛機來把兒子接回家為止。兩人的會面過程出人意料，顯示摩爾的獨立價值觀其來有自。

「我兒子有自己的想法，」摩爾上校告訴記者們。「他知道自己想做什麼。」

事實上，老佛瑞德・摩爾可能不只體諒兒子，還對他抵制主流的行爲感到些許自豪。他特地飛到西岸接兒子可能不是因爲擔心兒子脫序，而是要安撫他緊張的母親。

無論如何，佛瑞德的抗議雖然提早收場，但仍有一千三百名學生在他的請願書上簽名。此外，這次行動更有深遠的影響，它可以被視爲是五年後言論自由運動的先聲。佛瑞德・摩爾的個人靜坐就許多層面而言，都是開啓六〇年代政治運動序幕的起點。

「如果要談膽識，就不能不提佛瑞德・摩爾。他一個人單挑世界，」大衛・霍洛維茲（David Horowitz）也是深受摩爾感動的柏克萊學生之一，日後成爲六〇年代學生領袖。另一位言論自由運動份子麥可・羅斯曼（Michael Rossman）也在那天走過校園時目睹這場抗議而大受影響。他從沒見過這種場面，摩爾的堅定信念和過人勇氣讓他極爲感動。

單純個人表達信念的行動，影響卻不容小覷，它所掀起的漣漪散播到整個校園和舊金山灣區。聖荷西州立大學校園當時正醞釀和平運動，受到佛瑞德・摩爾行動的刺激，學生們對發動示威不再心存猶豫。有他的行爲做榜樣，幾個月後當聖荷西校方開除同情學生的教職員，立即引發該校四〇年代以來首次校園抗議活動。

《舊金山記事報》（*San Francisco Chronicle*）在社論中表達反對強制預官訓練，到了那個週末，連加州州長艾德蒙・布朗（Edmund "Pat" Brown）也出面表態反對立場。摩爾一直到一九六二年董事會投票取消強制預官訓練後，才返回柏克萊就讀，但一連串的進展已埋下言論自由運動的種籽，並證明了一件事：直接訴諸行動，是向常年忽視學生訴求的大型官僚機構表達抗議的有效方式。

佛瑞德・摩爾自己選擇了一條難走的路。他的單人抗議行動從旁催生了六〇年代政治示威風潮。十五年後，出於同樣的社會正義信念，他對電腦領域也帶來舉足輕重的影響。摩爾是第一個嚐試連結電腦技術與外在世界的人。他的一生就像一顆四處激發能量的撞球，他從未刻意開創個人電腦產業，而只是想在一群背景各異、非正統技術玩家的協助下，延續他反徵兵的社運精神，沒想到後來發展出乎意料。在這段期間，令人驚訝的是他幾乎始終如一：獨自行動，四處飄流，抱持堅定不移的道德觀，無法理解他人爲何缺乏和他一樣淸澈的觀點與決心。等他從柏克萊輟學出走，將近十年後又重回加州時，這裡已經歷了明顯的變化。

進入六〇年代初，本章三位人物所代表的趨勢演進，開始匯聚融合。道格・恩格保的心中有個運用電腦增益人類智識的鮮明願景；麥倫・史塔勒羅夫四處推廣一種他認爲可提昇工程創意與人類性靈的新藥；佛瑞德・摩爾則以隻身對抗主戰威權，宣揚和平價值。

恩格保是先知，其遠見直到許久後才獲肯定。史塔勒羅夫和摩爾都是信徒，並各自以自己的方式觸發了直至今日仍餘波盪漾的世局變化。摩爾與恩格保都相信電腦能改變世界，史塔勒羅夫則和恩格保同樣矢志拓展人類心智。

看似各自獨立的個人行爲，是如何共同搭起一個產業誕生的舞臺？此刻距離個人電腦誕生仍有十五年的時間，而當它終於降臨，隨之而起的產業形態與運作將讓世人耳目一新。PC的問世，有部分是仰賴一群著迷於個人通用電腦的業餘玩家。它的誕生有著一段完全超乎商業考量的歷史淵源。

在（高登）摩爾定律，與3C商品廣告的促銷攻勢下，科技進展在今日消費者眼中像是例行公事。然而在三十年前，電腦技術的走向卻是混沌不明，沒有人有把握。

2 增益理論

就在道格・恩格保進入磁性研究小組後不久，另一位年輕工程師，威廉・英格利（Willaim English）也抵達了史丹佛研究院。英格利最初領的薪水是來自陸軍贊助經費，但他很快就對缺乏創意的工作感到厭煩，開始尋找更有趣的研究計畫。

英格利來到史丹佛研究院其實是個巧合。由於爸爸是電機工程師，他從小就喜歡修東西。他出生在肯塔基州，也在肯塔基大學拿到電機工程學位，在學期間曾擔任學生電臺技師。就如許多五〇年代中期的年輕人一樣，英格利大學畢業後也入伍海軍。一九五八年退役後，原本打算到柏克萊攻讀碩士，不過當他抵達校園尋找研究助理的工作機會時，卻受到冷淡的待遇。個性不多話，經常笑臉迎人的英格利目睹柏克萊師生的傲慢，大感吃驚。沒有人對這位年輕工程師感興趣。於是在些許衝動之下，他打電話給史丹佛研究院詢問職缺。結果半島這邊的回應熱烈多了，於是他暫時打消讀研究所的念頭，轉往門帕市工作去了。

雖然設計軍事訓練系統的新工作缺乏挑戰，但他很快申請到了軍教合作名額，在史丹佛大學攻讀電機碩士學位。他的老師比爾・林維爾（Bill Linville）是當時一位相當知名的教授。等到軍方專案結束，英格利受引介進入電磁小組，開始參與軍方爲因應太空與高輻射環境特殊需求，而出資贊助的磁蕊記憶體研究。

磁性研究小組裡，來自不同背景的年輕成員們工作休閒都在一起。有人喜歡跳土風舞，聚會地點通常在恩格保家中。還有四名私交甚篤的研究員：休伊特·克萊恩，大衛·貝尼恩（Dave Bennion），豪伊·柴德勒（Howie Zeidler），加上隔壁物理實驗室的查理·羅森（Charlie Rosen）。

羅森在史丹佛後方的聖塔克魯茲山上買了一塊地，後來發現某位前地主在那裡闢了二十英畝葡萄園。原本他打算拿這塊地當作家人渡假露營的地方，但貝尼恩卻對種葡萄顯得特別熱衷。他和克萊恩一樣是個邏輯工程師，老家以務農爲生，一直想在靜態的技術工作外，找個戶外活動的機會。於是在一九五九年，這四位好朋友和眷屬們成立了山脊葡萄園（Ridge Vineyard），生產的葡萄酒逐漸建立起名聲，成爲日後全美最佳小型酒廠之一。

英格利也在磁性研究小組裡結識了恩格保，並很快聽說了這位不多話的工程師打造布許記憶機的夢想。史丹佛研究院裡每個人都清楚恩格保在此工作只是爲了養家活口，他心裡眞正想做的是數位電腦。剛開始，英格利並不太感興趣。當時主流還是以類比爲主，但他不久就瞭解恩格保是個堅持夢想的人。

恩格保的與眾不同，在於他對理念的堅持使得他終於募得經費贊助。第一批資金是透過查理·羅森向空軍科學研發局取得的小筆經費。數目雖少，但史丹佛研究院後來也在一九六〇到一九六五年間，從一般經費裡撥出十二萬美元贊助他的研究。①

在史丹佛研究院工作的前兩年，恩格保多半只在心中構思他的理想電腦。他撰寫了幾篇論文草稿，討論他日後所謂「人機介面」（man-machine interface）的概念。在此之前，機器的功用僅限於處理原料或發電，但如今，在加入資訊之後，以程式來控制機器運作的想法變得可能。史上頭一遭，人類可以開始思考賦予電腦在單純計算以外的其他功能。

恩格保的概念著重在機器與使用者間的互動，這在當時是聞所未聞的。就如他在某篇文章中所陳述的：「電腦世界也將發生類似的演進。目前我們看到的是預先小心排程的大型電腦，但很快就會出現新形態的電腦應用，由使用者透過持續的操作，指揮資訊的搬移和更動，達成工作目的。」

接著他寫下了這段先知般的文字：「讓我們努力避免人機介面停留在大型主機、預先排程的運作模式裡，理想的介面……應該是修改控制機制來適應人的需求。」②

道格・恩格保的理想是打造個人電腦，但就和十年後追隨他的帕羅奧圖研究人員一樣，他著眼的範圍也絕非僅止於單一電腦。他的理想願景始終是以工作群組，而非個人爲單位。此一想法在六〇年代末恩格保的研究團隊被國防部先進研究計畫署（ARPA, Advanced Research Projects Agency）挑選爲最初兩個網路節點之一時，又更形成熟。此一網路計畫即所謂的阿帕網（ARPAnet），在發起人利克里德（J. C. R. Licklider）眼中，是一個不斷擴張、串聯各地科學研究人員與工程師的「星際電腦網路」。

就在一九六〇年一月，恩格保與休伊特・克萊恩飛往費城發表比例增縮論文前不久，恩格保也開始在史丹佛研究院內籌辦一系列非正式研討會，探討增益人類智識的想法。雖然他們沒有電腦可供使用，但小組成員仍有一些原始的資訊工具。當時最有效的簡易分類技巧是一種卡片歸檔系統。資料用手寫在卡片上，卡片邊緣有一排打好的小洞，只要按照資料屬性打穿小洞，然後用毛線針穿過一疊卡片不斷搖晃，邊緣打穿的卡片就會掉落地面。以此方式即可進行簡單的統計作業。

偶爾小組還會安排外界學者演講，例如在一九六一年恩格保就發出通告：「保羅・豪爾登 (Paul Howerton) 先生將受邀前來主持一場座談，」通告中說他「是政府情報單位裡一名重要主管，負責管理大量資訊。他學識廣博，閱歷豐富，非常健談，預料座談過程將深具啓發性。」[3]

研究小組還嚐試許多提昇開會效率與成果的技巧，從這點即可看出恩格保關心的不只是科技，還涵蓋社會學與組織理論。在他心目中，增益理論是一套完整體系，不僅止於機器。

開會時，恩格保還首創一種二十年後新一代「會議助理」常用的技巧，將與會者的意見書寫在白板或大張白紙上，以鼓勵發言。恩格保早期的增益研討會裡常指定一人充當「黑板員」，並視之爲一種及時回饋機制。

恩格保早期研討會的檢討筆記，若是讓呆伯特 (Dilbert) 創作者漫畫家史考特・亞當斯 (Scott

Adams）看到，應會惹來會心一笑。他在筆記裡將與會人物分門別類，各式稱號洋洋灑灑彷彿是漫畫書的壞蛋介紹，包括麻煩製造者、貼標籤者、迫不及待者、探索者、見風轉舵者、唯我獨尊者、懷疑論者、插科打諢者、聽我指揮者、合縱連橫者，一味攻訐者、總是離題者，和沉默是金者。這些人物類型正是日後企業開會場合的具體寫照。

提昇團隊工作效率方法之一，是引入能夠立即回饋的投票系統。恩格保的增益研究小組靠著東拼西湊，在一九六一年四月架起了一套讓與會者表達「贊成」、「反對」的投票系統，並嘗試實施一套發言者的支持率若低於五成，就必須下臺的制度。研究小組還發明了一種「祕密打斷制度」，若是所有與會者都按鈕超過一次便生效。但結果成效不佳，因爲主席爲了計算按鈕次數經常一個頭兩個大。

而在這段期間，恩格保一直是個目標明確又不多話的領導人。他不獨裁，也沒有日後矽谷少年得志者常見的傲慢輕狂。相反地，他散發出一種不造作的堅定意志，加上些許的宿命觀，彷彿他覺得世界隨時可能分崩離析。在他早期發佈的一份開會通知結尾，有這樣一段文字，洩露了他內心的不確定感：「這次會議比較特別的一點是本人我，道格・恩格保將不會出席。請大家盡情討論，如果獲致了任何成果，煩請委婉地告訴我，那是因爲我不在場的關係。」

一九六一到一九六二年這段期間，是恩格保日後所謂「增益架構」理論成形的重要時期。

但在研發之初，一切仍只限於指手劃腳，看不見也摸不著。想實際做出東西，必須找到大筆研究經費。曾有一段時間恩格保以爲新興的人工智慧領域可以成爲贊助來源，或至少在某些方面嘗試合作。但人工智慧學者用他們的觀點來解讀恩格保的想法，增益理論在他們眼中平凡無趣，被貶低爲單純的資料存取技術，完全忽略了恩格保的本意。④

他逐漸理解到，人工智慧論者的最終目標，其實與他是相互牴觸的。他們的理想是以機器取代人腦，而恩格保的目標則是拓展人的潛能。他日後曾透露他並不反對人工智慧技術，只不過在他看來這樣的概念還需要很長很長的時間才能實現。

他經常遭遇學術界的成見阻擋，類似處境在他研究生涯中屢見不鮮。一九六〇年，恩格保在美國文件協會（American Documentation Institute）年會發表一篇論文，勾勒出未來電腦將如何改變資訊處理人員的角色。結果聽眾似乎並不認同，反應相當冷淡。他還和一名研究人員發生爭執，對方認爲恩格保的想法與既有的資訊處理研究相比，根本毫無新意。

那是漫長又孤單的兩年。電腦科學主流已快速轉移到數學演算法，此一領域人士對他的想法嗤之以鼻，認爲這不過是辦公室自動化技術，不值得費心研究。

不僅如此，空軍的經費來源也變得不再可靠。科學研發局一向在外都有贊助怪異研究的名聲，有些甚至可用瘋狂來形容。恩格保的專案已瀕臨被歸入與蚊蚋群集行爲同一組的處境，甚至他的同事都難掩懷疑，某位友人一度對他表示：「你知道嗎，外人如果眞的瞭解你的想法，那是一回事：但對多數人來說，你的想法聽起來和癡人說夢沒兩樣。」

學術路途上，他一直面臨想法不爲人理解的困境，但恩格保堅持不放棄。一九六二年十月，他在一份提交給空軍的結論報告「人類智識增益理論之概念架構」裡，描繪了心中願景。第二年，他把這篇報告精簡爲論文集《資訊處理之未來》（*Vistas in Information Handling*）裡頭的一章。他的「架構」包含科技面和組織面，規劃出如何讓配備電腦的工作小組更有效率地解決問題。由此觀之，增益理論已經涵蓋了個人電腦和網際網路。

爲了讓他人體會增益的好處，恩格保偶爾會運用反增益的技巧，這是他從國家航太諮詢委員會的風洞工作經驗中體會比例增縮概念時，所學到的思考方法。爲了讓人體會反增益的效果，他把磚頭綁在筆上，請人拿它寫字，再測量寫字速度，然後與打字機和手寫做比較。當然，結果是打字機速度最快，而沉重的筆寫起字來則是既累又緩慢。

在他第一份概念較完整的論文裡，恩格保以擁有電腦的建築師爲例。「想像一個獲得『增益』的建築師，正在工作，」他寫道，「他坐在工作站前（『工作站』一詞二十五年後才在矽谷逐漸流行），一邊放著和他距離約三英呎的顯示螢幕。這就是他的工作平臺，由一臺電腦（他的『辦事員』）控制，而他則運用一具小鍵盤和各式設備來與電腦溝通。」⑤

接著，在描述解決問題的人與電腦「辦事員」之間的全新關係之後，恩格保簡短說明了他的完整構想：電腦不只是數字運算工具而已，他寫道。電腦具備許多非運算層面的能力，包括規劃、組織，和研究：「任何以符號概念思考的人，都將具體受惠於電腦之協助。」⑥

在他平鋪直敍的文字下，隱藏著對電腦技術前所未見的宏遠規劃。當時的電腦都是體積嚇人的龐然大物，用來處理大型組織業務，包括支票簿記和飛彈軌道等運算。道格・恩格保意識到電腦具備資料處理以外的潛能。過去，每臺電腦都有許多人照顧，如今，電腦將變身爲個人助理。此概念直接沿襲自范尼瓦的記憶機，而全錄研究員艾倫・凱伊（Alan Kay）想像中功能強大、無線連結、輕便可攜的Dynabook，則在十年後具體描繪了這樣一部機器。它持續不斷地提供許多矽谷產品的靈感來源，而其原始出處，正是道格・恩格保提昇人類心智的概念推演。

恩格保一九六二年的報告中，也描繪了一具能徹底改變研究工作的書寫機器。此時他還未萌生以滑鼠指標協助編輯的概念，不過他很明確地知道他理想中的電腦化設備，將爲人們處理資訊的方式帶來劇變。

他在文中簡短介紹了范尼瓦的記憶機，並以數頁篇幅討論「相關連結」的想法，這也是超文本以及三十年後全球資訊網（World Wide Web）的前身。而在一段探討相關研究、對日後影響深遠的註記中，他提到了利克里德的想法。這兩人曾在那年稍早一場技術會議中相遇。恩格保認爲利克里德發明的「人—電腦共生」（man-computer symbiosis）一詞，明確傳達了現代電腦的重要性。而兩人的結識也證明攸關日後的技術發展。

在總結增益理論時，恩格保以一個叫喬伊的虛擬人物做說明。喬伊坐在一套龐大系統前方，面對兩臺顯示器，和一個包含多組命令鍵的鍵盤。而用來移動指標和編輯的工具，則是一隻懸吊在他前方的光筆。

喬伊工作時，大部分時間都是一手操作鍵盤組，另一手控制光筆。他不斷移動著螢幕上各種符號。

喬伊是恩格保最早提出的人類增益系統範例，其中運用了部分他在菲律賓那間茅屋圖書館裡獲得的想法。這份增益理論初稿的出現，相較於第一部現代商用個人電腦全錄奧圖（Xerox Alto）的問世，剛好早了十年又多一點。創造個人電腦的功勞，結果多半落在全錄研究小組身上，而非恩格保。然而打造奧圖的全錄設計人員都曾受到恩格保的概念影響。

拿著他的架構理論，恩格保開始尋找贊助來源。受到查理・羅森的啓發，他同時向軍方與非軍方政府單位遞出報告副本，其中之一是當時開始資助各種電腦研究的國家心理衛生研究院。

原本他似乎就要時來運轉了。但心理衛生研究院收到報告之後，派了四位電腦專家組成的視察小組前來史丹佛研究院。而在評估之後，視察小組認爲這個案子需要有高階電腦程式撰寫人才，而位處西岸的恩格保缺乏這樣的資源。因此視察人員不建議花錢投資此案。⑦

不過大撒計畫案的做法，終於有了效果。恩格保遞交報告的對象之一，是國家航太總署的年輕專案經理羅勃・泰勒（Robert Taylor）。當時他並不曉得泰勒正是全美少數看得懂他的報告，又有能力出手協助的人之一。

泰勒是名心理學家，在德州大學取得碩士學位，論文題目是心理聲學，專門研究人類聽覺感知。六〇年代早期，他在航太總署總部主持一個有關電腦技術的專案。雖然並非電腦本科出身，泰勒對人與電腦的互動頗有涉獵。另外他在大學時期也讀過范尼瓦・布許的那篇《大西洋月刊》文章，對於神經機械學者諾伯特・魏納（Norbert Weiner）的研究也不陌生。不過，最重要的一點是他認識利克里德，因爲利克里德是心理聲學領域知名學者，也是泰勒德州大學指導教授的好朋友。

從一九六〇年開始，利克里德逐步完成一份與恩格保概念相似的論文，標題爲「人－電腦共生」。他的靈感來源是過去領導過的一個團隊研究成果，當時他任職麻州劍橋市的國防工程包商BBN公司（Bolt, Beranek and Newman）。這個研究小組購買了迪吉多（Digital Equipment Corporation）生產的第一臺PDP-I迷你電腦，並且依據約翰・麥卡席的新創理論，在這臺迷你電腦上撰寫和執行最早的分時共享系統之一。就和恩格保一樣，利克里德的理想也是以電腦來協助人類開拓思想，而非僅止於數字運算，同時他也認爲應以更具彈性的互動介面，取代一九五〇年代那種以卡片輸入資料的大型電腦。

不過，對恩格保來說最關鍵的發展，恐怕是泰勒和利克里德在一九六二年結爲好友。那年利克里德來到華府，打算重整ARPA的資訊處理科技局（Information Processing Technology

Office)，改以他的人機共生理論爲研究重點。他的短期目標是加強這個軍方電腦技術單位的研究活動，開發電腦在指揮及控制（command-and-control）領域的應用。爲推動他的想法，利克里德找來了所有華府電腦技術圈內人士開會，以便集思廣益。

泰勒很早抵達會議場地，其他受邀的還有來自航太總署、空軍、海軍、國家心理衛生研究院、原子能委員會（Atomic Energy Commission），和五六個其他官方機構派出的代表。他走進利克里德的辦公室，年長的研究員馬上問起泰勒的研究論文內容，讓泰勒大吃一驚。由於學術興趣相近，兩人很快變成朋友，而那年稍晚他們又一起共赴雅典的一場北約會議，彼此情誼日厚。

泰勒從一九六二年起開始從他的航太總署資金裡撥款贊助恩格保的研究。第二年，他突然致電給這位史丹佛研究院學者，表示他設法從航太總署的蘭利研究中心（Langley Research Center）弄到了經費，將挹注八萬美元充當增益專案的創始資金。泰勒不久也對利克里德提起恩格保的計畫，ARPA也貢獻了幾乎同額資金——足夠讓恩格保採買一部控制資料公司（CDC, Control Data Corporation）的迷你電腦，外加聘用工程師的費用。

但這不是項輕鬆的研究計畫，而恩格保早期遭遇的困境也預告了未來十五年，他與金主之間的理念拉鋸。不幸的是，ARPA挹注的第一筆資金是有條件的。利克里德來自劍橋市，當地麻省理工學院學者約翰．麥卡席剛剛開發出分時共享電腦技術。利克里德決心將分時共享技術導入官方研發計畫，因而親自前往加州聖塔莫尼卡（Santa Monica）的系統開發公司（SDC, System Development Corporation），指示他們開發分時共享系統，好讓此一技術普及化。

爲了推廣分時共享理念，利克里德接著通知恩格保，要他在系統開發公司的機器上進行增益研究。

恩格保對此大感驚訝不解。「可是他們的電腦還無法分時共享呀！」他抗議。

「以後就可以了，」利克里德回答。⑧

此一事件是兩人動盪關係的起點。有些時候，恩格保會說利克（友人對利克里德的暱稱）是他的知音，又像是他的兄長。⑨但兩人的互動也有陰暗的一面。恩格保後來曾表示他發現利克里德對他的支持並非出於自願。他撥款的主要原因其實是因爲難堪，因爲他沒有料到西岸竟也有人提出和他類似的技術概念。恩格保還獲知利克里德私下認爲這些錢不可能創造出甚麼成果。⑩不只如此，在關鍵時刻背叛恩格保的人，也是利克里德。

不過在一九六三年，恩格保找到了奧援，開始動手實現他的理念。他把這套系統稱爲NLS，意謂線上系統（oNLine System）。遠距做研究非常累人，不過他勉力而爲。他僱用的程式設計員在門帕市寫好程式，再帶到聖塔莫尼卡去執行和除錯。有時候恩格保自己也會搭飛機去上機。問題是系統開發公司只配置了一個小得可憐的螢幕加鍵盤給史丹佛研究院的人使用。更糟的是，終端機和電腦之間隔了老遠，後者被安置在一個保全看管的房間裡。每天提供分時共享的時間只有數小時，而且既不穩定又常當機。心灰意冷之下，恩格保考慮用一部早期數據機，連結門帕市的ＣＤＣ迷你電腦和ＳＤＣ電腦。可惜他的工程師一直無法建立起穩定的連線。結果在接下來兩年，恩格保草創的人類智識增益研究中心只能在一具處理能力遠不及十五年後蘋果二號的電腦上，摸索設計他們的系統。

門帕市的電腦使用的是恩格保、克萊恩與英格利都曾在五○年代參與改良的磁蕊記憶體。它的主記憶體能容納八千個十二位元長度的字元——相當於三頁多一點文字。這部電腦沒有磁碟機，而是把資料永久儲存在一具旋轉的磁鼓上，記憶容量爲三萬兩千個字元。除此之外，它還配備了資料備份用的磁帶儲存系統，以及充當輸入設備的紙帶與打字機。這部機器另一古怪之處是它的十六吋圓形螢幕，畫面可顯示十六行，每行六十四個字元，全部都只能大寫。

一九六四年，恩格保開始尋找助手。他的迷你電腦讓計畫得以開展，但他需要有人幫忙寫程式，開發整套系統。他在史丹佛研究院的磁性實驗室認識了比爾·英格利，之後有一次恩格保請英格利代爲在技術會議上發表磁性報告，從此兩人開始逐漸聊起增益理論。不久後，恩格保就正式邀請英格利加入他的小組擔任首席工程師。

比爾·英格利成了恩格保的得力助手。接下來六年，當恩格保努力確立概念、把模糊的想法具體化時，若非靠著英格利的技術能力與耐心，恐怕計畫仍將停留在紙上階段。他並未馬上認同恩格保的理想願景，但在六○年代初他已逐漸愛上電腦與程式員的工作，因此當獲知有專案可以讓他施展身手，他立刻便首肯加入。此外，就算他一開始無法體會恩格保增益人類智識的遠大理想，他也馬上斷定恩格保的專案是全院最酷的研究計畫。他馬上就接受了在螢幕上操控文字的想法，至於指標工具的實驗，則讓他有機會動手做東西，而這正是英格利最喜歡的工作。雖然外表白襯衫、黑領帶加上黑框眼鏡，一副標準工程師打扮，但他卻有著電腦駭客的精神。他的工作不爲營生，而是由熱情驅使。

在一九六四年初，史丹佛研究院還沒有現代化辦公室，這個小團隊只好在散佈門帕市校區的二戰時期破舊軍營暫時棲身。這棟房子的木頭地板底下還有可供爬行的空間，增益小組成員很快就賦予高架電腦樓板新的意義。某日英格利在拉線路時，拿出從家裡帶來的鋸子，不客氣地就把地板挖了個洞，好把電線穿過去，然後走到線路盡頭再挖一個洞，把線路拉上來。

雖然其他替恩格保工作的研究員都準時上下班，英格利卻有不同的想法。⑪他雖有妻子和兩個女兒，不過他認爲這份工作需要他全心投入，因此他的上班時間很不固定。爲了展開指標裝置的實驗，光是設法讓電腦上線，就是一項巨大而刺激的挑戰。

日後，激發增益小組硬體與程式人員追隨熱誠的，也是這位寡言的帶頭工程師。他有自己的想法，但是以整個團隊的成功爲基礎，當計畫面臨危機，是他把團隊凝聚在一起。他給旁人一種「就是要做出最嗆機器」的感覺，讓大夥兒跟著他一起打拚。⑫

恩格保在一九六二年那份原始報告中幾乎——但還沒有——觸及滑鼠的概念。得到航太總署贊助後，他開始研究指標工具，並對如何在螢幕上選取文字和圖形的問題產生興趣。這項研究的目的是尋找一種能夠讓使用者以最快速度、最小誤差重複執行到達螢幕定點動作的裝置。

英格利迫不及待想動手幹活，因此恩格保指示他開始進行指標工具實驗。當時已有幾種指標工具問世，包括光筆、軌跡球，還有手寫板。後者是蘭德公司（RAND Corporation）所開發，恩格保原本希望說服他們出借一組供他們研究，沒想到這家公司卻回覆一支也沒有。

以一種可滑動、手持式裝置充當指標工具的靈感，是恩格保參加某一場電腦繪圖研討會時想到的。一如往常，他在會場自覺像個局外人，大家都在高談闊論，只有他不擅表達自己的看法。每逢這種情況，他都神游物外，獨白陷入沉思。

這一次，他心裡想的是：要怎麼做才能以各種不同方式操作游標？⑬心思飄移間，他想到一種叫求積儀的裝置，那是一種只要順著二維平面邊緣前進，就能立即算出面積的簡單機械裝置。他記得在高中看到這種儀器時感到很不可思議。當時老師曾解釋它的運作原理，他想起求積儀裡頭有兩個循跡轉輪，就在這一刻，靈感蹦現。

拿出襯衫口袋裡的小筆記本，他很快畫了一個能在桌面上追蹤畫面動作的裝置草圖。他的想法是用兩個轉輪來驅動兩個電位計——一種會在轉動時記錄電壓變化的裝置。這兩個電位計隨著輪子滾動而移動，引起的電位變化可以被解譯爲游標——當時他們稱之爲「蟲子」——在螢幕上的位置。

對於當時在人機介面領域摸索——包含鍵盤、控制鍵等各類裝置——的研究人員來說，要在螢幕上指出一個特定物件是最困難的功能之一，換句話說，始終還沒有人辦到過。曾有人在SAGE早期預警系統上用光筆標定光點，而在東岸，伊凡·沙瑟蘭（Ivan Sutherland）也設計過一個結合光筆的優秀繪圖程式，不過讓使用者能毫不費力指出畫面特定文字的指標工具，卻從未出現過。⑭

回到史丹佛，恩格保拷貝了一份草圖給英格利，接著請史丹佛的製圖師打造一具手掌大小，外型優美的光滑松木外殼，空間正夠容納兩個滑輪和兩個電位計，然後再把外殼交給史丹佛的機具廠以製作其他零件。增益小組打造出來的第一隻滑鼠既大又笨重，這有一部份是受限當時只能找到那麼大的電位計。另外英格利也預設滑鼠對照到螢幕面積的移動距離爲五英吋，這麼一來就需要很大的轉輪才能轉一圈就移動五英吋。

雖然一般認爲滑鼠的名稱由來已不可考，但當時英格利小組裡一位年輕硬體設計師羅傑·貝茲（Roger Bates）卻很清楚記得這個名字是怎麼來的。貝茲原本是在大二大三間那個暑假，來到增益小組做技術員工讀生，而英格利很快就成了他的工作導師。他正式加入團隊時，負責的工作是打造一個轉換平行資料爲序列資料的移位暫存器，以便應用於英格利正在實驗的小型單手鍵盤上。他記得當時他們把後來所謂的游標稱作「貓」。貝茲已經忘了叫貓的原因，其他也都失去了記憶，但由此似乎可以引伸出螢幕上的「貓」追逐桌上滑「鼠」的典故由來。

恩格保的想法是製作包括滑鼠的一系列裝置，好讓研究員評估哪一種最適合用來圈選文字。充當實驗機的迷你電腦搭配了一具罩有外框、擺在電腦桌上的螢幕，看起來很像今日航管人員仍在使用的圓形螢幕。他們徵招測試員來操作螢幕文字，以了解各種設備的速度和準確性。受測者必須按下空白鍵、拿起指標裝置、找到螢幕上的文字，然後按下選擇鍵。從某種意義上說，這些人都在體驗人類史上第一套電玩遊戲。實驗結果，滑鼠大獲全勝，但也有黑馬冒出。最早出局的是踏板和游標鍵，不過膝控裝置竟然效果不錯，某些時候表現僅次滑鼠。

結束史上第一隻滑鼠測試後，英格利開始做細部設計，並做出一個關鍵性的決定。他一直在思考滑鼠上應該放幾個按鍵，但很快就得到了答案：三個。這不是什麼精密研究後的結論，而是在那支早期木頭滑鼠上只擺得下三個按鍵。

此一發現讓恩格保大失所望，因爲他一向主張採用複雜的控制設備。他認爲，操作複雜裝備雖然需要訓練，但一旦習慣之後，對系統的掌控將更爲完整全面。在他心中，這就像是比例增縮概念中那隻綁了磚塊的鋼筆。

易用性和掌控性之間的矛盾，是這位發明家終其一生不斷遭遇的問題，日後他更曾因此論斷生平理想未得實現。簡單好用或功能強大，終將成爲電腦產業中看法兩極的議題，而這也是凸顯恩格保某些想法領先時代，但某些層面又稍嫌脫離現實的幾個觀念之一。恩格保提出了完整的願景，但在實現的過程中，他的好點子被人擇優採納，開創出全球最富活力的產業之一。

不到十年，他就開始感覺被排斥、被誤解、甚至被那些他最親信的人所背叛。

恩格保終於掌控不了他原始理想與原創技術的發展方向，但背後的原因，並不僅是電腦圈內的起伏變化。那時是一九六〇年代中期，外在大環境正同時朝不同方向擠壓和分裂，撼動美國社會基本價值。恩格保的理想，成了混亂下的犧牲品。

一九六八年，湯姆・吳爾夫（Tom Wolfe）在他的《刺激的橙汁酸性實驗》（*The Electric Kool-Aid Acid Test*）一書開頭短暫提及史都華・布蘭德（Stewart Brand）和吉姆・費迪曼（Jim Fadiman），也是這兩人首度現身世人面前。書中布蘭德以半渥太華半美洲原住民路易絲・簡寧斯（Lois Jennings）愛人的姿態出現，倆人在布蘭德的卡車裡一路顛簸橫越舊金山丘陵區，等待肯恩・凱西出獄。至於費迪曼則是以克利夫頓・費迪曼（Clifton Fadiman）姪子的身分出現。克利夫頓・費迪曼是作家和編輯，他因爲在一九三〇和四〇年代的《我要資訊》（*Information Please*）廣播節目上展現出媲美百科全書的淵博知識，而聲名大噪。吳爾夫巧遇吉姆・費迪曼和他的妻子桃樂蒂時，倆人正忙著把中國算命銅錢塞進一本討論神祕主義大部頭書的襯裡，準備交給獄中的凱西，並請吳爾夫設法告訴凱西書裡有東西。

一九六〇年代結束前，費迪曼和布蘭德兩人都將在道格・恩格保的增益研究計畫中扮演一定角色。不過在一九六二年，這兩人才剛因爲費迪曼引領布蘭德進入ＬＳＤ的世界，而彼此結識。

費迪曼原本在哈佛攻讀社會關係，但他很快就把此一領域看成不養老鼠的心理學，因而把心思轉向當演員。一九六〇年哈佛畢業後，他到巴黎待了一年，期間正好碰上提摩西·李瑞、理查·阿伯特（Richard Alpert）和赫胥黎等人假道巴黎，前往哥本哈根發表有關迷幻藥的學術論文。曾在哈佛教過費迪曼的阿伯特告訴他：「全世界最棒的事發生在我的身上，現在我要跟你分享，」說著他從口袋拿出一個小瓶子，帶領他過去的學生認識了ＬＳＤ。

在徵兵的威脅下，費迪曼被迫返國，一年後搬到加州，一九六一年成爲史丹佛校園裡一名不情願的研究生。他覺得在學校唸書是浪費生命，寧可待在更有文化的歐洲受薰陶。不只如此，由於不久前才嘗試迷幻藥，世界在他眼中突然變得大不相同。自憐自艾中，他開始翻閱史丹佛課程表，尋找還算有趣的東西，結果發現一小類跨學門課程，其中包括一堂電機工程教授威利斯·哈曼所開的「人類潛能」，課程內容是探索人類所能企及的心靈與成就巔峰。

心靈體驗已攀上新境界的費迪曼當下暗忖：「這門課有名堂。」那天早上，他去拜訪哈曼。哈曼外表乍看下，像個保守傳統的理工教授。當費迪曼詢問是否可以選修這門跨領域課程時，哈曼答說人數已滿，或許可以考慮下學期再選。

「我嚐過裸蓋菇素（psilocybin）三次了，」費迪曼安靜地說。

教授走到辦公室門口，關上房門說：「我們得談談。」

結果，費迪曼成了哈曼的助教，因爲他可以和學生談一些哈曼覺得不該對學生講的東西。另外，他也成爲麥倫・史塔勒羅夫稍早成立的迷幻藥研究中心「先進研究基金會」裡最年輕的研究員。

史塔勒羅夫和哈曼在一九六一年三月於門帕市設立研究中心時，並不是中半島唯一對LSD療效感興趣的單位。門帕市的退伍軍人醫院當時已展開這方面的實驗，另外，帕羅奧圖心理研究院（Palo Alto Mental Research Institute）也開始引介迷幻藥物給精神病醫師、心理學家以及艾倫・金斯伯格（Allen Ginsberg）等作家。⑮不過，這所基金會與其他機構不同處，在於主導實驗的不是醫療專業人士而是工程師，此外基金會還向每位體驗者每次收費五百美元。在一份早期相關報導中，記者形容基金會的成立宗旨：「涵蓋醫學、科學、哲學和神祕主義」。⑯史塔勒羅夫和威利斯・哈曼是基金會幕後主要出資人，其眞正目的在進行有利LSD醫療用途推廣的研究。他們與幾位心理學家合作，包括費迪曼，還有引領哈曼與史塔勒羅夫入門的神祕人物艾爾・哈伯。費迪曼在史丹佛拿到心理博士學位，隨即受聘在舊金山州立大學教書，他在基金會的研究內容著重在服用LSD以後的信仰、心態，與行爲變化。

不久，基金會就根據一百五十三位試用者的實驗結果，發表了一份歌功頌德的研究報告，口吻類似深夜電視節目的購物廣告。高達百分之八十三的試用者認爲從LSD獲得持續性的身心效益，帶來的改善包括：提昇愛人的能力，百分之七十八；提升化解敵意的能力，百分之六十九；更強的溝通能力，百分之六十九；更了解自己和他人，百分之八十八；人際關係改善，百分之七十二；焦慮減少，百分之六十六；更有自信，百分之七十一；對世界觀點改變，百分之八十三。研究者發現在「對更高主宰或終極眞理的體認」，以及自稱獲得長期效益的回答之間有很高的關聯性。他們也註明只有一位受試者覺得心靈受藥物損害，而且此人一年之後也態度逆轉。

布蘭德是最初一百五十三個受試者之一。在一般人眼中，布蘭德是個很難歸類的人。雖然他編纂的《全地球目錄》（*Whole Earth Catalog*）衝擊了整個六〇與七〇世代，但他的一部分價值觀卻趨於保守和傳統，與那些受他影響的人不太相同。布蘭德出生在中西部，中學讀的是艾克斯特（Exeter）高中，接著進入史丹佛大學。一九五〇年代末期，布蘭德入伍成爲傘兵，駐防歐洲。退伍前，他成爲國防部攝影師，並在一九六一年自請調往越南，因爲他認爲既然受了步兵訓練，就該上前線打仗。軍方給他的回應是非常歡迎，但必須延長三年兵役。不只如此，軍方還強調，如果他不延後退役，就會被調往狄克斯堡（Fort Dix）倒茶掃地。

布蘭德婉拒了狄克斯堡的工作機會，在一九六二年退役。之後，他來到門帕市學習攝影。這段期間，他曾與吉姆‧費迪曼參觀史丹佛電腦中心，看到一群研究員在玩一個叫「太空大戰」（Spacewar）的古怪小遊戲。這個程式和這些人在他心中留下了印象，但要到六年之後，他才會重返這塊領域。

這次參觀在他腦海裡留下的，是一幅電腦玩家沈浸在遊戲裡，神遊物外的生動畫面。這是布蘭德在短時間內連續遭遇的兩個重大體驗之一。先前，他與一名家族友人狄克・雷蒙（Dick Ramond）一同前往暖泉（Warm Springs）印地安保護區拍攝時，受到頗大震撼，如今在史丹佛電腦中心裡，類似的情緒又湧上心頭：這是個全然不同的世界，而且似乎比他的世界更有趣。他所目睹的，正是多年後人們所謂的電腦網路空間（cyberspace）。

他同時也接觸了史塔勒羅夫的基金會。當時的迷幻社群很小，成員彼此都認識。布蘭德五○年代就讀哈佛時看過赫胥黎的《感官之門》（*Doors of Perception*），後來並與作者會面。他也和幾個游走浪蕩文人圈的友人嚐試過佩奧特仙人掌（peyote），當兵期間，他常跑到紐約市，涉足比特族（Beat scene）的交遊圈。他在那裡結識了金斯伯格一九四九年療養期間的精神病院病友葛德・史坦（Gerd Stern）。在史坦和一群友人的陪伴下，他在哈德遜河上游一所廢棄的教堂裡嚐試了仙人掌鹼。

一九六二年底，布蘭德申請加入基金會的ＬＳＤ設計體驗。醫療用途的ＬＳＤ療程，和幾年後司空見慣的娛樂目的嗑藥有很大不同。以布蘭德而言，他在服用ＬＳＤ前，先嘗試了碳氧氣，就像哈伯當初把ＬＳＤ介紹給史塔勒羅夫的程序一樣。結果布蘭德的反應就像大腦接收了太多氧氣，一下子「過火了」。他進入一個「非常有趣」的太虛宇宙，經歷了彷彿「七個永恆」的時間，然而等他回神時，所有人都仍坐在原位，嘴裡香煙只比先前短了一小截。他覺得高壓氧實在不賴，甚至在嚐過ＬＳＤ後，仍以爲後者相較之下有點令人失望。

他在一九六二年十二月十號接受了ＬＳＤ體驗。基金會辦公室外矗立著一株枝葉奇特的多瘤巨大橡樹，不斷吸引未來四年陸續至此接受迷幻洗禮的訪客目光。距離基金會不遠處，就是羅伊·凱普勒的書店，還有六〇年代中期創立的中半島自由大學（Midpeninsula Free University）的店面與印刷所也在附近。幾個街區外的另一棟建築裡，則是布蘭德創辦全地球卡車商店（Whole Earth Truck Store）以及《全地球目錄》的地方。大約一英哩外，座落著最早的平民電腦公司（People's Computer Company），它可視爲一九七〇年代中期自製電腦俱樂部的前身，而後者又是引燃個人電腦工業燎原之火的源頭。

未來十年數百萬人沈迷的境地，布蘭德是最早領略的先驅之一。那是一種折磨人、對出身中產環境的他完全陌生的體驗，令他從此以全新眼光看待世界。在一份事後幾天完成的報告中，他記錄了他在早上八點四十一分喝下一杯摻藥的飲料。他在一個安靜的房間裡戴耳機聽古典音樂。然後在早上十點，他喝下第二杯ＬＳＤ飲料。下午兩點，接受最後一劑注射。

他在記錄當中把整個體驗程序分成幾個階段，分別稱之爲「紫色閣樓」、「紫色螺旋」、「吸塵器」以及「水泥」。

首先出現的是卡通般的畫面，在音樂陪襯下呈現在他腦海中。「我仍記得一種在綿延的尖頂閣樓裡快樂追逐蜘蛛網的感覺，我發現音樂華麗虛假，感受到『存在』之巨大與必然，但超乎我視野範圍之外，」他寫道：「生理上的感受，則是一種愉悅的冰冷，與脖子上的疼痛。我還記得我對並不好笑的事情發笑。」⑰

第二杯ＬＳＤ下肚之後，感覺又變了，變得更「達利化」。他要求換些簡單的音樂。他盯著一支玫瑰，覺得有趣卻缺乏意義。他變得多話，開始追逐各種「存在的層次」，在腦中想像於不同高度觀察自己在地球上的模樣。

下午，有人叫他坐起身，這讓他很不舒服。他開始覺得能夠把人臉和身體分開，就像是面具一樣。基金會的心理專家——安培克斯員工唐恩・艾倫的妻子瑪麗・艾倫（Mary Allen）——在他眼中顯得嫵媚異常。他自己的鏡中影像則看似備受打擊又強悍不屈。

旁人請他觀看壁畫還有陰陽符號，但引不起他的任何反應。他去上廁所，感覺頭暈眼花又滿心羞辱，手中握的彷彿是小孩的陽具。

等到注射ＬＳＤ之後，一切又轉化成他所謂的吸塵器和水泥。「吸塵器」指的是一系列在他腦海中翻騰攪動的畫面，不久之後他開始覺得身體幾乎無法動彈。

有人問他感受如何，他回答：「非常『東西』。」旁人拿基督畫像給他看，令他感覺被利用。吉姆・費迪曼要布蘭德專心注視他的眼睛，當他照做時，突然開始嘔吐起來。他看著自己的嘔吐物，竟然是紫色的。

體驗結束時，他被帶往費迪曼家中，這讓他感到高興而鬆了一口氣。布蘭德仍深受ＬＳＤ

藥效影響，等他坐下，費迪曼又逐步進行實驗。他拿出一組圖片給布蘭德看：一張唱片封套上的模糊女人照片、一具雕像、一幅有點像他自己的透明圖像，因爲在他腦中他把自己想像成由兩塊石頭和一支紅蘿蔔組成的面具。接著又是更多的圖片，包括一張他先前在基金會看過的如煙雲海圖片，以及一幅地獄般的陰暗景象，背景映照出惡魔小孩的黑影。當布蘭德盯著這幅畫時，它又幻化爲山谷景象。

晚餐成了一場咀嚼和吞嚥的怪異經驗。布蘭德覺得自己彷彿鑽進了盤子裡，與馬鈴薯爲伍。他目睹其中一塊馬鈴薯被桌上蠟燭點燃後，變身爲自己的英雄幻象。

當天稍晚，他以爲藥效已退，於是走出屋外看著滿月。當月亮消失，幻化爲三個舞動影像時，他站著無法動彈。

第二天早上，他心情古怪，等到前往診所時又轉變爲沮喪。整整好幾天他都極度頹喪，直到他和費迪曼共赴一場友人的日式聚餐時才好轉。吃飯時，他告訴費迪曼他覺得那次他嘔吐以後，應該再試著正眼看他。

「現在也不遲啊，」費迪曼說。

他隔著桌上唯一一枝蠟燭，盯著費迪曼的眼睛。他根本不知道會發生什麼事，但他發現眼淚開始在眼中打轉。費迪曼告訴他不要壓抑。最後，他要布蘭德閉上眼睛，「品味這種情緒」。他繼續專注於內心感受，然後發現費迪曼也在激動中熱淚盈眶。兩人四目相對了好一會兒，等布蘭德返回宴會時，只覺身心彷彿換了一個人。

當晚最後，在其他賓客的注視下，布蘭德脫下身上衣服，縱身躍入擺盪著幽暗水底燈光的後院游池。

灣區居民全然不知這裡發生的事情。從一九六一年開始，四年多期間，國際先進研究基金會引領了超過三百五十人進入ＬＳＤ的世界。

迷幻體驗都在週二與週四舉行，持續一整天，地點是在兩間經過特別佈置、可控制音樂與燈光的房間裡。雖然初期受試者必須付費，但美國政府很快就針對實驗對象增加許多限制。最後，研究人員改爲挑選特定科學家、研究員、工程師、建築師等作爲實驗對象。他們的假設是迷幻藥可以拓展心智領域，但他們不確定此藥可以達到指定的效果。迷幻藥似乎可以提升人的情緒，但它也能改善理性的認知能力嗎？

志願者並不難找。先後參與實驗的包括查爾斯．塞維吉博士（Dr. Charles Savage），他曾在一九五〇年代初爲美國海軍進行以迷幻藥誘人招供的醫學實驗；還有舊金山州立大學的心理學家羅勃特．莫加爾（Robert Mogar），他也幫忙策劃和執行心理實驗。研究計畫將近尾聲時，史丹佛大學的工業設計教授羅勃特．麥金（Robert McKim）加入實驗行列，研究迷幻藥與創意靈感間的可能關係。至於唐恩．艾倫，則與另一人充任「顧問」。由於ＬＳＤ效果驚人，這群人還開玩笑地創造了一個新名詞：「中西部工程師症候群」，因爲吃藥之後原本拘謹的人往往變得極爲開放。

在史丹佛研究院裡，最先嘗試LSD的是休伊特・克萊恩，接著其他研究員也陸續效法，其中包括道格・恩格保和比爾・英格利。

恩格保對迷幻藥提昇創意的潛力感到興趣，並不讓人意外。畢竟早期LSD研究者的目標，和恩格保追求增益人類智識的理想相去不遠。以藥物引發創意不在他的計畫中，但若眞有效果也不妨酌與採用，納入他的「拔靴帶」(bootstrap) 理論中——亦即重複同一程序，每有進展都會加速後續推進。從某個角度來說，拔靴帶理論其實就是指數成長的另類說法，只是用來描述組織成長。不過恩格保本身的迷幻藥體驗，卻不如預期。

他的初次LSD體驗是在吉姆・費迪曼指導下的團體程序。恩格保吃下二十五毫克的「少量」LSD，花四小時冥想，聆聽音樂，放鬆身心。參與實驗前一晚，每位參加創意實驗的受測者都接受了大量心理預備步驟，目的是讓他們相信在藥物協助下可以解決當前問題，因爲這項實驗的前提，就是要測試一群共同面對技術或創意瓶頸的組員，了解他們能否達成突破。這個技術瓶頸必須是對組員來說具有情感上的迫切解決需求。等午餐過後，LSD藥效開始發揮時，他們將展開工作，由研究人員在一旁觀察。

在小組作業中，每個人都頗有進展。電子工程師畫出了線路圖，惠普的機械工程師改良了燈光設計，建築師也改造了建築物，只有恩格保毫無成果。他的初體驗就像是患了緊張症，從頭到尾都盯著牆壁發呆。

即使如此，恩格保仍興致高昂，對此次經驗感到著迷。他向費迪曼提議將拔靴帶理論應用到團體程序中：「如果你眞的相信LSD有助提昇創意，何不以團體方式進行，看能否眞的發明出甚麼東西？」

第二次實驗就這樣排定了，這回有八名電腦研究員參加，地點就在這位年輕心理學者的家中客廳。費迪曼走進客廳時端著擺滿小杯子的托盤，裡頭裝了當晚實驗所需的藥劑。在先前倆人的談話中，恩格保聽出費迪曼因爲前次的經驗，有意減少給他的劑量。他不動聲色地挪了三個位置，裝成沒事般地繼續聊天，最後果然，當費迪曼走到恩格保面前時，他必須旋轉托盤才能讓他拿到劑量減半的那一杯。

二度實驗結果，藥物確實提昇了道格．恩格保的創造力，但LSD拓展人類智識的潛力則不明。恩格保在創意實驗裡的貢獻是一個玩具，並替它取名爲「叮噹兒」（tinkle toy）。這是一個小水車，可以浮在馬桶水面，當水（或是尿）沖下時便會旋轉。它可以當作訓練小男孩上廁所的玩具，讓他覺得尿在馬桶裡很有趣。

LSD最終擺脫了中半島一小群知識份子的實驗範疇，廣泛對外傳播，威力之大幾乎橫掃整個美國社會。而預告這股迷幻藥風潮的，是一本知名雜誌的特刊。

在替基金會尋找創意實驗對象時，費迪曼找上了《觀點》（*Look*）雜誌的加州編輯喬治・李奧納（George Leonard）。當時這本雜誌正在籌劃一本以「加州：新遊戲，新規則」爲題的專刊。李奧納和一名同事參加了ＬＳＤ體驗，希望能帶來專刊設計的靈感。體驗的結果，如李奧納在《走在世界邊緣》（*Walking on the Edge of the World*）中所描述的，似乎未能激發編輯創意，不過一九六六年六月二十八日出版的《觀點》雜誌卻向世人介紹了正在改變加州的社會文化風潮。文章裡告訴讀者，加州正在醞釀著劇變，政治將有新貌，反主流文化更準備扭轉美國保守的五〇年代價值觀。雜誌封面是一張吉姆・費迪曼與妻子桃樂蒂在一片加州罌粟田中深情相擁的照片。

當局打壓勢不可免。費迪曼繼續主持ＬＳＤ的創意研究活動，直到一天他在辦公室裡打開一封信。當時四位研究員服用了低劑量ＬＳＤ，正躺在地板上聆聽音樂，討論一個技術問題。費迪曼打開這封公函似的文件，裡頭是一份食品藥物管理局的通知。他已經預料到這項發展，當時是一九六六年，當局正努力展現遏止青少年使用毒品的決心，這封信就是勒令基金會立刻停止相關研究。費迪曼轉頭對他的同事說：「我想我們明天打開這封信吧。」

正式的實驗活動結束了，但消息已散播開來。在一九六六到一九六七年之間，ＬＳＤ逐漸流傳到少數文人圈之外，滲透到主流美國文化當中，甚至還影響了距離基金會辦公室和全地球卡車商店只有幾條街、主要由軍方贊助的史丹佛研究院。

道格・恩格保逐漸在史丹佛研究院裡累積名聲，因爲他的小組顯然正在做些與眾不同的電腦研究。有天份——有時也很古怪——的研究員開始加入他的團隊，其中之一，是位名叫大衛・凱瑟瑞斯（David Casseres）的年輕技術文件撰寫員。他在風聞增益小組的研究時，已在史丹佛研究院工作了一年。

凱瑟瑞斯在加州理工學院讀了兩年航太工程、物理和生物，接著又改變領域，到波特蘭一所以文人風氣出名的瑞德學院（Reed College）取得文學學位。

一天，還在用打字機與漿糊拼貼軍方研究報告的凱瑟瑞斯，偶然路過恩格保的研究室。他往裡頭瞥了一眼，這一眼讓他望進了未來。

他對道格・恩格保的第一印象，是一位坐在龐大工作站前的研究員，面對嵌在特製電腦桌裡的螢幕，螢幕前擺著頗佔空間的鍵盤——光是這東西在一九六七年就已屬罕見。鍵盤一旁是拖著電線尾巴，外型奇特的滑動裝置，另一邊則是有五個按鍵，彷佛鋼琴鍵盤的東西。

凱瑟瑞斯做了自我介紹。兩人很快談起研究小組需要有人幫忙撰寫提交給贊助單位的技術報告。他離開時滿腦子都是恩格保利用未來電腦「增益」人類智識的研究理想。

大衛・伊凡斯（David Evans）是個來自澳洲、脾氣暴躁的史丹佛博士班學生。他在某次到電機大樓上課時，得知了恩格保的研究計畫。公佈欄上貼著一張研討會告示：「增益人類智識」。⑱好奇之下他翹了課，走進會場，坐下來，結果受到「巨大震撼」。

伊凡斯自認擅長的事情之一，是聆聽發明家的古怪想法，而恩格保的說法徹底吸引了他。他旁聽整場研討會，還寫了一篇短文當作課堂報告。這篇文章引起了恩格保注意，他邀請伊凡斯在撰寫電機博士論文期間，到他那裡兼差。

這位年輕的研究員馬上投入了他所謂的「遠大理想」。剛到史丹佛研究院不久，他就開始探討仿似效應，也就是在一九五九年啓發了恩格保的比例增縮概念。增益小組原本僅在微電子技術領域使用這個詞彙，但恩格保的眼光看得更廣，他還想要「擴增」他的增益工具，拓展他的使用社群。這也成了恩格保研究生涯中持續遭遇的挑戰——而且始終未能實現。

由於缺乏程式設計能力，伊凡斯在與其他撰寫NLS系統的軟體高手相處上，顯得較難融入，但他很快找到自己適合的角色，協助恩格保對外傳達他的理念，也就是建立一個「拔靴帶」模式團隊，學習「高效率」協同作業。

這些追隨者當中，有些是恩格保自己找來，有些是比爾・英格利招募的。通常他們都是從當時人數不多的電腦學術圈裡聽說恩格保的研究。利克里德與其門生鮑布・泰勒先後進入ARPA任職，在他們的資金贊助下，增益小組於六〇年代中期持續穩定成長。

有四名華盛頓大學學生因爲都喜歡窩在電腦中心而結爲好友，然後一起進入史丹佛讀研究所，又不約而同地先後加入增益小組。傑夫・魯利夫森（Jeff Rulifson）、艾爾頓・海伊（Elton

Hey）、唐恩・安德魯斯（Don Andrews）與查克・喀克里（Chuck Kirkley）在一九六六年第一套ＮＬＳ開發期間來到研究團隊。其中喀克里只待了很短時間，因爲他和恩格保對於能否把一項恩格保要求的功能寫入系統裡意見相左而發生爭執。年輕的研究生堅持：「不可能辦到！」

恩格保回答：「我不管，你寫就是！」

身爲領導者，恩格保通常語調輕柔，但他極爲堅持專注，有時甚至爲達目標毫無妥協餘地。他的長處是能從使用者的角度看事情，要求程式員動腦筋，找出方法把他的想法融入整個系統。

一九六六年，運算能力更強的二十四位元CDC3100，取代了研究小組原本使用的ＣＤＣ迷你電腦160A。最初這臺電腦是以非互動的批次模式運作，不過傑夫・魯利夫森隨即爲新電腦編寫了即時圖形顯示系統。另外，還有一套文字編輯器，也是由研究小組自己撰寫完成。

增益人類智識研究中心（Augumented Human Intellect Research Center）也在一九六六年遷至史丹佛研究院的新大樓之一。訪客一進門就是一個大圓廳，通往各個私人辦公室，辦公室裡擺著簡單的鐵製桌椅。但簡樸的氣氛很快就被一張不搭調波斯地毯所破壞。增益小組當時與家具廠商赫門米勒（Herman Miller）合作，試用創新的辦公家具系統，其中一組叫做「瑜珈工作站」，包含一張多了鍵盤擴充桌面的四腳矮咖啡桌。滑鼠和酷似鋼琴的單手鍵盤組可以擺在桌上筆記本或文件的任一側。充當監視器的是一臺放在可調式四輪支架上的笨重電視。程式設計員則坐在兩個舒適的墊子上。

增益小組辦公室位在史丹佛研究院三層建築裡的二樓。訪客進入停車場時可以直接看到面對停車場的窗戶裡面。很快地，恩格保屬下一名程式員就決定要住進辦公室。由於僧多粥少，電腦資源不足，電腦駭客們很自然就傾向在使用者最少的深夜與清晨上線。而當電腦資源全歸一人享用時，速度才比較能讓人滿意，因此直接住在實驗室，也就成了可行的解決之道。管理階層對此原本沒意見，直到這位房客開始把衣服晾在辦公室窗外爲止。晾衣事件後，這位程式員住辦合一的省錢妙計也無疾而終。

增益小組的初期研究都以一臺工作站爲範圍，除了指標工具之外，研究員還陸續設計了文字編輯器和程式輔助工具。早期的研究方向也受到恩格保對微電子零件成本遞減的直覺很大影響，他不擔心這套系統的成本過高，因爲他很清楚等到人們學會如何使用它，價格早已大幅滑降。[19]不過在存續高度仰賴軍方與航太總署贊助的研究機構，恩格保的研究計畫注定不時面臨斷炊威脅，往往需要有遠見者如泰勒和利克里德等人出面協助。

增益實驗在一九六七年接受航太總署評鑑時，反應不佳，整個計畫有遭砍經費之虞，還好鮑布・泰勒又及時出手解救。泰勒在一九六六年接替伊凡・沙瑟蘭出任ＡＲＰＡ資訊處理科技局主任，不久即發覺恩格保的專案有財務困難。這段期間，恩格保正四處對外展示一段用電腦進行文字編輯以取代紙張作業的影片，刺激人們重新思考工作方式。拿著這捲影帶，他來到ＡＲＰＡ的年度研究人員大會。此會議每年擇地舉辦，這次是在麻省理工學院。會議一開場，泰勒就轉身對恩格保說：「嗯，道格，就請你來開場吧，談談你在做些甚麼？」⑳缺乏安全感的恩格保只覺得自己像個丑角，當時圈內仍然獨尊人工智慧與分時共享系統，他認爲泰勒找他，只是想藉他暖場罷了。

他上臺播了影片，其中展現出在場人士從未見過的電腦操作速度。他很驚訝地發現聽眾反應相當好，個人顯示幕的概念頗受好評。

當晚，與會人士在大廳聊天攀談時，泰勒轉向恩格保：「道格，你的毛病就在野心不夠大。」恩格保大吃一驚，他只想著該怎麼讓他的組員溫飽。

「你眞正想做的是什麼？」泰勒問他。

「弄到一臺分時共享系統、成立實驗室，或是自己做一臺，再慢慢用它來開發其他元件，」他馬上回答。

「好啊，那就寫份提案吧？」泰勒指點他。

第二年，泰勒撥給增益實驗室五十三萬五千美元，用來購置科學資料系統（Science Data Systems）的 SDS-940 電腦，這是一家位於加州賽嘉多市（El Segundo）的電腦公司。分時共享架構的 SDS-940 原本是精靈專案（Project Genie）的產物，由利克里德和泰勒贊助加州柏克萊大學進行，目的在探討互動操作與分時共享概念。

進入五角大廈後，泰勒決定要讓精靈專案的成果商品化，於是他找了科學資料系統的老闆麥可斯·帕勒夫斯基（Max Palevsky）到他那裡一趟。在泰勒的想法中，開發這套作業系統的費用已由納稅人的錢支付，若能將分時系統上市銷售自然是好事一樁。

帕勒夫斯基在幾位員工陪同下到訪，泰勒說明了他的想法。但這位企業主管卻不買帳。（他在幾年後把公司賣給了全錄，爲全錄進軍電腦業鋪路，但未成氣候。）

「不成，」他在聽完泰勒的說法後斷定。

「怎麼說？」泰勒問。

「因爲沒人會買，」帕勒夫斯基回答。

泰勒據理力爭，帕勒夫斯基不爲所動。

「這全是那些學術人的瘋狂點子，」他說：「那些傢伙一點概念也沒有，我可是生意人，這玩意兒行不通的。」

泰勒火冒三丈，大聲吼道：「找你根本是浪費時間，」接著送客出門。

幾分鐘之後，帕勒夫斯基一名下屬探頭進來，找泰勒談話。這位員工表示他認爲帕勒夫斯基的判斷錯誤，願意幫忙泰勒促成合作。泰勒提議由他聯絡潛在客戶，請他們到泰勒辦公室，現場展示遠距連結柏克萊電腦作業情形。[21]

不出幾個月，超過二十名買家表示有興趣，帕勒夫斯基終於改變心意，同意以 SDS-940 爲型號，產銷新型電腦。

追隨利克里德的腳步，泰勒在人機互動電腦技術發展上，扮演了關鍵性角色，而他也是恩格保在六〇年代唯一最重要的資金來源。他代表越戰高峰期，五角大廈內部一小群觀點異於高層的科學家。這些人和泰勒一樣大力扶持六〇年代電腦研究，與軍方的關係較爲疏離。他們不但和軍人保持距離，更抱持類似學術界或企業界的價值觀，迥異於正在東南亞揮軍用兵的官僚體系。

與許多當代人一樣，泰勒也在一定程度上支持這場戰爭。他相信南越有些壞蛋在荼炭生民，不過後來有一段四年期間他奉命多次造訪越南，以改善上呈詹森總統（Lyndon Johnson）的戰情彙報資訊系統。強森對前線資訊遲誤很不高興，授命國防部長麥納瑪拉（Robert McNamara）找出問題。麥納瑪拉隨即致電給ARPA主任：「你幫我找個懂電腦的到那裡，去看看他們到底在搞什麼鬼吧！」

麥納瑪拉是最早一批所謂「管理奇才」（wiz kids）之一，二戰期間他們運用現代統計學來帶領陸軍航空兵團（Army Air Corps），也就是美國空軍前身。戰後，這群管理奇才中有十人進入福特，協助這家汽車大廠振衰起敝。他們的成功深深影響著美國企業界的管理觀念，奠定日後的數字管理潮流。麥納瑪拉日後又將這套方法帶到五角大廈，先後擔任甘迺迪與詹森總統的國防部長。於是有批評者認爲，美國的越戰挫敗，即肇因於過度仰賴死傷數據，而忽略了越南內戰政治因素的複雜性。

修正死傷數據的工作，就這樣落到了泰勒肩上。

幾個星期內，他就坐上了飛往越南的班機。第一次出差，他帶了三名參謀聯席會議成員，包括一位空軍上校、一位陸軍少校，和一名海軍中校。當三位聯席會議代表一起現身，前線部隊不敢馬虎。

第二次出差回國，他的立場已轉爲反對越戰。但他的工作是解決國防部資料彙報系統的問題，經過了解，他很快發現三軍部隊對需要呈報的資料定義各不相同，統計方式也迥異。泰勒因此訂出一套新的後勤標準與彙報表格，並在西貢外圍空軍基地成立一所新的電腦中心。經過整頓，白宮只會收到一份統一的軍情報告，雖然他心知肚明仍舊充滿扭曲不實，但至少是一致的扭曲。

對軍方反感日增，再加上越戰與尼克森的嘴臉，終於促使他離開五角大廈。短暫任教猶他州大學之後，他隨即轉往帕羅奧圖，擔任全錄設立的新電腦中心經理人。在那裡，他得以收成他在六〇年代撒種扶植的電腦研究成果。就如利克里德和恩格保一樣，泰勒也率先體悟到電腦有超乎單純運算的潛力。他預見了電腦的通訊媒介用途，此一洞見使他主導了阿帕網的研發與經費支援，最終演化爲今日的網際網路。

電腦網路的誕生，源起於利克里德在多所研究機構發起的互動技術研究——包括麻省理工學院、聖塔莫尼卡的系統開發公司，和柏克萊大學。而當泰勒入替利克里德的職位時，也承接了這項專案。可是他發現自己要透過三個不同的終端機，連結到三個研究地點。這顯然不實際，也讓單一電腦網路的需求浮現。

如今回顧，泰勒的影響無比深遠，並非由於他致力推展軍方電腦研究的實際應用，而是因爲他不斷資助他認爲走在時代前端、甚至有些異想天開的技術理念。在六〇年代的關鍵時期，泰勒扮演了進步推動者的重要角色。

SDS-940進駐史丹佛研究院後，道格・恩格保終能推展他最初的願景：集結一群研究人員，利用共享的電腦系統，探索提昇人類智識潛能的概念。

在此之前，增益小組使用的CDC迷你電腦是缺乏互動能力的單人電腦。現在他們把這類電腦稱做FLS（oFf Line System），並著手開發新版NLS。FLS的操作模式是先載入資料紙帶，然後在終端機裡打入命令。接著才能放入第二個紙帶，讓電腦根據剛才打入的命令，執行文件的編輯。整個過程耗時又費力。

新版NLS在個人電腦發展歷程中的重要性無可比擬。道格・恩格保從一九六八年開始，就已經「活在未來」了。他的辦公室裡架設了一臺螢幕，其所使用的顯示系統最多可讓SDS-940同時連結十臺類似的電視螢幕。

由於六〇年代電腦監視器的價格高的嚇人，恩格保的硬體工程師就想出一個在白色背景上，顯示黑色文字的低成本解決之道。最後的成果雖缺乏美感，卻實際有效。

由於電腦記憶體與大型映像管的價格高昂，研究人員選用了五具五英吋高解析度監視器，每一臺搭配一具對準螢幕的攝影機，兩者間罩上布幕隔絕外在光線，好將攝影機訊號清楚傳送到價格較便宜、畫面也較大的電視螢幕上。平時光是維護這套系統運作就需要一點五個人力，但這樣一套顯示文字圖形的視訊工作站只需五千美元成本——以當時而言算是很便宜了。

除此之外，這套系統還容許多臺監視器共享資訊顯示幕，爲群組作業環境鋪路。在新版的ＮＬＳ系統中，每個工作站包含一具鍵盤，兩旁分別放置三鍵滑鼠與五鍵小鍵盤。這個小鍵盤看起來有點像少了黑鍵的迷你鋼琴，其功用爲輸入文字或傳送命令給電腦。藉由它，使用者的手不須往復於鍵盤與滑鼠間，即可進行快速編輯。

對於熟悉標準鍵盤的人來說，增益系統須要花點時間才能習慣。恩格保自己就在車子儀表板上黏了一個五鍵鍵盤，以便開車時也能練習操作。

經過增益小組的測試，幾位程式設計師都能很快掌握新版ＮＬＳ操作訣竅，達到驚人的編輯速度和效率。甚至還有人學會光靠小鍵盤打字的絕技——某位年輕程式員每分鐘可輸入超過五十個字。對於直到一九七三年才見到ＩＢＭ可修正式電選二型（Selectric II）打字機的當代人來說，這無異是魔術般的高速文字編輯展演。

增益系統最終提供了文字處理、大綱編輯、超文字連結、遠距會議、電子郵件、視窗顯示、線上協助，以及一致化的使用者介面。爲強調其重要性，有人嘗試拿它與一九八〇年代問世的微軟 Office 軟體之類相互比較，但恩格保的系統無論就深度與廣度來說，均遠遠超越後世的套裝軟體，此外它的研發宗旨有部分是做爲阿帕網一部分，讓各地技術研究員集思廣益。

恩格保的原始增益架構有一大部分未受外界採納，直到一九九〇年代初，網際網路商業化後才重新浮現。在恩格保六〇年代的原始概念，與業餘玩家一九七五年催生的個人電腦工業之間，有著極大的落差。爲了儘快實現擁有自己電腦的夢想，業餘玩家忽略了增益理論精髓，也就是通訊在整體架構中的地位。那是恩格保靈光乍現所得創見的核心概念，而此一創見，正是范尼瓦·布許一九四〇年代勾勒的記憶機雛型，終於獲得實現和普及化的主要原因。

從一九六〇年代初，到NLS大致開發完成的一九六九年爲止，恩格保與研究小組都待在舒適的象牙塔裡。他們的資金來自五角大廈，但與其他史丹佛研究院專案不同的是，他們的研究與越戰並無直接關聯。不過，他們經常感受外界介入的壓力，而且有一兩次還眞的發生了。

「無名氏」就是其中一例。

六〇年代，多數研究基金都來自航太總署或ARPA資訊處理科技局。NLS上線運作後，開始有羅姆航空研發中心等客戶上門，不只如此，連一些帶有祕密色彩的組織也非常有興趣。一九六六年八月，恩格保偕英格利前往中情局維吉尼亞州蘭利市總部，此後便維持有零星接觸。

自稱來自陸軍特勤組的「無名氏」某日造訪研究室，眾人皆信此單位就是中情局的僞裝門面。「無名氏」與增益小組成員開了幾次會，了解技術細節，不過會議內容禁止錄音照相。研究小組私下獲得一紙合約，授權匿名訪客不時造訪。但在常駐一陣子後，他就突然消失了。研究室裡的年輕成員猜測他只是來做初步評估，等候中情局做最後決定。研究院裡有關「特勤組」合約的傳聞盛行了好一陣，不過無名氏從此沒有再出現過。

這不過是個預兆罷了。在鮑布．泰勒的推動之下，增益小組在一九六八年底決定開放研究成果，邀請外界參觀。而門戶大開的結果，帶來了巨大轉變。

3 紅尿布嬰兒

比爾・匹茲（Bill Pitts）是獨行俠，那種典型的數學怪胎。

他成長於六〇年代的帕羅奧圖，高中成績優異，申請獲准進入史丹佛大學，該校剛好在那年成立電腦科學系，而匹茲的第一堂課正是「電腦概論」，由系所創辦人喬治・佛賽斯（George Forsythe）授課。

匹茲很快染上駭客的電腦狂熱，甚至想辦法延後必修的「西方文明概論」以便加修其他電腦課程。電腦對他來說既有趣又簡單——簡單，是因爲它合乎邏輯。雖然獨來獨往，但他自己逐漸養成了似乎是所有駭客的共同嗜好：破解門鎖，部分是爲了挑戰心智，部分是享受窺探祕密所來的刺激感受。

匹茲在大一那年展開這項課外活動。每當K書過後，他就四處尋找校園裡的門鎖來開。這是項困難的挑戰，而他就像個集郵的蒐藏家，或登山的運動家一樣，一個一個征服他的目標。大二才過一半，他就幾乎闖過了所有校園大樓，包括地下迷宮——遍佈校園地底的蒸氣管道。他最傲人的成就是潛入前總統紀念圖書館胡佛大樓的尖頂。他經由一個銅製掀蓋活門進入狹小的圓頂，發現活門上刻滿了到此一遊的姓名縮寫，於是不能免俗地也寫上了自己大名。

匹茲幾乎已經找不到征服對象，直到某日，他決定開車去羅索提酒吧（Rossotti's）。這是一家許多學生、機車族、單車族愛去的夜店，位在史丹佛校園西邊幾英哩處、波托拉谷地（Portola Valley）的阿爾潘路（Alpine Road）上。當他從史丹佛後方綿延山麓，沿著阿拉斯特德羅路（Arastradero Road）開出來時，他注意到有一條車道蜿蜒著上山。吸引他目光的，是一個路旁豎立的招牌，上頭寫著「唐納德鮑爾實驗室」（Donald C. Power Laboratory）。他從字體看出這是隸屬史丹佛的機構。見獵心喜的匹茲以爲找到新的目標，暗中決定稍晚回到這裡探索。

深夜十一點，他來到山頂一棟壯觀半圓建築物的前方停車場。起初看到大門全都沒鎖，停車場裡幾無空位，辦公室裡燈火通明，還有三、四十個人在裡頭趕工，他原本大失所望。不過接著他好奇心起，決定進去弄清楚這些人深更半夜忙些甚麼。結果令他吃驚的是，裡頭竟擺著一臺迪吉多PDP-6型迷你電腦，而這裡是約翰．麥卡席的史丹佛人工智慧實驗室（Stanford Artificial Intelligence Laboratory, SAIL）。

匹茲找到了他的新家。不只如此，他還意識到自己的想法很諷刺：他剛才竟想闖入全球數一數二的電腦駭客大本營。

等到月落日昇，實驗室的周遭環境又進一步顯現：這裡是菲爾特湖（Felt Lake）小水庫旁一個寧靜秀麗的山腰所在，北邊遠眺舊金山市區、灣區、約巴布維納島（Yerba Buena）和塔莫佩山（Mount Tamalpais），東邊是魔鬼山（Mount Diablo），南面則是漢莫頓山（Mount Hamilton）及屋木罕山（Mount Umunhum）。訪客來到這兒，首先映入眼簾就是牆上塗有潦草「位置圖」的小接待區。它有點邵爾・史丹伯格（Saul Stenberg）在《紐約客》封面所畫的那幅紐約相對位置圖的味道，從最早標示實驗室在史丹佛校園內部位置的原始版本，衍生出無聊人士加註的另類觀點：從人類大腦的中心位置，到某個中型螺旋星雲外圍不知名恆星附近，花樣百出。

電腦科學家和數學家約翰・麥卡席在一九六四年成立史丹佛人工智慧實驗室。早在他一九六二年來到史丹佛以前，麥卡席就已是電腦圈內聲譽顯赫的人物。他不但發明了高度彈性化的人工智慧標準程式語言ＬＩＳＰ，更首創奠定電腦互動模式的分時共享作業系統。

麥卡席一九二七年出生於波士頓，是所謂的「紅尿布嬰兒」，因爲他父母都是活躍的共產黨員。他父親約翰・派崔克・麥卡席（John Patrick McCarthy）是愛爾蘭移民，因爲兒子的健康問題舉家搬遷至洛杉磯，並成爲共產黨組織「每日工人報」的業務經理。他母親艾達・葛拉特（Ida Glatt）是立陶宛裔猶太人，參與女性投票權運動不遺餘力。一九四九年，年輕的麥卡席前往普林斯頓攻讀數學研究所時，加入了當地黨支部。這個支部另兩名成員一個是非裔美籍的年邁清潔婦，另一個是當園丁的義大利移民。而這就是當時所謂的「紅色威脅」。他目睹了五〇年代早期的莫斯科樣板審判，希望蘇聯當局的迫害情形能逐漸減少。最後，還好因爲他離家唸書，他的退黨動作也免除了讓家人蒙羞的尷尬。

麥卡席在普林斯頓的同學，包括後來因爲賽局理論獲頒諾貝爾經濟學獎的約翰·納許（John Nash），也就是席薇亞·納瑟（Sylvia Nasar）執導的《美麗境界》（*A Beautiful Mind*）一片主人翁。麥卡席、納許，與其他幾位研究生最愛藉著探討賽局理論的名義，想出各種花招彼此惡搞。

三十五歲的麥卡席，頂著「人工智慧」一詞發明者和前數學神童的光環，二度來到史丹佛大學（他曾在五〇年代初短暫於此任教）。一九五六年夏天在達特茅斯大學（Dartmouth）教書時，曾協辦第一場以電腦模擬人類智慧爲主題的研討會，並在大會提案中首度提出「人工智慧」一詞。當時他正潛心撰寫西洋棋下棋程式，且終其一生他都對人工智慧的實現保持樂觀態度。不過，在經歷一廂情願認定人工智慧一蹴可及的五〇與六〇年代後，他也開始改採較爲理性的態度，認爲創造人工智慧的前提，是須有「一點八個愛因斯坦，加上曼哈頓計畫十分之一的資源。」①

確實，從一開始就有跡象顯示這塊領域的研究進度恐不如預期。一九六六年，人工智慧實驗室裝設 PDP-6 電腦後三個月，就發生了一件糗事。在介紹新設備的參觀招待會上，有一個替來賓倒雞尾酒的程式化機械手臂。剛開始，它的運作還算正常，不過由於前晚試用時 PHP-6 負載不高，當天卻同時有許多展示程式在實驗室中運行，機械手臂果然不久就出狀況。原本它該在舀出雞尾酒後停在適當高度，但這時它卻停不下來，不斷沿著縱軸上升，最後把酒倒在自己頭上。在場人士眼見這幅景象盡皆絕倒，還刻意不處理，任由機械手臂不斷重複這個動作。②雖然機器人技術進展緩慢甚至停滯，但終究還是交出了一些成績。SAIL手眼裝置小組的研究成果超越了麻省理工學院，衍生出後來普遍使用於生產線上的機械手臂。

在鼓勵科技創新的時代氣氛下，一九六三到一九六九年，被認爲是人工智慧研究的「黃金」時期。從人工視覺、機器人裝置、專家系統、合成語音，到語言理解等領域都有長足進步。當時的人工智慧領域大致分爲兩大陣營，一派相信可以人工方式模擬大腦神經功能，創造人工視覺與人工語言。另一派人士則持不同意見，認爲有可能製作出比人腦更強的「超級大腦」。

從一開始，麥卡席就相信人工智慧應具備與使用者之間的互動，但他從未想過擁有一臺自己的電腦。相反地，由於電腦速度進化，即使把程式資源切割爲小單位，均分給不同使用者，使用者也不致有明顯感受，而會有電腦是自己專用的錯覺。由於電腦處理速度極快，加上在圖形顯示問世之前，多數人機互動均僅限於鍵盤文字輸入與顯示，因此電腦有大半時間其實都浪費在等待使用者的輸入。事實上，在早期就有分時共享系統出現，由蘭德公司（RAND）開發，取名喬斯（JOSS），但其運作方式是在每具終端機上裝設燈泡——等燈泡亮起時，終端機才能使用電腦資源！

然而在一九五〇年代末，麥卡席的概念已經超越當代，並與恩格保的增益理論異曲同工。

不過兩者間有其基本差異。就出發點來看，兩派不同處在於人的主導地位。能模仿甚至超越人類的超級機器，並非恩格保的追求目標。這兩個陣營間雖然不曾直接論戰，但雙方抱持的理念各異，分別代表了人性論者與機械論者，對電腦科技走向的不同信念。然而即使在看法上各持己見，在實質上他們卻經由增益實驗室與人工智慧實驗室，合力奠定了「個人電腦」概念基礎，催生個人電腦問世。

當平價個人電腦終於在一九七〇年代中期誕生，外界普遍視之爲分時共享迷你電腦的競爭對手。但更關鍵的，其實是麥卡席對互動性的原始概念——一臺在實質上可讓使用者自主操作的電腦。麥卡席本人並未體認到恩格保的微晶片效能增縮趨勢，但他的研究也涉及大幅提昇個人工作效率，而慮及當時電腦成本高昂，分時共享系統確實是有效的作法。

麥卡席在一九六二年受到加州自由政治文化風氣召喚，離開相形封閉與僵化的東岸。雖然麻省理工學院的駭客對電腦與加州的組合不敢恭維，麥卡席卻迫不及待地投向「金州」懷抱。另一個促使他離開的原因，是麻省理工學院堅持在實施大規模分時共享計畫前，必須先進行意見調查。麥卡席認爲這根本多此一舉。「就好像對挖掘工人做意見調查，問他們改用動力鏟好不好一樣。」③

跟隨麥卡席到西岸的，還有一位叫史帝芬・羅素（Stephen Russell）的年輕電腦駭客。綽號「蛞蝓」的羅素從五〇年代在達特茅斯大學唸數學時，就開始幫麥卡席寫程式，也是ＬＩＳＰ

程式語言的幕後主要設計者。他生性隨和開放，每次說了什麼幽默有趣的話，笑起來都會頭往後仰，下巴上揚，讓人不自覺受其感染。

從許多方面來說，羅素都是個典型駭客。雖然他從沒到過加州，卻想也沒想就跟著麥卡席搬到美國另一頭的西岸。事實上，他根本沒感覺太大不同，因爲多半時間他仍舊待在迪吉多PDP-1電腦旁寫程式。熱愛科幻小說的羅素也曾在一九六一年到一九六二年期間，與幾個麻省理工學院的電腦玩家共同寫出史上第一套電玩遊戲。④

羅素和他的友人野心不小。他們都是通俗科幻小說家「透鏡人」史密斯「博士」（E. E. "Doc" Smith "Lensman"）的死忠讀者，書中描繪的太空戰爭場景似乎正是互動軟體遊戲的最佳背景材料。愛抱佛腳的羅素原本以缺少一個副常式、自己又不會寫爲由，遲遲未動手，但另一位麻省理工學院電腦高手艾倫·寇托克（Alan Kotok）卻親自跑到迪吉多梅納德市（Maynard）總部，取得存在紙帶上的關鍵程式碼，交給羅素對他說：「好啦，羅素，這是你要的函數常式，接下來你還有藉口嗎？」⑤

一九六二年一月，羅素大致寫出了一個在螢幕上顯示動態物體的程式。這個後來被取名爲「太空大戰」（Spacewar）的遊戲是以星空爲背景，讓兩架二維移動的太空船彼此對戰。按下鍵盤按鍵可以移動太空船，兩艘船之間則以發射點狀彈藥的方式相互攻擊。太空大戰的意義在於它是最經典的共同軟體創作行爲，後人常以其爲例解釋開放原始碼的共享程式是如何經由一群業餘玩家參與，不斷改良修正。最困難的基礎程式架構固然是由羅素起頭，但其他人很快就爲遊戲加入了生動的太空背景，還有螢幕中央一顆星球產生的引力效果。在初期，PDP-1電腦的運算能力足以正確呈現引力對太空船的拉扯，卻無法及時算出引力對漫天彈藥的影響，玩家們的解決之道是把彈藥定義爲「光子」魚雷，所以不受重力吸引。

羅素離開麻省理工學院後就沒有再碰太空大戰，但這套電腦遊戲很快流傳到每一個擺有迪吉多電腦的地方，並深深吸引了許多並非程式設計員的當代年輕人。十年後，史丹佛大學的崔西德活動中心（Tresidder Union）咖啡廳出現一臺由比爾・匹茲等人設計的商用版太空大戰電玩，取名爲「星際遊戲」（Galaxy Game）。幾個月後，一名年輕創業家諾蘭・布許奈爾（Nolan Bushnell）製作的「電腦太空」（Computer Space）遊戲也相繼問世。布許奈爾是在猶他大學唸書時首次接觸太空大戰，雖然電腦太空最後賠錢收場，但隨之上市的Pong（乒乓球）卻大受歡迎，且讓布許奈爾的阿塔利公司（Atari）快速擴張獲利。

人工智慧實驗室的程式人員原本棲身放置學校早期電腦的臨時建築物裡，而且在麥卡席找來經費，裝設第一臺ARPA贊助的電腦前，他們還被迫與其他研究員共享一臺體積龐大的IBM 7090主機——其中還有兩名數學家根本不是史丹佛教職員，卻常霸佔電腦，一用數小時甚至幾天。須要跑程式的時候，羅素會客氣地請他們暫停運算。數學家先把中途運算結果輸出到打孔卡片後，讓羅素使用電腦，等羅素跑完程式，他們再把卡片插入機器繼續運算。

實驗室最後採購了PDP-I電腦，改裝後連結十二具螢幕，平均分配給人工智慧小組成員，以及一名研究電腦輔助教學的史丹佛哲學教授。這套電腦唯一與眾不同之處，是它的鍵盤上具備史上第一顆「控制」鍵，用來改變標準打字鍵的功能。

此一設計由來，是一名鑽研數學與電腦的瑞士學者，當時擔任客座教授的尼可勞斯·渥斯（Niklaus Wirth）。歐洲學究作風的渥斯堅持鍵盤上要追加兩個功能轉換鍵。羅素和麥卡席後來把這些按鍵暱稱爲「巴奇鍵」，因爲他們私底下給渥斯起的綽號是「巴奇學究」。今天我們仍可在現代鍵盤上的「alt」與「option」按鍵上看到巴奇鍵的影子。

麥卡席和他的人工智慧組員們不只探索電腦科學領域，他從很早就試圖從哲學角度來開發人工智慧，在這方面他與那些研究人類智識模型，藉以打造人工智慧的學者觀念接近。⑥不過，在另一方面，麥卡席又著迷於「超人腦」的想法，他在麻省理工學院大學部開課教授電腦課程後不久，就著手開發西洋棋對奕電腦。一九六五年他首度造訪蘇聯時，還隨身帶了幾個大學部學生撰寫的下棋程式。

那次訪問中，他針對這套程式做了幾場演講，發現蘇聯科學家也開發了自己的下棋電腦。亞歷山大·克隆諾德（Alexander Kronrod）是名數學家，也是莫斯科理論暨實驗物理學院（Institute of Theoretical and Experimental Physics）負責開發這套軟體的小組領導人。克隆諾德提議雙方來場棋局，而由於當時兩國都沒有電腦網路，棋步是經由電報，每天發送給對方。

整場棋賽有四局，前後持續將近一年。麥卡席的程式在IBM大型主機上面跑，俄國人的下棋程式則速度慢得多，演算過程也較複雜。最後結果，俄國程式無論是初級版或高級版都比美國人優越，四盤全勝。

經過這次以及後續幾趟蘇聯訪問，麥卡席對社會主義的胃口盡失。雖然他很早就退出了共產黨，但一直到六〇年代初期，他都還對社會主義懷抱希望。然而一九六八年蘇聯進軍布拉格之後，他終於放棄期待，不再相信俄國社會主義能在他有生之年轉爲民主化。⑦

在校園裡，麥卡席的反左派政治傾向在一次奇特的衝突事件中顯露無遺，更奠定他脾氣古怪的在外名聲。那次衝突發生在某個早晨，地點是柏油路與草皮相見、經常上演政治活動的白色廣場（White Plaza）。史丹佛學生民主社團在舊學生會與校園書店間的草地上，辦了一場熱鬧集會。他們搭起圓頂大帳篷，以各種詼諧道具批評史丹佛教職員都是董事會走狗，而董事會則被軍方企業互利集團牽著鼻子走。道具當中包括一具滑稽的命運輪，諷刺教職員同流合污，麥卡席走過校園時正好一眼瞥見，仔細檢視後，對其中隱含的指摘感到極爲憤怒，立刻走上前去一把將道具扯爛在地。學生民主社團成員發現後同樣大表不滿：就算他很生氣，就算他看不慣左派學生，難道他不知道甚麼叫做言論自由嗎？然而麥卡席始終堅不退讓。⑧不過，雖然對左派沒好感，麥卡席卻深受六〇年代反主流文化的影響，甚至到六〇年代末，他也戴起了頭巾，蓄起長髮大鬍子。

在電腦技術圈裡，可以看到幾種不同領導風格：增益計畫的恩格保和猶他大學計算機系創始人大衛・伊凡斯（David Evans）是那種能激發高度忠誠的領導人；稍後在全錄帕羅奧圖園區任職的羅勃・泰勒則擅長引導優秀部屬發揮所長。

麥卡席沒有這些領導特質，他是個反傳統、在外人眼中舉止唐突的人。旁人或許覺得他冷淡，他也無意扮演親和領導者的角色。然而與其說他高傲，不如說他是極度害羞。此外他也極度誠實，甚至對本身的缺點亦然。不過，即使有這些性格缺陷，他還是創設了一所高度學術自由的實驗室，吸引來一批熱愛操弄電腦、專長各異的研究人員。多年後，由於帕羅奧圖研究中心成就太過耀眼，人工智慧實驗室的貢獻多被忽略。SΛIL開發的PDP-6電腦分時共享系統以及多顯示器技術，因爲是在人工智慧專案中完成的，外界多不知其存在，然而有好幾年時間，SAIL的電腦是全世界唯一所有員工包括祕書，都擁有自己螢幕的一套系統。

曾有人擔心祕書這些行政人員，可能缺乏操作如此複雜機器的能力。不過麥卡席某天上班時，發現有個面生的女子坐在終端機前輕鬆打字。「那是誰？」他問。當他得知那女子是請來代班的臨時僱員時，先前的憂慮也不翼而飛了。

到史丹佛擔任教授後，麥卡席似乎自覺有權尋找更多經費來源，於是找上當時已進入五角大廈，積極追求互動電腦理想的利克里德。在此之前麥卡席曾以分時共享技術獲得利克里德贊助，而在多年後，麥卡席曾表示如果當早知利克里德準備撥款給麻省理工學院，他根本就不會轉往史丹佛做研究。

剛開始，麥卡席從利克里德那兒取得小筆人工智慧研究贊助，迪吉多電腦也捐贈一臺 PDP-I 電腦給這位年輕教授。這段期間，麥卡席把研究重點放在人工視覺幾個關鍵問題上，好讓機器人辨認與移動物體。一九六四年，他又提出更多研究經費的申請，獲得同意後，他更大膽要求 ARPA 允許他聘任一位行政主管。當時利克里德的工作已由「素描板」繪圖系統的發明者，伊凡．沙瑟蘭接掌。他對麥卡席表示，他覺得聘請行政主管的想法非常好。

「你是我們的研究人員中記錄最一致的，」沙瑟蘭說：「你從來沒有交過任何一份季度報告。」⑨

沙瑟蘭很快理解到：麥卡席對人工智慧實驗室的管理工作毫無興趣，正好在此時，沙瑟蘭也對如何安插雷斯．厄尼斯特（Les Earnest）感到傷腦筋。厄尼斯特是一位自由派工程師，當時對於他在米特公司（MITRE）的工作漸感不耐。「我做的工作越無趣，酬勞反而越高，」他向沙瑟蘭抱怨。厄尼斯特深具創意，出身於加州理工學院與麻省理工學院，日後更參與了六〇年代反主流活動。ARPA 在引介他到人工智慧實驗室同時，也在無意間催生了一所風氣極度自由的實驗室，除了工程師之外更引來反社會傾向的奇才。

厄尼斯特抵達校園當時，史丹佛校方才剛通知人工智慧實驗室人員遷往校區外的鮑爾研究大樓。這棟建築是通用電話與電器公司（General Telephone and Electronics）捐贈給學校，當時空置未使用。原本它是供企業做爲研究中心，不料完工前爆發內部醜聞與高層調動，公司因而決定搬遷至紐澤西。雖然對ＳＡＩＬ來說，棲身山腳最後反而帶來好處，不過初期卻是華路藍縷。

厄尼斯特詢問校方行政單位該找誰裝潢這棟半環狀的荒蕪空屋，得到的答案是：「你啊。」於是，雖然沒有半點建築設計經驗，厄尼斯特仍然自己畫出了機房和辦公區規劃圖，甚至還闢了寬敞的閣樓空間，成爲日後幾個研究員的起居住處。

人工智慧實驗室組員一九六六年五月搬入這座建築，ＡＲＰＡ贊助的PDP-6電腦在六月進駐，立刻成爲一群我行我素的研究員、學生，和無聊人士的流連所在。這些人中許多都是像比爾·匹茲這種不合群的聰明孩子。他們來自全美和世界各地，他們的共同處是都嚮往一個無限可能的未來，並抱持那種只有透徹了解事物原理的人才具備的諷世價值觀。實驗室通常到晚上才開始熱鬧，在幾乎千篇一律的駭客最愛中式外帶晚餐後，常可聽到ＳＡＩＬ的非官方加油口號：「滾回實驗室，伊果！」顯然所有人心中都了然人工智慧研究與科學怪人故事之間的對應。

在鑽研未來科技的工作環境下，研究員不時發出不可思議的感觸。一天，在傍晚排球賽之後，所有人衝回實驗室看《星艦迷航記》（*Star Trek*），不久只見ＳＡＩＬ機器人也滑了進來，停在沙發旁，監視鏡頭對準了螢幕。大家都用力倒抽一口大氣，難道智慧機器人的時代已經來臨?非也。原來這是一位機器人研究員離不開工作，卻又不想錯過電視劇，才想出的辦法。

幾十位全球最頂尖的電腦科學家，都是出身史丹佛人工智慧實驗室。包括傅利（Foonly）、席德克斯（Xidex）、維康姆（Vicarm）、韋利邏輯（Valid Logic）、昇陽（Sun Microsystems）、全錄帕羅奧圖研究中心，和思科（Cisco Systems）等超過半打公司，其技術都直接間接來自ＳＡＩＬ。不只如此，迪吉多、盧卡斯影業（Lucasfilm）、英代爾等重要企業更從ＳＡＩＬ的技術創意中獲得產品改良靈感。ＳＡＩＬ的研究也在七○年代末與八○年代初衍生一波人工智慧產業創業風潮。

人工智慧大夢終未能實現，但ＳＡＩＬ卻培育了一批電腦玩家，在日後投身各電腦領域。以此觀之，ＳＡＩＬ的影響力絲毫不亞於全錄的帕羅奧圖研究中心。

每到晚上，唐納德・努斯（Donald Knuth）和其他幾個電腦玩家，都會到ＳＡＩＬ來用電腦。他是史丹佛畢業的電腦專家，許多重要的電腦演算法，都是在他手中寫成，後來並出版公認權威電腦教科書《電腦程式寫作藝術》（*The Art f Computer Programming*）。多年後，長期不滿數學書籍排版品質的努斯還設計了一套功能完善的排版語言TeX。而在ＳＡＩＬ電腦報廢的數十年後，清點人員在記錄檔案時，發現努斯創建的檔案與資料數量比所有其他一千七百多名使用者的總和還要多。不過努斯待在ＳＡＩＬ時也不完全都在工作。由於電腦終端機其實也是電視，因此他經常會叫其他程式人員幫他轉到電視，一邊看節目一邊寫程式。

人工智慧實驗室的開放氣氛也吸引了一群天賦優異，不滿學校環境的高中生，他們寧願與電腦玩家混在一起，也不想進教室。這群人之一是林邊中學的輟學生馬克・勒布倫（Marc Lebrun）。他家就在離ＳＡＩＬ一英哩的地方，父親是惠普工程師，很早就接觸到電晶體，而他給予勒布倫的則是一個優渥的生長環境。勒布倫最早接觸電腦，是在他偷用父親的公司電腦帳號，用來撰寫數學和譜曲程式的時候。不喜歡上學的他，具備罕見的自學能力。十歲那年，他罹患肺炎，大半個夏天都在家飽覽群籍，其中一本談的是ＬＳＤ，他母親發現後大受驚嚇，勒布倫卻很感興趣。在迷幻藥、反戰示威等時代風潮，與人工智慧實驗室的影響下，他在一九六九年輟學離開高中，開始發展自己的興趣：數學與作曲。

此時他的父母已經對他無計可施，於是某日他父親開車帶他來到史丹佛人工智慧實驗室，滿懷歉意地找上當時也在ＳＡＩＬ作研究的電腦音樂先驅約翰・瓊寧（John Chowning），詢問有沒有可能讓勒布倫參與實驗室工作。由於ＳＡＩＬ是採徹底的英才主義，瓊寧抓起一疊操作手冊就丟給他說：「拿去唸。」勒布倫回家照辦後，又回到實驗室，最後成了ＳＡＩＬ常客。

他自己唸微積分，開始研讀努斯寫的程式教科書，作書中習題。能夠和努斯親身對談，要比關在教室裡呆板聽課不知好上多少倍！日後，合成音樂領域裡一個重要的整波（wave shaping）演算法就是由他寫出來的。

勒布倫不是ＳＡＩＬ裡唯一的高中生。門帕市的喬夫·古菲羅（Geoff Goodfellow）是個對電腦極度狂熱的青少年。史丹佛研究院和網路資訊中心的電腦主管領悟到，與其讓他在外頭當駭客，不如延攬他加入，因而給了他一份工作。古菲羅輟學後，幾乎以史丹佛研究院爲家，週末則轉戰人工智慧實驗室。雖然年紀輕輕，但他很早就在ＳＡＩＬ電腦中心學習到禪的智慧。有人在電腦上貼了張零嘴包裝附贈的人生箴言：「試著平分你的時間，好讓大家都滿意。」這話用來說明電腦的分時共享原則，再貼切不過。

還有兩位業餘訪客是還在讀高中的史提夫·賈伯斯和史蒂芬·沃茲尼克。他們通常是隨年紀較長的艾倫·鮑姆（Allen Baum）一起來到ＳＡＩＬ，後者一九七○年秋天在人工智慧實驗室任職。賈伯斯日後曾說他在ＳＡＩＬ感受到的「脈動」，對他影響深遠。至於瓦茲尼克則是大老遠從洛索圖斯（Los Altos）家中騎單車到實驗室，對所見所聞大感興趣。他認爲這段時期的經歷，是挑起他對個人電腦渴望的源頭。

雖然藏身在史丹佛後方山腳，人工智慧實驗室在政治與文化上卻不曾與大環境脫節。六○年代的政治潮流滲透浸潤了研究室每個角落。多年之後，厄尼斯特認爲自己的政治傾向在六○年代從右轉左，相反地，麥卡席則是由左變右。ＳＡＩＬ內部從不存在政黨意識。事實上，麥卡席與厄尼斯特主導下的人工智慧實驗室最爲人稱道處，就在它結合了各種不同學術、政治，文化背景的人才，同時創造驚人的研究效率。

就如任何有自主意識的組織一樣，ＳＡＩＬ的電腦駭客也有自己的專用術語。這些詞彙中有不少承襲自麻省理工學院第一代駭客，但也有些是後來追加的。到了一九七五年，ＳＡＩＬ一名系統程式寫作員拉斐爾・芬凱爾（Raphael Finkel）編寫了一份術語表，不久後麻省理工學院也出現一套副本，兩者間不時比對更新。駭客文化的精神在這些術語中充分體現，例如當形容詞用的「moby」，當名詞用的「frob」，還有描述性片語「階段分配」（phase-wrapping），意思就是「睡眠調撥」（wraparound）。後者是夜間電腦負載較低現實下的產物，駭客們爲使用電腦只好調整睡眠模式，實際成效則有好有壞。線上甚至還可找到專門計算睡眠時間的程式，好讓電腦玩家階段性調整睡眠模式，以應付重要考試。

ＳＡＩＬ是駭客的天堂，但與麻省理工學院濃厚的工程師性格又不同。事實上，人工智慧實驗室兩位創辦人，麥卡席和厄尼斯特都是因爲不適應而離開的前麻省理工學院研究員。知識份子脾氣的麥卡席對管理沒興趣更打心底反對，因此管束駭客的責任就落到厄尼斯特身上，然而即使是他也一派無政府主義作風。

厄尼斯特最讓人津津樂道的，是他常在面對棘手管理問題時陷入長考。很快實驗室上下都知道他喜歡在ＳＡＩＬ走廊上晃蕩，一旦碰上問題，就用手支著下巴，皺起眉頭，發出「嗯……」的聲音。這個註冊商標後來爲他贏得一面寫著「MUMBLE」（意爲「囁嚅」）的車牌，因爲沈吟不語常是駭客碰上不想回答的問題時，含糊以對的反應。

在SAIL發明現代音樂合成器關鍵技術的約翰・瓊寧，認爲史丹佛人工智慧實驗室就像個「思想辯證園地」。SAIL具體實現了加州大學電腦專家與前SAIL系統設計師布萊恩・哈維（Brian Harvey）所謂的「駭客美學」。哈維的觀點，是在史提芬・李維（Steven Levy）於《駭客：電腦革命英雄》（*Hackers: Heroes of the Computer Revolution*）一書中提出「駭客守則」後成形的，後者將麻省理工學院電腦駭客的不成文規範形諸文字：

- 使用電腦——或任何有助理解事物原理的東西——的權利應屬於所有人且無任何限制。「親自操作」是最高指導原則。
- 所有資訊均應開放取用。
- 反抗威權——權力下放。
- 評價駭客的唯一準則，是他的技巧高低，而非學位、輩分、種族、地位等虛假標籤。
- 電腦可以讓人創造藝術與美。
- 電腦可以改善人類生活。⑩

但哈維卻有不同的見解。先後在麻省理工學院與史丹佛人工智慧實驗室擔任程式設計師的他以資深駭客身份提出反駁，認爲電腦技術不是一種規範，而是一種美學。「駭客行爲，從惡作劇到撰寫高超的電腦程式皆屬之，(如 VisiCalc 就是駭客傑作，同類模倣者則否)」他寫道：「但無論那一種，皆須具備美感才是好的駭客行爲。如果要開玩笑，就要開得徹底。若是你決定把某人房間翻過來，光把家具黏上天花板是不夠的，還必須把桌上的紙也一張張黏上去。」⑪

不過哈維不同意另一位知名麻省理工學院駭客，理查‧史托曼 (Richard Stallman) 所提出的資訊開放的說法。史托曼的想法並非出自財產公有概念——一種道德觀——而是體認私藏資訊終將拖累效率：「導致不符合美感的拷貝行爲。」⑫任何曾接觸電腦社群，見證其成長演變的人，都不難看出兩種觀點各有其眞實性。格調固然爲衆人所追求，但駭客行爲本質仍潛藏一種道德觀，發展至今更成爲電腦領域裡一股強大的力量。

厄尼斯特本人，就是駭客道德觀與美感堅持的最佳寫照。他曾在米特公司任職，一九六二年，他被外借給中情局和其他幾個情報機構，協助整合軍方不同電腦系統。但可預期的是，像他這樣背景充滿駭客色彩的人，與軍方情報組織的官僚作風勢必格格不入，這點從最初他塡寫一份身家安全調查時惹出的麻煩，就可輕易看出。當厄尼斯特塡到「種族」這一欄時，他沈吟半晌，最後寫下「雜種」。他刻意搞怪的過度誠實，讓威權體制大感威脅，立刻將他找來質問，但厄尼斯特拒絕退讓。高層咬牙切齒之餘，只好無奈地要他簽下切結書，聲明他眞的是「雜種」人。

如果情報單位曾經調查這位電腦專家的早年經歷，或許就會發現厄尼斯特早有卡夫卡式的反威權傾向。成長於二戰期間南加州的他，小時候就曾與好友一起回覆傑克・阿姆斯壯（Jack Armstrong）的廣播節目，郵寄麥片盒標籤以換取解碼環，用來解開節目最後播放的祕密訊息。⑬兩個小男孩從此迷上密碼，厄尼斯特的好友還買了一本密碼學專書。兩人最後決定他們也要有專屬密碼，厄尼斯特還把自己的那一份藏在眼鏡盒裡。不料在某次聖地牙哥的海灘滑水旅行中，他把眼鏡盒搞丟了，他母親於是打電話給公車管理處申報遺失。

不幸的是，某個狂熱愛國份子撿到了這個眼鏡盒，其中的密碼訊息被煞有介事地轉交調查局。拾獲者深信這段密碼是某個日本間諜所有，於是十個星期後，厄尼斯特母親在辦公室接到ＦＢＩ幹員打來的電話，要求她馬上回家一趟。

兩位調查局幹員站在厄尼斯特家門口，要求對密碼來源做出交代。幸而他母親最後（多多少少）說服了ＦＢＩ人員她的兒子並非敵方間諜。不過幹員之一仍堅持拿走密碼訊息。

厄尼斯特自認這次事件影響不大，但後續卻多次受其困擾，只不過這仍肇因於他過份詳實填寫官方表格的老毛病。

一九四九年，他應徵聖地牙哥海軍電子實驗室的暑期打工，擔任由利克里德，也就是後來的DARPA主任所設計的音響學實驗受測者。由於實驗項目包括聆聽一段聲納錄音，因此受測者必須接受身家調查。申請表格上的問題之一是「你是否曾受ＦＢＩ調查？」本性難移的厄尼斯特塡了「是」，然後在後面「請解釋調查原因」的小小欄位裡，他還註明他當時被懷疑是日本間諜。⑭

表格交上去，安全長官看著他寫的東西，要他提出解釋。等他一五一十道出密碼事件來龍去脈，安全官早已按捺不住，當場把表格撕了，要厄尼斯特從此別再提起那回事。

即使在開放的加州理工學院，厄尼斯特也是不按牌理出牌的異類。受不了同學每個人都隨身帶著十二吋計算尺，他找來一把算盤如法炮製，考試時發出的滴答聲差點把同學弄瘋。⑮

一開始，這棟校園後方山腳下的半成品建築物容納了大約三十名研究員，不過厄尼斯特很快邀請約翰・瓊寧的電腦音樂研究團隊進駐，雖然他們並未獲得經費贊助。

瓊寧的加入預告了一項大趨勢：電腦終將成爲資訊媒介，而瓊寧是最早預見未來的人之一。他在巴黎唸書期間，除了現場聽史塔克豪森（Karlheinz Stockhausen）、皮耶・布雷（Pierre Boulez）的音樂會，也接觸了電子音樂。一九六二年他到史丹佛唸音樂研究所，對電腦完全沒有任何概念。

瓊寧對以揚聲器做樂器的想法頗感興趣，但要不是他在史丹佛學生管絃樂團碰上大衛・普爾（David Poole），他永遠不會走上電腦音樂這條路。普爾也是常在ＳＡＩＬ出沒的電腦駭客之一。他拿《科學》雜誌上一篇貝爾實驗室研究員麥可斯・馬修（Max Matthews）所寫的文章給瓊寧看。文章中預測電腦將發展爲終極樂器，並大膽聲稱在理論上，電腦可以發出任何人耳可辨識的聲音。對電腦一無所知的瓊寧登門拜訪馬修，回程時手中多了一疊電腦打孔卡片，裡頭是馬修設計的電腦音樂程式。

雖然普爾只是大學生，整整比瓊寧小十歲，但他在電腦方面卻扮演導師的角色，引領瓊寧進入電腦世界。典型駭客性格的他很快失去耐性，對瓊寧大呼小叫，受不了在他看來再簡單不過的東西，瓊寧卻難以領悟。不過最後他終於體認音樂家是因爲過往所受教育的關係，才有學習隔閡，兩人之間隨即發展出深厚友情。

一九六七年，瓊寧在顫音實驗中設法讓電子聲響更眞實時有了突破。他試用兩組振盪器，調變其中一組正絃波與另一組合併，結果發出飽滿的合聲效果，可以模擬雙簧管、巴松管等樂器，此一技術就是後來所稱的頻率調變合成（frequency modulation synthesis）。四年之後，他把研究成果遞交史丹佛技術專利局，後者徵詢多家美國樂器製造商，無人表示興趣，最後由日本山葉買下了瓊寧的技術。

人工智慧實驗室也吸納了許多想法古怪的奇人駭客。漢斯・莫拉維克（Hans Moravec）一九五三年生於澳洲，出生不久舉家就遷往加拿大。他從小對機器人著迷，在安大略大學（University of Ontario）取得碩士學位後轉往史丹佛，夢想打造一具能自己行動的機器人。雖然約翰・麥卡席的目標是創造思考機器，但他也願意容忍這部機器同時具備眼睛、手臂、輪子的想法。

SAIL駭客從機械工程部（Mechanical Engineering Department）接收了一架報廢實驗月球登陸車。莫拉維克來到SAIL後，照管這具機器人的責任就落到了他身上。它的移動速度不快，但可以出入室內戶外。不久之後，實驗室的前方車道就豎起了黃色標誌，警告駕駛人「機器人出沒小心」。

這部機械車其貌不揚，由四支腳踏車輪胎、馬達、控制方向的電子儀器、無線電，以及立體攝影機組成。它的技術還不太穩定，例如指揮它向前移動，有四分之一的機率它會往後走，而若要它向右轉，又有四分之一的時候它反而向左轉。人工智慧顯然還有努力空間。

雖然莫拉維克設法改良，但SAIL的機械車似乎很有自己的想法。某天機器人的顯示幕上出現一連串白線，經過一秒鐘思考，程式員才醒悟機器車已經落跑，而且正在車輛川流的阿拉斯特德羅路上研究下一步怎麼走。當下全體動員警報響起，所有研究員跳上單車出動救援，最後還是派出了一輛小卡車才把迷路機器人給運回家。

莫拉維克在這輛機械車上投注了好幾年時間，通常沒有任何經費贊助。他本身有一份薪水，但大半時間他都必須向人乞討設備支援。他寫了一個讓機器人只須追蹤遠方景物，就能直線行走的程式，而不必跟隨地面的指引線，但過程相當耗時費力，因爲SAIL電腦處理一個影像要花十五秒時間，機器人走幾公尺又要停下來掃瞄一次影像。

隨著瓊寧與莫拉維克加入，厄尼斯特在幾年後也把建築物的名字，從史丹佛人工智慧計畫，改爲了史丹佛人工智慧實驗室，以顯示這座研究中心容納了多項研究計畫，各自代表人工智慧領域不同層面。

史丹佛電腦專家和精神醫師肯恩·柯比（Ken Colby）在SAIL成立之初便率同研究團隊進駐。柯比曾與日後聲譽日隆的麻省理工學院知名電腦科學家喬瑟夫·魏森堡（Joseph Weizenbaum）合作開發伊利莎對話程式（Eliza）。人工智慧研究人員始終無法突破的障礙之一，是所謂的杜林測驗（Turing Test）。此測驗由英國數學家艾倫·杜林（Alan Turing）一九五〇年首度發表，針對機器能否模擬人類心智的哲學論戰，他提出一個簡單的驗證方式。如果在矇眼測試當中，受測者無法分辨與他對話的是電腦還是人類，杜林認爲這場論戰便自然有了解答。魏森堡設計伊利莎程式就是想探究杜林的假設，而柯比則是實際撰寫程式回應的人。這些回應模擬一位羅傑（Rogerian）心理學派治療師，針對使用的發話提出問題。柯比的目的主要是構建心理治療學說，而非完全仰賴佛洛伊德的權威理論。他曾開發一套取名「瘋狂大夫」（Mad Doctor）的程式，以協助精神科醫師診療病患。他很清楚當時的大型精神病院經常只有一位醫生應付五百位甚至更多病患。換句話說，多數人根本無法獲得診療。他因而萌生模擬精神醫師的想法，希望藉此提供病患有意義的診療互動。[16]

進入SAIL後，柯比動手開發「派瑞」（Parry），一套模擬偏執性格人物的互動人工智慧程式。這套程式最終演變爲一套遠比伊利莎強大的軟體，伊利莎的原始版本只有五十個互動模式，相較之下，派瑞擁有兩萬個，而且可以通過初級杜林測試。⑰

雖然柯比和魏森堡維持了一段時間友好競爭關係，但魏森堡終究還是成爲一名人工智慧批判者，嚴厲抨擊柯比以機器診療人類的想法。即使人工智慧領域人士對技術表示樂觀，魏森堡仍在他的《電腦運算與人類思辨》(*Computer Power and Human Reason*) 散文集中，對科技崇拜者提出質疑。不過在ＳＡＩＬ內部，並不存在這些哲學疑慮。

麥卡席和厄尼斯特都是世界一流的工程師，他們的實驗室也打造出一套功能強大的電腦系統，具備當時前所未見的文字編輯、視窗顯示與音響／視訊能力。

麥卡席希望每個人桌上都有一臺終端機的夢想，在厄尼斯特找到一家支援多工磁碟生產商後得以實現。這套磁碟系統可以同時供三十二臺終端機使用，厄尼斯特爲它設計一個開關之後，支援數量又再增加一倍。厄尼斯特還爲ＳＡＩＬ電腦配置了一套特製鍵盤，上面有許多額外的數學與希臘符號，以及特殊的命令鍵。其中一個稱作「頂部」(top) 鍵，用來輸入按鍵頂端的特殊符號。而除了傳統的控制鍵，這套鍵盤上還有「超越」鍵 (meta)，提供更多的控制組合。這副鍵盤非常符合增益實驗室主任恩格保的理想，事實上，ＳＡＩＬ組員確實借用了恩格保的鍵盤配置概念。由於使用了便宜的電視機當螢幕，ＳＡＩＬ小組得以將每一套終端顯示器加鍵盤的費用壓低到七十美元，這在當時絕對是史無前例的。

第一支在人工智慧實驗室PDP-6電腦上執行的程式，是史帝芬・羅素的「太空大戰」。遵循駭客傳統，ＳＡＩＬ人員決定將其改寫爲功能更強的西岸版。不過他們首先面臨的，就是在分時共享環境中執行的問題。由於同時間有不同程式爭奪處理器資源，太空大戰的小小太空船一旦等不到處理週期，就會凍結在螢幕上。

ＳＡＩＬ程式員的解決之道，是在處理系統加入修改程式，讓程式能夠以「任何六十分之一秒的倍數」來分配電腦資源。這項修改如果遭到濫用，可能讓電腦系統癱瘓，但實際使用上並未發生問題。此一即時模式後來更應用到各種其他軟體，包括電腦音樂程式。它被取名爲「太空大戰模式」，可視爲電玩促成電腦技術演進的最早範例之一。

人工智慧實驗室組員大多抱持軟體是自由資源的想法。厄尼斯特初抵史丹佛時，身上帶了——儲存在紙帶上——他在研究生時期爲了配合一套筆跡辨識程式而寫的電腦字典，並在偶然間發明了拼字檢查程式。他在ＳＡＩＬ電腦上打公務書信時，載入這套一萬字的電腦字典，再說服一名研究生幫忙用ＬＩＳＰ寫了能處理字尾的程式。(這套拼字程式不算完美，因爲它會先摘去所有可辨識字尾，再比對其餘字母。）有時候它會比對出錯誤的英文字，而且有點「拖泥帶水」——換句話說，就是速度緩慢。即使有這些缺點，但至少它是——套用一個二十年後才問世的字彙——「自由軟體」(freeware)。

在六〇年代，爲軟體申請專利的想法還未流行。當ＳＡＩＬ幾年後經由阿帕網連結到其他研究機構時，厄尼斯特的拼字檢查程式立刻廣獲愛用。由於早期阿帕網可以透過檔案傳輸協定ftp檢視其他人的電腦目錄，這套程式很快被人拿去借用，不到幾個星期時間就在沒有任何宣傳的情況下流傳到全美各地。檔案分享時代自此展開。

接下SAIL掌理職責後，厄尼斯特無法再投入文字辨識軟體研發，不過在一九七一年，他還是對網路社群做出了最後一項貢獻——首創電子「行蹤」查詢概念。

在二十四小時運作的實驗室裡，要找上班時間不固定的員工很不容易。厄尼斯特注意到研究員在外出買中式外帶餐盒，或湊人打排球時，都會打入「who」指令，然後用手指著螢幕上的電腦代號和終端機列表，查看誰在線上。他們可能會喃喃自語：「這是唐恩，那是派蒂，可是湯姆在哪就不知道了，」或是「VVK這傢伙是誰？還有第六十三號終端機跑哪去了？」⑱

由於厄尼斯特偏好面對面溝通，因此他決定設計一個程式，爲每個使用者加上姓名，再附加一些可供判斷使用者是否在電腦前的資訊。他將這個程式取名爲「finger」（意即手指）。不久後，他又添加建立「計畫」檔的功能，讓使用者解釋缺席的原因或是提供緊急連絡方式。程式上線後立刻大受歡迎，馬上從迪吉多電腦上流傳到阿帕網上其他Unix電腦。

比finger更受歡迎的另一個程式是NS（news service，意即新聞服務），它是由一名年輕SAIL系統程式員馬丁·佛洛斯特（Martin Frost）所寫成。NS是第一套電腦網路新聞服務，其運作原理是將美聯社和《紐約時報》的新聞稿載入人工智慧實驗室電腦裡。NS容許使用者直接閱讀，或以關鍵字搜尋，甚至還可設定篩選條件，儲存特定類型的新聞。事實上，就某種層面而言，NS可說是全世界第一套搜尋引擎，比Alta Vista和Google這些網站的問世早了數十年。神奇的線上新聞程式在口耳相傳下，很快就在全美各地吸引了一批菁英愛用者。

SAIL大小事都在這種開放精神下完成。唐納德鮑爾大樓前的排球場（麥卡席私下找來ARPA經費鋪設的）每到午餐時間都擠滿人。這棟建築後方就是菲爾特湖（Felt Lake）——熱門的裸泳勝地——此外研究大樓裡還闢設蒸汽室，開啓矽谷工程師洗三溫暖的傳統濫觴。SAIL蒸汽室反映的不只是那個時代的氣氛，還有當時的科技。六〇和七〇年代的電腦資源稀有而珍貴，使用者必須整天待命，排隊用電腦，許多研究員因而養成在等待期間洗蒸汽浴的嗜好。

雖然人工智慧實驗室不是大樓裡唯一的史丹佛研究計畫，厄尼斯特卻很擅於拓展SAIL領域範圍。隨著研究員額增加，只要其他研究小組的辦公室閒置一段時間，厄尼斯特就會向上呈報，加以徵收。當他終於爲實驗室取得一大片地下室空間，發現這裡適合闢爲淋浴間時，便徵詢校方建設單位的意見，結果遭到否決，不過校方人員暗示只要實驗室自籌經費，他們也不反對施工。

雖然厄尼斯特沒有任何額外經費，但他打算向使用者募款來籌措經費。此時他想到若是加上一座三溫暖，籌資可能更爲順利。畢竟當時是嬉皮最盛時期，三溫暖正流行，厄尼斯特深知

「大家都想找在社交場合脫衣服的藉口，不管是在澡堂、三溫暖、還是中半島自由大學的按摩課或高級集體愛情課堂裡。」⑲

厄尼斯特寫好企劃書，以五十塊美金爲一股，很快向研究人員募得所需的兩千美金——多數用來買材料，因爲他打算徵招義工來搭建浴室。他的工程計畫包含四間淋浴室、一間更衣室，還有一間蒸汽室。向上呈報之後，校方官僚體系一如所料，回函羅列了各項施工準則，意圖阻止施工。還好厄尼斯特運氣特佳，當時校方聘請的一位建築工因爲籌組工會而被下放形同「邊疆」的鮑爾大樓，而他自告奮勇，義務包下了泥水和水電工程。

雖然鮑爾大樓人口絕大多數爲男性，三溫暖設施卻打開始就兼顧男女需求。週末和平日晚間，常有人邀女友到訪，其中一名止巧是校務長比爾・米勒（Bill Miller）的保姆。某晚她溼著頭髮返家，米勒詢問她上哪兒去，才得知三溫暖的存在，而在程序上，這項工程其實從未被批准。

他的反應是：「誰授權他們蓋的？」

厄尼斯特手中仍握有學校建設單位發下的施工準則，勘驗後工程符合標準，這場風波也隨即化解。

有了三溫暖，其他工作與生活所需也隨之進駐。除了閣樓上的臨時公寓外，實驗室還配備全世界第一臺電腦控制的自販機，可保存消費記錄，每月固定輸出電子帳單，還提供「加倍或勾消」的打賭選項。除此之外，這臺自動販賣機——以托爾金（J. R. R. Tolkien）小說《魔戒》（*The Fellowship of the Rings*）中的旅店「跳耀小馬」命名——還提供幸運獎：大約有一百二十八分之一的機會可以免費購買。最初的自販機程式由厄尼斯特寫成，有人懷疑他在程式中動手腳——因爲他買東西似乎從來不必付錢。有段期間，自販機甚至還供應啤酒，如果顧客年紀太小，顯示器上還會出現：「小鬼別想！」

許多研究員都是托爾金的忠實讀者，大樓也隨處可見奇幻小說的痕跡。ＳＡＩＬ印表機第一個創建的字母是取自托爾金書中的精靈語。大學校方要求大樓裡每個房間都須編號，人工智慧實驗室組員卻交上去一份以托爾金的中土（Middle Earth）地名稱呼各辦公室的詳細地圖。可惜校方官僚不懂得欣賞，還是派人把每個房間都貼上制式編號。

電腦駭客對香辣中式餐點有著特殊癡迷，距離ＳＡＩＬ最近的餐廳中，有一家叫「西南」（Hsi-Nan）的川菜館，位於帕羅奧圖市的史丹佛校園對面購物中心內。（「西南」也叫路易士餐館，因爲老闆主廚姓郭，英文名路易士。）出身麻省理工學院的史丹佛研究員比爾・葛斯柏（Bill Gosper）整整有十年時間，都是在「西南」吃晚餐。當時西南公佈欄裡貼滿了矽谷最神祕的新創公司名片，數位新貴往往可從上頭發現友人或同事的最新動向。

「西南」也是ＳＡＩＬ一則流傳最廣的軼聞發生地。人工智慧實驗室一名系統程式員傑夫・魯賓（Jeff Rubin）曾爲學習中文而在餐廳短期打工。某日，一名ＳＡＩＬ主管陪同迪吉多業務員到此用餐。過程中，兩人對一項技術細節爭執不下，最後主管叫了暫停。

「這樣吵下去沒結果，」他說：「很簡單，只要問店員就好了。」

「你知道 KL 10 的快取記憶體規格嗎？」主管問魯賓。

「那是 32k 的雙向集合關聯快取，」回答之後他轉身離開，留下一臉驚愕的推銷員說不出話來。

可想而知，許多ＳＡＩＬ成員都熱衷在開拓電腦疆界之餘，嘗試迷幻藥等藥物。研究生經常是許多人共用一個大辦公室，某次一名學生向厄尼斯特抱怨隔壁的研究生在吸大麻，結果厄尼斯特的處置方式，竟是請這名研究生到戶外去吞雲吐霧。顯然連他自己都不認爲抽大麻是個嚴重問題。

不過，這有點像在管教貓咪。系統程式人員中有位仁兄綽號「大麻籽」（Johnny Potseed），因爲他總是在到處散佈大麻種子。有一次他發現大樓化糞池排水處的大麻葉長得特別綠，就開始努力播種。結果後來他竟跑來向厄尼斯特抱怨有野鹿吃掉他的大麻幼苗。

嗑藥在山坡上的鮑爾大樓演變得如此肆無忌憚，校方聽聞風聲也是遲早的事。一場校務人員與研究主管之間的檢討會議隨即召開，人工智慧實驗室內部的嗑藥行爲必須終止！

雖然新媒介問世之初仰賴色情內容打開市場，幾乎已是公認的定律，但ＳＡＩＬ的案例卻與眾不同。雖然其細節一直未曾完全曝光，不過大約在一九七一或一九七二年間，史丹佛學生曾利用人工智慧實驗室的阿帕網帳號，與麻省理工學院的學生進行買賣。在亞馬遜（Amazon）和eBay問世前，第一筆電子商務行爲，是禁藥交易。這些學生利用網路悄悄買賣了一筆數量不明的大麻。⑳

然而，即使在縱情享樂的六〇和七〇年代加州，仍有人對該不該嘗試大麻備感焦慮。後來成爲麥卡席在史丹佛第一位博士候選人的印度籍研究生拉伊・雷迪（Raj Reddy），就是其中之一。經過幾星期猶豫，與他同辦公室的年長同事對他說：「你或許好奇殺人是什麼感覺，但你可不會認爲非試不可吧。」這番話解除了雷迪一嚐禁藥的心理壓力。

然而，若是實驗室主管自己都帶頭嗑藥，又怎能期待他們管束學生和研究員呢?某次在死之華樂團演唱會場上，一位也是由麻省理工學院轉來的史丹佛系統程式員安迪・穆羅（Andy Moorer）就親眼看見一位資深研究員從襯衫口袋拿出一瓶LSD，不小心撒在地上。穆羅記得這位研究員當時不慌不忙，只說了一句：「這下只能嗑仙人掌鹼了。」

4 自由大學

原本的小眾文化，現在成了矚目焦點。

六〇年代中期以前，中半島的浪蕩文人圈活動大多隱匿。艾倫・金斯柏格曾在五〇年代來到帕羅奧圖試用ＬＳＤ，另外這兒也聚集了幾位民謠歌手，左派政治團體則幾乎還不存在。一小群激進社會科學家因爲不滿史丹佛的保守政治，在一九六四年底成立類似自由大學的研究生協調委員會（Graduate Coordinating Committee）。其形式模仿柏林自由大學（Freie Universität of Berlin），其宗旨呼應該年稍早的言論自由運動，實質上則由好幾個推廣馬克斯主義、非戰理念，和教育改革的不同團體結合而成。課程表全部列完只花一張油印紙，創辦成員經常都在兩位大學遺傳學者赫森柏格夫婦（Len and Lee Herzenberg）家中開會。

不過在一九六五年十二月四日，中半島發生了一件改變文化潮流的大事。當晚，滾石合唱團在南舊金山牛宮（Cow Palace）辦演唱會，作家肯恩・凱西建議一名年輕吉他手傑瑞・賈西亞（Jerry Garcia）帶著他的團員到聖荷西大尼格酒吧（Big Nig's），爲一場早期的酸性實驗演奏助興。結果酸性實驗從此脫胎換骨，電子樂器、燈光秀，加上大量ＬＳＤ，讓藥效提升上千倍。

謬爾灘（Muir Beach）、帕羅奧圖、波特蘭、奧瑞岡等地相繼舉行了酸性實驗，並在次年初史都華·布蘭德的崔普斯慶典（Trips Festival）上達到高峰。死之華樂團由此誕生，舊金山音樂傳統奠下基礎，而全美反主流文化更在推波助瀾下聲勢擴大，與當時追隨言論自由運動逐漸在校園爆發的政治示威潮，集結匯流。

這些潮流在六〇與七〇年代的史丹佛校園裡竄流，最終扭轉了那些參與個人電腦創建過程的年輕人生命。

維克·洛維爾（Vic Lovell）從一九五七年開始就住在派瑞巷（Perry Lane），直到土地開發商在一九六三年推倒部份建築爲止——拆除事件對居民造成莫大創傷，凱西的妻子，菲伊·凱西（Faye Kesey）氣急之下甚至拿斧頭劈了鋼琴。①洛維爾一九六四年從史丹佛拿到博士學位，之後就在史丹佛輔導測驗中心以及舊金山州立大學兼職工作，後來因爲自由大學缺人手，他便辭去兩份工作，協助籌備課程。一起幫忙的還有羅布·克萊斯特（Rob Christ），他曾在史丹佛讀哲學研究所，辦起事來積極又有效率。克萊斯特在帕羅奧圖市區到處做街訪，了解人們想上什麼樣的課。如果自由大學沒有類似課程，他就找人開課。

自由大學從一開始就非常政治化。最初的焦點是當時的學生政治論戰——到底該在校園內還是校園外搞活動。支持校園外的一方贏得論戰，自由大學遷往東帕羅奧圖一棟建築裡。東帕羅奧圖是個貧窮的社區，與生活優渥的帕羅奧圖市中心隔著灣岸公路（Bayshore Freeway）相望。一開始，他們提供兩堂課程，一個是討論美國統治階級和權力菁英，另一個是教瑜珈。雖然東帕羅奧圖居民大多是黑人，上課的學生卻清一色是白人，過不了多久，鄰居果然找上門（不太友善地）建議自由大學搬家到公路另外一邊。學校於是遷回帕羅奧圖，並一拆而爲兩個組織，一個是史丹佛的「實驗計畫」，另一個則是帕羅奧圖自由大學。

接著在一九六七年，自由大學規模暴增。原本不到一百人，不同派系間還彼此互鬥的小團體，幾乎在一夜之間擴大爲課程超過一百種、發行報紙、成員上千、還有五萬美金年度預算的活躍組織。接下來三年，它成了中半島方興未艾的非主流文化運動核心，衍生出一所醫學中心、一個法律研討會、一個租屋中心、一家雜貨店，以及一間機器修理廠。主要的辦公室移往門帕市砂石路，就在凱普勒書店沿路再往上走的地方，同時也兼做工藝品和印刷門市。

從人工智慧實驗室的教授，到帕羅奧圖高中的學生，自由大學引來社區裡各式各樣人物。其中最早加入一個，是一位以色列籍青年馬克・波拉特（Marc Porat）。波拉特的父親曾受納粹迫害，後來在史丹佛取得博士學位。雖然父親期待他畢業後進入好大學就讀，但波拉特思想已經轉趨激進。大學期間，他的一群運動健將好友加入陸戰隊，卻在一年間全數戰死，讓他體認到越戰的荒謬。高中畢業後，他偕女友離開帕羅奧圖，加入南方的民權運動。在詹姆斯・契尼（James Chaney）、安得魯・古德曼（Andrew Goodman）和麥可・施渥納（Michael Schwerner）

等人遭殺害後不久某個晚上，他停車在某加油站加油時，看到一群五、六個人朝他走來。慌張之下他連油管都沒取出，就跳上車飛馳離去。之後，他轉往南卡羅萊納州查爾斯頓（Charleston），設法籌組政治活動，直到種族平等會議要求白人離開當地爲止。

第二年波拉特返回帕羅奧圖，成爲全職社運份子。他回來的時間正好趕上帕羅奧圖新年期間那場酸性實驗，他也在現場初次嘗試ＬＳＤ。他加入自由大學的策劃團隊，籌辦一系列在帕羅奧圖市區和史丹佛校區對街公園的嬉皮活動。波拉特聯繫了舊金山當地樂團如死之華、傑佛遜飛船、索普威斯駱駝（Sopwith Camel）等，要求他們爲一場公園反戰慈善演唱會表演，結果幾乎所有藝人都如約赴會。

他可說是新左派的代表人物。新左派不只關心政治，還包含文化與社群理念。有段期間，他住在帕羅奧圖大學道（University Avenue）上一棟豪宅裡，屋主是一位業務鼎盛的房地產律師約翰・蒙哥馬利（John Montgomery）。宅邸佔地廣闊，附帶一座游泳池，在六〇年代晚期這裡成爲聲名狼藉的狂歡勝地，不少思想前衛的矽谷新貴都曾參加過這裡的派對。在夏天，幾乎每個週末都有狂歡活動。宅中有人做天體日光浴、後院有一群孔雀漫步、喇叭不停播放著搖滾樂，還配備了一臺能隨聲音起伏投射不同燈光變化的光風琴（light organ）。屋內鋪設昂貴的東方地毯，有的房間專供集體狂歡，有的房間可讓人體驗笑氣。某位矽谷知名電腦專家的太太後來曾說，她就是在蒙哥馬利宅邸派對中發現矽谷哪些名人有割包皮，哪些沒割的。

波拉特也參加了維克・洛維爾的心理劇（psychodrama）工作室。雖然交心團體在六〇年代很快進入心理治療主流，心理劇卻一直被視爲衝擊較強、心理壓力更大、更具挑戰性的治療手段。這類活動在自由大學裡漸受重視，約翰・麥卡席不時也會提供自己家裡作爲活動場地。

雖然本身政治立場向右轉，麥卡席仍大致維持與自由大學的良好關係，直到當地毛派團體「吾黨必勝」（Venceremos）接管學校課程爲止。麥卡席原已說服電腦專家友人艾德・佛萊金（Ed Fredkin）捐出六千美金給自由大學雜誌，但毛派上臺後，這筆錢立刻沒了下文。忿忿不平的麥卡席出席在帕羅奧圖市區學校咖啡廳「正切線」（Tangent）召開的會議，在場大約四十個人，麥卡席起身提出動議，要求自由大學重新確立非暴力宗旨。結果無人附議而被擱置。更糟糕的是，一位好戰份子起身威脅殺害麥卡席，這次的經驗讓他更加深信激進學生一旦掌權，作風將與蘇聯的史達林主義官僚沒兩樣。

激進主義的白熱時期並未持續太久。反戰陣營內部同樣上演派系分裂，讓波拉特的幻想破滅。他尋思既然嘗試從外部改變沒有成果，何不試試從內部著手？檢討之下，他推斷政治示威的目的就是要登上華特・克朗凱（Walter Cronkite）的晚間新聞，因此申請進入哥倫比亞大學。他深信一切都是爲了搶媒體版面，如果當上哥倫比亞廣播公司（CBS）主管，就能從內部改革。

但事情進展並未如他所願。兩年後，他又回到史丹佛，取得經濟學碩士學位。他創造了「資訊經濟」（information economy）一詞，進入蘋果電腦公司工作，後來成爲一家運氣不佳的矽谷新創公司——通用神奇（General Magic）創辦人之一。

西岸的反主流文化就像一顆磁石，吸引全美數千名年輕人湧入。桃樂蒂・班德（Dorothy Bender）在「愛的夏天」（Summer of Love）登場那年離開華府，來到加州。她在六〇年代電腦圈算是異數：一位女性程式設計師。

她對電腦的興趣來自父親。她父親在一九三〇年代逃脫德國納粹布罕瓦德（Buchenwald）集中營，來到紐約後在工廠上班。他對股票異常熱衷，每晚都搬出股市資料，不斷篩選和研究。桃樂蒂旁觀他埋首數據，也開始對資訊整理工作著迷。她在曼哈頓長大，進入紐約市立大學取得數學學位，後來嫁給一位律師，隨夫搬到華府，但婚姻維持不到兩年就結束。渴望改變的她受到西岸新興政治文化的吸引，當史丹佛大學提供她程式設計的工作機會時，她馬上同意西行。

雖然她是個稱職的電腦程式員，但她並不像週遭男性一樣，對計算機懷抱駭客熱情。這些男同事當中，有一位是二十三歲的電腦研究生拉瑞・泰斯勒（Larry Tesler）。他經常出入波亞館（Polya Hall）地下室，而這兒也是她主要工作地點。泰斯勒與眾不同——因爲他是她第一個遇到的單身父親。結識桃樂蒂後不久，泰斯勒正好離開原住處，於是就帶著小女兒莉莎，搬進桃樂蒂在校園幾哩外的擁擠公寓。五官似鷹，頂著一頭紅色亂髮，泰斯勒身上混合不同領域的氣息，是桃樂蒂從未領略過的。他不只沉迷電腦，還積極參與灣區興起中的反主流文化與反戰活動。

泰斯勒帶著桃樂蒂參加她第一場自由大學聚會。史丹佛大學的校園思潮在一九六七與一九六八年期間正經歷重大轉折，一九六七年一月金門公園的嬉皮集體活動（Human Be-in）觸發了灣區一連串事件發生。從一九六七年夏到一九六八年夏天，舞廳和公園裡演奏的是一種截然不同的音樂，到處都可聽人公開談論革命。在史丹佛熱烈的政治文化騷動中，桃樂蒂和泰斯樂成了戀人。他們一起嗑藥，一起到自由大學上課，甚至一起策劃課程。

課程編號二十八　美好的一天!!

授課人：桃樂蒂和拉瑞

漂流木、海草、砂岩、山丘、一號公路、聖桂葛利、美國加州：讓我們享受和感受自我與彼此。感官知覺入門課程！交心團體！野餐！帶孩子一起來！活動爲時一天。

六月八日，週六早上十一點，集合地點：郵局、梅西停車場、史丹佛購物中心。②

泰斯勒最後成爲自由大學主要策劃人之一，偶爾當義工們整理課程表之後，發現單子上還有空間，他就會當場編出一堂課來。

課程編號一　金牛派對

授課人：拉瑞・泰斯勒

僅限太陽星座爲金牛者參加。盡情吃喝、盡情跳舞、盡情做愛、盡情睡覺、盡情宿醉，徹底展現你的金牛本性！請自備食物飲料，但嚴禁非金牛座人士參加。當天月亮在金牛座，太陽則在相反方位。

十月二十五日，星期六，晚上八點。③

泰斯勒也主持帶有政治意味的課程。初次開課是一九六八年尾，課程名稱是「如何終結ＩＢＭ獨佔地位」。對那個時代的電腦駭客來說，ＩＢＭ在他們心中激起的反感，可與當今微軟相比擬。當時司法部已對ＩＢＭ提起訴訟，泰斯勒很快就發現來上課的很多都是ＩＢＭ員工。起初他們不肯承認，但隨著有人陸續表態，課堂上也開始公開討論這家電腦大公司的商場行爲。

就像桃樂蒂一樣，泰斯勒也在紐約市長大。他從小就對電腦著迷，一九六〇年就讀布朗克斯理工高中（Bronx High School of Science）時，他自己發明了一套產生質數的方法。他展示給老師看，讓老師印象深刻。泰斯勒自稱這是一套新公式，但受到老師指正。「不對，這不算公式，這應該是演算法，可以拿到電腦上去執行。」

「哪裡有電腦？」泰斯勒問。

老師說他會拿一本程式語言的書給他看，然後再想辦法去找一臺電腦。

一天，就在史托克利・卡米凱爾（Stokely Carmichael）——日後的黑人運動領袖——在學校餐廳與人談論政治的同時，泰斯勒坐在另一頭讀著那本教人用最低階機器語言編寫 IBM 650

程式的書。這時一名學生走過來對泰斯勒說：「你看這本書做什麼?」

「我在學程式語言，」泰斯勒回答。

「我也會寫 650 的程式，但我不用機器語言，我用 Fortran，」這名學生說。接著他就向泰斯勒描述這種利用類似英語的指令來控制電腦的神奇程式語言。

仍舊未曾得見電腦模樣的泰斯勒只覺這實在太妙了。可是問題來了，到哪兒才能親手操作這種語言呢？這名學生告訴他，他因爲科學成績優異而擁有在哥倫比亞大學免費使用電腦的時數。他答應替泰斯勒詢問電腦中心主任，是否可給泰斯勒一些免費時數。

很快地，泰斯勒就有了在週六早上使用半小時電腦主機的權力。他先打好卡片，然後按部就班地執行編譯器，產生一組電腦能夠直接執行的指令。在半小時當中，如果他動作夠快，理論上應該可以讓電腦嘗試執行程式一次。

當然，可想而知程式一定有錯誤，因此他必須一星期後再回來重新做一次。到最後，他寫的程式連一次都沒有順利執行過。更糟的是，程式還沒寫完，他就犯了一個新手常犯的錯誤，付出昂貴的代價，更從此被逐出學校電腦中心。IBM 650 有個笨重的磁鼓記憶體，可以儲存兩千個字元資料。這個磁鼓是由皮帶帶動，每次停機都需要幾分鐘才會完全停止。某日，泰斯勒不小心把機器關機，發現錯誤後，又急忙開啓電腦，結果傳來皮帶斷裂的聲音。

他回家對爸媽說，他想要自己的電腦。「說什麼瘋話，」他爸媽回答，這種電腦一臺要好幾萬甚至幾百萬美金。但泰斯勒不肯就此打消念頭。「總有一天它會變便宜的，」他說：「總有一天我會有自己的電腦。」

他的父母只能翻白眼，但一顆重要的種籽已埋在他心中，因爲泰斯勒在多年以後倡導的概念，雖然在某方面與恩格保理想中強大複雜的機器背道而馳，但最終卻成爲增益理論實現的重要推手。這個概念，就是簡單。

隔了一年，也就是一九六一年，泰斯勒進入史丹佛。報到第一天，教職員向他介紹學校的電腦設備，其中一架就是真空管的 IBM 650。當時無人使用這臺電腦，因此隨他愛用多久就多久。但當他發現這臺電腦真的只有他一人在用時，他又開始對另一臺電晶體架構的柏洛斯（Burroughs）220 型電腦產生好奇。不久他就一頭栽進電腦中心的神祕世界裡，次年夏天受雇爲操作員，很快又升任程式員。

第二年，他獲得替約書亞・雷德柏格（Joshua Lederberg）寫程式的工作機會。雷德柏格是史丹佛大學研究學者，曾因對細菌遺傳物質結構的研究，獲頒一九五八年諾貝爾醫學獎。這份工作讓泰斯勒很早就接觸到一臺真正帶有「個人」意味的電腦：ＬＩＮＣ。

發明ＬＩＮＣ的人（這個縮寫原本代表麻省理工學院一間早期電子計算研究中心，林肯實驗室〔Lincoln Laboratory〕，不過後來被改爲實驗室設備電腦〔Laboratory Instrument Computer〕），是麻省理工學院物理學家衛斯理・克拉克（Wesley A. Clark）。他從一九六一年開始設計這臺電腦，次年首度應用於馬裡蘭州貝斯達（Bethesda）國家心理衛生研究院的實驗中，用來分析貓的神經反應。每臺LINC均由四個金屬模組構成，加起來約與兩臺並排後傾的電視機相仿。它是一臺十二位元電腦，包含一顆五十萬赫茲的處理器（相較之下今天三十億赫茲的英代爾奔騰〔Pentium〕處理器，速度比LINC快了六千倍以上）、一個小螢幕和一具鍵盤。LINC要價大約四萬三千美元——以當時而言算是相當便宜——最後也交由第一家迷你電腦公司迪吉多生產。第一批LINC的產量有五十臺，其中一臺就出現在雷德柏格的史丹佛實驗室裡。

LINC使用離散電晶體，以磁帶儲存資料，以現代電腦的標準來看，它具備一些奇特的設計。像是每臺LINC前方面板都有一個把手，可以調快或調慢處理器的速度，另外還配備揚聲器，提示使用者系統內部運作狀況。

在電腦發展史上，LINC對後來的個人電腦技術有著重要的啓發，而它對泰斯勒個人也有同樣的意義。LINC結合了麻省理工學院從一九五〇年代開始發展的互動電腦技術，以及電腦資源可供個人獨有的概念。雖然這在當時難以想像，但泰斯勒確實擁有了自己的電腦。

他上了麥卡席的LISP程式語言課程，接著在第二年，他以學生身分創立了自己的程式設計公司。此時外界對電腦程式需求增高，但是會寫程式的人卻不多。當泰斯勒打電話給電話公司登記公司號碼時，才發現電話簿裡沒有程式設計這個類別，電話公司也不願增設類別，於是他選擇將公司列入資料處理類別——甚至在這個類別裡，帕羅奧圖地區也只有五家商號。他在史丹佛大學對面的城鄉村購物中心（Town and Country Village）設了辦公室，而首先上門的都是一些需要幫忙寫程式的研究生和教授。

其中有不少有趣的研究專案，例如他協助史丹佛統計系系主任林肯・摩席斯（Lincoln Moses）完成了一種爭議性新麻醉藥的數據分析。外界原本擔心它不安全，但研究顯示並非如此，而泰斯勒的名字也登上了研究報告。

泰斯勒也將程式寫作長才運用在傳統學術探索上，協助完成很可能是史上第一支點陣圖形（raster-graphics）電腦程式。六〇年代的早期電腦圖形顯示，通常都是使用監視器加上以向量繪圖原理顯示幾何形狀的相關硬體。相反地，現代電腦一般都是使用點陣或位元映射（bit-map）圖形技術，以可控制開關的成列像素，來顯示圖形和文字。

不過史丹佛的學生野心更大。他們的顯示器是學校體育館的學生加油區——七十五列，每列四十五個座位。卡片表演起源於二〇年代，三〇年代引入史丹佛校園。到了六〇年代初，南加大與史丹佛都開發出編排卡片花樣的電腦程式，但僅限於簡單的靜態隊形。電腦的作用，在於控制個別卡片的列印。後來有兩位史丹佛學生寫出新程式，可以先用方格紙畫出圖形，然後用柏洛斯電腦做出放大、變形、變色等花樣。這套系統非常類似今天常用於製作網頁動畫的巨媒（Macromedia）Flash 圖形語言。不過，六〇年代初的學生就能運用電腦產生動畫，列印出來試看效果，在當時堪稱神奇絕技。等到完成正確的圖樣，電腦重整順序之後，即可印出一張張表演卡片。

這套程式的最初版本是用數字代號撰寫，一般人不易了解，像是「移動」有個代號，「紅色」也有個代號，以此類推。第一代程式的作者對泰斯勒說：「這對他們來說太困難了，所以到最後總是我一個人包辦所有工作。」

重寫卡片程式，對泰斯勒來說是首次遭遇所謂的易用性（ease-to-use）問題。他面對的使用者是學生啦啦隊——一群外表優於數學能力的人。他用了幾年時間逐步修改程式語言，直到不再需要程式員從旁協助爲止。這段經歷提供泰斯勒最好的訓練，帶領他走向現代個人電腦的發展之路。

史丹佛西方是聖塔．克魯茲山脈（Santa Cruz Mountains），山區經常籠罩在雲霧中，不算茂密的紅杉林仍有部份蔓延至海岸。想去海邊，只要開車經過校區，經過砂丘路（Sand Hill Road），再沿著蜿蜒的交通動脈洪達路（La Honda Road）離開豪宅林立的林邊鎮，就會進入散發村野氣息的另一個世界：一個由厭惡城市生活的藝術家、農人，和浪蕩文人組成的鄉村社區。

如果有人曾在一九六六年開車到海邊，經過洪達小鎮時八成也會吃驚地看到那幅「歡迎披頭四光臨！」的布條。當時這支英國搖滾團體正風光巡迴全美，並即將在舊金山與瘋狂歌迷面對面。披頭四可能改道造訪這個無名小鎮的消息，一度在灣區引發騷動。但結果揭曉，原來這是肯恩・凱西率領的歡樂惡搞團的傑作。這場惡作劇正反映了當時快速變遷的社會氣氛。

沿著洪達路開往海岸的路上，約在十三點五七英哩處，也就是山頂下來一點五英哩的地方，可以發現一個外觀無以名狀的小農舍，外牆漆著鮮豔的迷幻圖樣。面對洪達路的房子正前方，則畫上了陰陽符號。這所農舍是吉姆・華倫（Jim Warren）的家。他是一位身材短胖的數學教授，在貝蒙特（Belmont）的小型天主教女子學校聖母學院（College of Notre Dame）教書。

十多年之後，華倫成爲界定個人電腦產業走向的重要人物之一，因爲他在一九七七年創辦了日後被電腦玩家視爲朝聖集會的西岸電腦展（West Coast Computer Faire）。不過在這之前，他已經是史丹佛周遭文化、政治、科技潮流衝擊匯合的象徵性人物。

出生於德州聖安東尼奧（San Antonio）的華倫，一直與環境格格不入。他父母幾乎未受四〇與五〇年代盛行於美國南方的種族主義影響，因此華倫從小就在鄰里結交了兩個與眾不同的好友，其中一個是母親替人幫傭的黑人，另一個是猶太人。高中時，他常與一群放蕩不羈的黑人混在一起。這些黑人朋友組了一支節奏藍調樂隊，早在搖滾樂一詞還未發明前，就在玩搖滾樂了。

進入大學後，他取得教師資格，獲聘在聖安東尼奧一所學校教數學。又過了幾年，正逢蘇聯人造衛星發射成功，美國學術教育亟思改革，華倫因此獲得國家科學基金會（National Science

Foundation）補助，可以暫離教職一年。到奧斯汀進修碩士。在哪裡，他和泰斯勒一樣接觸到生平第一臺電腦 IBM 650，同時專心攻讀學位。

回到學校後，他常與德州大學裡的波西米亞族群往來。他的友人包括考古系和人類系學生，這些學生經常出外田野工作，挖掘美洲原住民的遺跡。挖掘當中，他們發現了佩奧特仙人掌，當時這種藥物在某些州尚未被禁。華倫自己聲稱不碰毒品，但他卻常在來回聖安東尼奧時受託買東西。當時他甚至連啤酒都不喝，可是他會幫朋友到賀根仙人掌園（Hogan's Cactus Gardens）買三塊美金的佩奧特花蕾。這群朋友當中有個叫珍妮絲．喬普林（Janis Joplin）、不喜歡穿胸罩的年輕胖女人。她公然離經叛道，與女友在餐廳親暱的行爲，讓德州大學的好學生們大受驚嚇。

拿到碩士學位後，華倫回到聖安東尼奧，卻只在那裡待了一年。他找來一班資優學生，開始教他們所謂的「現代數學」：學習基本的原理，而非死記公式。第一次上課，他上臺對學生說：「這是你們的數學課本，」然後走到門外，把書丟到走廊上，再走回講臺對大家說：「現在我們來學『眞正』的數學。」

他熱愛教書，但對德州的反感卻越來越深。到最後他已經找不到任何留下的理由。他知道自己必須離開，到該去哪裡呢？一位友人悄悄給了他答案：「你可能會喜歡加州。」

他決定買一輛裝得下所有家當的卡車，在一九六四年開往加州聖荷西。抵達的那一刻，他心中的感受是：「到家了，這裡就是我的家。」

他不敢相信自己的好運。縱慾主義和實驗主義正如火如荼地風行當地，而這裡的女生更大膽公開承認喜歡性愛。華倫很快在山景市找到一份工作，當時這裡住的多是工人階級，多年後卻成爲矽谷的核心。不過，他很快就發現自己對教國中學生已不再感興趣，因爲在他眼中，這些孩子似乎都有荷爾蒙失調的問題。

事實上，他已經二十七歲了，對異性瘋狂著迷。另外，其他事物也激起他的興趣，例如當時正在灣區對面加州大學上演的政治危機。言論自由運動讓價值觀丕變的學生運動份子與老舊教育官僚正面衝突。對華倫來說，這些騷亂發生的時機，正與他逃離德州封閉保守社會的個人行動契合，因此他很快就投向了學生與反戰陣營。

不過，興起中的美國新左派並不單純。事實上，灣區與中半島的文化與政治派系花在內鬥的時間，幾乎與對抗保守當局的時間一樣多。他對友人抱怨：「右派的問題是沒有領導人，左派的問題是有太多領導人。」④

他的生活開始漸趨逸樂。他的第一任女友帶他認識了天體運動，很快他們就成爲魯潘自然保護區（Lupine Nature Preserve）的常客，這裡是聖塔克魯茲山區天體愛好者的聚集地。在山上他們也結識了歡樂惡搞團成員。

在買下洪達路的小屋前，他曾在附近租過房子。某天早上他到新家打算對付霸佔房子不肯離開的遊民，突然看到比特族傳奇人物尼爾・卡西迪（Neal Cassady）推開大門走了進來。這位凱魯亞克在《旅途上》書中引爲主角範本的人物，當時正駕駛惡搞團的巴士，率領一群追隨者雲遊四方。

卡西迪一幫人連個自我介紹都沒，就開始在房裡四處翻找，一邊唱著押韻的「我的草，往那找？」一旁的華倫只聽得丈二金剛。這幅詭異的場景來得突然，去得也快。大隊人馬不久就一哄而散，陸續鑽進車裡，車胎發出刺耳的聲音，朝洪達路駛離遠去。

華倫搬進去後不久，凱西家就在一九六五年遭到毒品查禁。他事先已察覺徵兆，因爲他女友曾碰到兩名穿西裝打領帶、拿著望遠鏡的男子，出現在凱西家後方小路上。

隨後，他獲聘出任聖母女子學院數學系主任，開始每天從山區開車到貝蒙特通勤。聖母學院的修女們隸屬一個相當開明的天主教派，但董事會成員的觀念保守。年輕女學生都是第一次離家在外，華倫發現她們多半來自壓抑的家庭，來到學校這個較自由的環境，都有解脫之感。

聲若洪鐘，能言善道的華倫頗受學生歡迎。他父親從小便灌輸他回饋社會的觀念，促使他選擇老師這份職業。不過接下來的兩年裡，他卻不斷受到三股不同力量的拉扯。在工作方面，他仍是國家科學基金會爲加強數學教育而培育的重點教師；但另一方面，聖塔克魯茲山上縱慾的嬉皮世界也在向他招手；除此之外，柏克萊校園的反戰示威聲浪更不斷升高。

這三股力量在一九六六年同時向他湧來，雖然他一直滴酒不沾，但到了一九六六年，他終於也被捲入迷幻潮流。那年他帶著在柏克萊任職的女友，參觀索諾瑪（Sonoma）一個考古基地，在那裡向一個年輕人買了ＬＳＤ。

他天真的對自己解釋：「以後可能再沒有機會買這玩意了，」然後便把藥丸收了起來。不久後，他拜訪柏克萊反戰人士，遇到一名職業是木匠、也是門薩（Mensa）高智商俱樂部會員的古怪傢伙。某天下午，此人在自己的家中拿了一管請華倫品嚐。

「我從未嗑過這東西，」華倫坦承，「我聽說它會讓你發癲，而且我根本不抽煙的。」他的新朋友向他保證沒什麼大不了，接著打開音響播放搖滾樂，引導華倫進入迷幻境地，同樣的儀式在那一年於全美不知被無數人重複了多少遍。

「他已經很興奮了，我卻一直說：『沒感覺啊。』」不過接著華倫發現自己沒來由地在新朋友家客廳裡來回踱步。他們走到廚房，友人拿了香瓜給華倫吃，突然華倫覺得自己的頭好像炸了開來。「我從未聽過這樣的音樂，」他告訴木匠。這名專科數學系主任的生命即將發生劇變。

魯潘天體社團兩名友人告訴華倫，在聖桂葛利州轄海灘（San Gregorio State Beach）北方有個隱密的小海灣，就在華倫家開車下去不遠處，那裡可天體也不忌諱穿衣。於是，在某個春天午後，他決定去當地瞧個究竟。結果他在那裡渡過了一個愉快下午，倘佯在將近兩哩長的祕密海灘上，與其他全裸或半裸的遊客交談，其中有情侶夫妻，也有攜家帶眷的。當夕陽西下準備返家時，他開始邀請眾人到洪達路買些烤肉食材，順道去他家坐一坐。

應邀而來的有標準嬉皮客，有ＩＢＭ工程師，還有幾位大學教職員。不用多久，一群二、三十個人就開始動手做飯，寒暄招呼起來。當兩位客人請求借用浴室洗去身上海砂時，華倫並沒有多想就答應了。

沒想到這兩人從浴室回來時，竟一絲不掛。

華倫愣了半晌，接著就以他慣有的熱情回應：「哇！」

大家似乎都不介意，而很快地，從屋內到院子裡，到處都堆滿了眾人脫下的衣服。

這不是換妻，也不是雜交派對——灣區其他地方早已有人這麼做。這也不是性愛自由聯盟(Sexual Freedom League)，華倫日後曾經去過這類場合，卻發現那裡壓抑的程度和故鄉德州不相上下，只是方式不同：參加者「必須」裸體，也「必須」做愛。反觀華倫家的聚會卻成爲加州反主流文化的核心——一個反抗封閉社會價值，匯聚另類活躍社群的場所。各種不同背景的人物都在他的山間小屋彼此交流——有嬉皮、學者、搖滾樂手，還有天體愛好者。對華倫來說，這些聚會滿足了他的深層需求。他單身、沒有家庭、父母離異。他不想結婚，卻追求某些感覺，而這些人就像大家庭。

一九六六到一九六七年，派對規模不斷擴張，一度多達數百人，甚至成爲全美和全球媒體聚焦的對象。ＢＢＣ曾經派一組人馬拍攝避開參加者面貌的紀錄片，作爲「當代」節目的特寫單元。

接著《舊金山紀事報》也以頭版頭方式報導一名在聖塔克魯茲山上開裸體派對的某教授。

此時，他任教的保守宗教學校當然也開始風聞自己的數學系主任不太檢點，事實上，華倫從未刻意隱瞞這些「很新潮」的派對，而學生們也逐漸聽說了他的行爲。就在消息在全校傳得沸沸揚揚之際，校長打電話來問他：「請問，是眞的嗎？」他回答：「啊，是眞的。」

她說：「華倫教授，你是個好老師，我們也很幸運有你來做數學系主任，但我想你應該會同意開裸體派對的行爲，已經違背天主教女子學校的教學宗旨。」華倫同意確實有衝突，他詢問校長的意思是不是要他辭職，她的回答不假思索：「我希望你這麼做。」

丟掉工作讓華倫陷入窘境，但很快就有了轉機。史丹佛校園周遭當時正籠罩在政治運動、另類社群，與教育實驗的熱絡氣氛中。校園外的自由大學試圖提供從蠟燭製作到毛派思想等各式非主流資訊，校園內的學生運動份子則成立新興社團迫使校方鬆綁政策及准許跨學科教育，其中包括史丹佛政治社會議題討論會（SWOPSI, Stanford Workshop on Political and Social Issues），與史丹佛教育改革研討中心（SCIRE, Standord Center for Innovation and Research in Education）。

對於烏托邦社群的嚮往引領華倫加入了自由大學，而在偏激份子與嬉皮之間，他的溫和派色彩額外鮮明。由於年紀比其他成員大，過往資歷也足以證明他的行政專才，華倫因此成爲自由大學運作的領導人，但由於這個好戰義務工作組織並不支薪，他被迫必須另尋收入來源。

他開始尋找一個不會影響他眞正職志——也就是能容許他專心投入自由大學營運的差使。

在自由大學的老資格成員中，有一位是史丹佛醫學中心研究員。他建議華倫到醫學中心來做電腦程式員，因為電腦在當時漸被廣泛運用在醫學院研究的資料蒐集與分析上。

如此安排再適合不過。程式員薪水高，上班時間又有彈性。只不過有個小問題：華倫寫軟體的經驗僅限於在過時的ＩＢＭ電腦上使用組合語言。

「沒問題啦，」這位研究員向他保證：「你學一下就會了。」

而他也真的學會了。他拿到迪吉多 PDP-8 電腦的使用手冊，此型電腦擁有八千位元組記憶體和一個磁帶儲存系統。當時 PDP-8 型電腦正大舉進駐灣區，作為工業製程控管之用。

華倫最先結識的自由大學常客是拉瑞·泰斯勒。當時泰斯勒已結束他的個人程式寫作公司，轉而任職人工智慧實驗室。這時自由大學的招募對象是一群人數漸增、對主流大學教育受軍方與企業挾持而感到失望的人。超過數千人參與自由大學，試探在傳統課堂外辦教育的想法。泰斯勒和華倫都成為全職義工，一度由華倫出任校長，泰斯勒擔任財務長。

每到晚上，兩人經常都待在砂石路上的自由大學門市工作，使用當時隨處可見的ＩＢＭ電選（Selectric）打字機，在後面房間製作自由大學報紙。這種有著跳動珠子的打字機不只是工商界的標準配備，連二手機器也受到社區和政治團體的青睞，因為它可以低廉成本製作出效果不差的手冊、報紙，和文宣傳單。拿著剪刀、美工刀、漿糊，這兩人不辭辛苦地拼湊出自由大學的宣傳文件。

某個晚上，泰斯勒對於手工排版的緩慢感到不耐，轉身對華倫說：「你知道嗎，吉姆，這眞的太荒謬了，人工智慧實驗室明明擺著三臺大電腦，我們大可以把這些頁面都顯示在電腦上，然後在螢幕上去剪剪貼貼，根本不需要在這裡做苦工。」

華倫認爲這是個好主意，他思考了一會兒後問泰斯勒：「不過，剪貼完後要怎麼弄回紙上？」泰斯勒的夢想突然中斷。「這我倒還沒想到，」他回答。

這個問題也就被暫時擱置。雖然泰斯勒的概念沒有馬上付諸實現，但文字編輯的想法已深植在他腦海中。

拉瑞．泰斯勒一九六一年來到史丹佛唸大學時，對政治並不感興趣。大一那年，也是史丹佛校友、曾在凱普勒書店打工的反戰人士艾拉．山普爾，到學校演講，民謠歌手瓊拜雅（Joan Baez）隨同出席。瓊拜雅當時已是知名藝人，爲了看她和欣賞她的歌藝，演講場地擠滿了學生。山普爾詳細介紹了甘地哲學，尤其是他的非暴力反抗運動。此一思想頗獲泰斯勒認同，但並未立即影響他的人生志業。

畢業後，越戰和自由大學開始改變他的想法。離開校園的最初一段時間，他結了婚，把重心放在事業和家庭。他的程式顧問公司合夥人之一，是個立場遠比泰斯勒偏激的史丹佛校友。他一直鼓吹泰斯勒投入反戰運動，泰斯勒雖沒太大興趣，卻漸漸受其影響，開始留心政治活動，尤其是在他參與自由大學的課務規劃以後。

泰斯勒已婚又育有一女，因此獲准延後徵兵入伍。不過收到通知之前，他已經在反戰示威中燒了徵兵卡，還致函徵兵處，宣告他拒絕前往越南打仗。當地徵兵處收信之後，馬上把他改列IA，也就是必須服役的身分。

不知所措的泰斯勒將信拿給附近專精兵役法的律師看。「如果你是大衛．哈理斯（David Harris）或馬利歐．撒維爾（Mario Savio），我會接下這案子，幫你打上最高法院，」律師告訴他，「但你誰都不是，而且你不會想去坐牢的，所以我強烈建議你寫信道歉。否則你不是去越南，而是會進監獄，留下你女兒在外頭受苦，又一事無成。」

泰斯勒考慮了一會，就立刻寫信向徵兵處致歉。

泰斯勒開的公司一開始生意還不錯。初期客戶包括史丹佛的教授和研究生，而等到名氣打開之後，史丹佛研究院也找他擔任電腦操作員，執行戰場推演和核武落塵模擬的程式，後來更進一步聘他寫程式。隨著業務擴大，矽谷研發晶片的新創公司也開始委託工作給他。

接著，一九六七年底景氣回落，他的顧問公司也因爲企業停止外聘顧問而被迫關門。他決定投效先前的客戶，到史丹佛人工智慧實驗室任職。於是從一九六八年初，他就成了鮑爾大樓裡的程式寫作員。

剛開始，他對機器有朝一日將能思考的願景充滿嚮往。他的工作是撰寫理解自然語言的程式，此一技術是語音辨識等人工智慧應用的基礎，也攸關認知模擬開發，以便藉此進一步瞭解人類心智的運作原理。然而在接下來的兩年裡，他對這方面的研究進展卻漸感失望。在他們周遭，電腦產業的發展一日千里，反觀人工智慧實驗室卻連六〇年代早期預定達成的原始目標，都看不到實現的影子。

有段時間，他曾向史丹佛電腦科學系爭取成立電腦繪圖班，卻不得其門而入，因爲教授們並不認爲電腦繪圖會有什麼重要應用。

此外，SAIL的麥卡席、厄尼斯特等人堅持的分時共享電腦概念，在泰斯勒眼中已不敷使用。電腦領域一個幾乎不變的定律是：無論電腦速度如何提升，總會立刻出現更耗資源的軟體，讓電腦疲於奔命，而在系統經過改裝、可以容納六十四人同時上線的SAIL，執行效能問題又更嚴重。

因此泰斯勒和其他研究員經常被迫枯坐數小時等待程式執行完畢。他開始抱怨以往批次運作的電腦還比較可親，因爲研究員只需交上打孔卡片，輪流讓主機電腦執行即可。或許由於過去在雷德柏格辦公室使用LINC的經驗，泰斯勒對必須與人分享電腦資源感到不耐，並開始思考個人電腦的可能性，雖然當時PC的概念還未成形。

終於在一九六九年，他決定著手改變。心理學家肯恩・柯比的研究生助手荷瑞斯・恩尼雅(Horace Enea)當時也在SAIL工作，在他的協助下，泰瑞斯開始設計一臺小型電腦。他把完成後的設計交給被勝家（Singer）航太事業併購的計算機公司佛瑞登（Frieden）。佛瑞登曾經推出自己的迷你電腦，但業績慘澹，因此有人向兩位年輕數位創業家建議，這家公司或許會對概念新穎的電腦感興趣。

泰斯勒與恩尼雅提出的設計是一臺適合辦公室的超小型電腦，記憶體採光學媒體，以成本低廉的旋轉投影機與幻燈片進行一次寫入唯獨資料儲存，檔案則以底片輸出機記錄。佛瑞登方面認爲這樣的設計令人玩味，但高層卻已無意再淌電腦市場渾水，因此提議聘用兩人作爲程式設計師，結果遭到婉拒。

挫折感日深下，泰斯勒向厄尼斯特表示他已不想繼續待在人工智慧實驗室。

「可是你是個好程式員，這樣吧，我還有幾個研究計畫讓你考慮，」厄尼斯特回答。他列出幾個軟體寫作計畫，都和ＳＡＩＬ電腦系統的改善有關。

泰斯勒看上了一個高品質文件列印語言的案子。他還記得那晚與吉姆・華倫的對話，而這個軟體專案似乎有助終結漿糊與剪刀的日子。

厄尼斯特拿了一套當時已存在的「印表」（Runoff）程式給泰斯勒，它的功能相當有限，僅支援縮排、換頁、置中等基本指令。厄尼斯特希望大幅擴增它的功能，加入列印中文、字形，以及電腦排版的能力。如此強大的列印軟體並不存在，因此泰斯勒便著手改寫程式，創造出一套可供出版高品質文件的程式語言，完整支援註腳、目次、底線、頁次等排版功能。

他寫的這套PUB語言——使用手冊封面刻意以英國酒吧的標誌裝飾——非常受到歡迎。它的許多特徵似乎都預告了超文本標記語言HTML——全球資訊網和網路出版的基本要素——的來臨，例如它創造的「內嵌標籤」就是一例。在當時，排版業者各自發展大同小異的語言，對應特定的機器。泰斯勒的列印語言是第一套能在任何機器上進行排版的通用程式。

PUB獲得不少人的愛用，但泰斯勒仍決定要離開人工智慧實驗室。《全地球目錄》對新興的反主流文化影響日深，不少二十來歲的年輕人紛紛離開都市，響應回歸土地的群居生活。泰斯勒找到一群想法相近的友人，包括曾是《全地球目錄》員工的法蘭辛·史萊特（Francine Slate），一夥人決定共買農地。史萊特等人原本住在艾瑟頓（Atherton）高級住宅區的群居公社裡，此地位在史丹佛北邊，有不少菁英階級在此購屋自住。這群上班族合租了一間有十六個房間的大宅邸，住得非常滿意，不料房東後來想讓家人搬回來住，就把房客請了出去。這夥人最後以每英畝一百七十五美元代價，在塔吉瑪（Takilma）買了一片地。這裡位處奧瑞岡南部，靠近窟合市（Cave Junction），居民稀少，相當適合農村群居。

不過，就在他離開前，一個積極號召矽谷高科技與航太公司員工加入的反戰組織找上了泰斯勒。這個組織打算開會討論工程師在反戰運動中如何盡一份力。

留著紅色大鬍子、戴著反動無邊眼鏡的泰斯勒到達會場，發現一屋子都是身穿白襯衫、腕帶金錶的已婚工程師。他們當中不少是洛克希德員工，對戰爭綿延感到憂心。他們不是激進份子，有些甚至立場保守，但美國在東南亞的戰事卻讓他們甚感不安。現場氣氛特殊，在一群急於探討如何改變國防產業的與會人士中，泰斯勒顯得格格不入。

「我要辭掉工作，」終於他起身發言，「我準備帶女兒搬到鄉下，種田過日子。」

會議結束時，泰斯勒覺自己像是會場裡的怪胎。泰斯勒最後在一九七〇年六月告別史丹佛，前往奧瑞岡公社。不過，一個月後，一名曾在ＳＡＩＬ工作的年輕電腦工程師艾倫・凱伊（Alan Kay），卻出現泰斯勒的舊辦公室門口找他。

艾倫・凱伊是個人電腦的忠實信徒。他在史丹佛與人工智慧實驗室待了將近兩年，後轉往兩英哩外的史丹佛工業園區替全錄規劃一所新研究室。他在一九七〇年代四處獵才，爲這所開發未來辦公配備的研究室網羅精英，而泰斯勒是他心目中的合適人選之一。泰斯勒的好友恩尼雅告訴凱伊，他剛搬到鄉下公社去住了。此後又經過大約三年時間，泰斯勒和凱伊才重新在萌生個人電腦技術的帕羅奧圖研究中心碰頭。

不過，早在帕羅奧圖研究中心成立前，個人電腦的概念就對ＳＡＩＬ產生了衝擊。隨著ＳＡＩＬ成員逐漸體認摩爾定律的眞實性，個人電腦在一九六〇年代末成爲各方爭論的話題，部份研究員認爲未來的電腦將類似汽車——需要時取用，平時閒置一旁。這種想法在ＳＡＩＬ創辦人麥卡席和厄尼斯特眼中簡直無法理解：爲何要放棄優點眾多、功能強大的共享資源模式？

爲何要另起爐灶改變一個已經運作良好的系統？幾年後，被惹毛的約翰·麥卡席用「全錄異端」來形容那些在一山之隔處鼓吹一人一電腦概念的帕羅奧圖研究員。

分時共享電腦技術——一種讓虛擬「個人電腦」夢想成眞的技術——創始人的不滿是可預期的，把一臺電腦打散爲數千臺低效能機器的想法，在他們眼中甚爲可笑。事實上，電腦技術世代交替的特徵，就是每一世代的成員都會抗拒技術變遷。從大型主機、迷你電腦、個人電腦，到個人數位助理ＰＤＡ——每一次變革，前朝元老都會死守陣地，力搏新潮派，最後才不得不在成本與效能的殘酷現實下低頭。

麥卡席雖然極力抗拒個人電腦潮流，卻仍積極參與ＳＡＩＬ內部對電腦技術展望的廣泛討論，激烈論戰亦不時上演。或許由於微電子產業的增縮效應導致技術轉換太過突兀，想要準確預測未來幾乎是不可能的。這是因爲進展的腳步並非漸進，而是呈現極不連貫的跳躍模式，以致矽谷的創業「先知」們經常押錯寶。然而人工智慧實驗室內部關於未來電腦的論戰，卻對日後政經發展產生了麥卡席或任何人都無法逆料的良性作用。

麥卡席在一九七〇年法國波爾多（Bordeaux）一場國際會議上發表的學術報告，勾勒了他對電腦演進的看法。他認爲在五年內，一般家庭就會開始裝設「具備類似打字機的鍵盤，以及能顯示一頁或多頁文字圖形」的資訊終端機。⑤他預測這些終端機將經由電話網路連接到分時共享的電腦，由這些電腦來儲存書籍、雜誌、報紙、目錄、飛機航班、公共資訊及個人檔案。

麥卡席實質上已描繪出全球資訊網的藍圖，而全球資訊網直到一九九五年才正式誕生。當時他認爲自己的家庭電腦願景有兩項優勢和兩個缺點：第一項優點，是任何人都可在彈指間取得任何文件；此外，家庭裡將不再塞滿各種紙張，換句話說，可以不用再砍樹，空氣污染也會減少。他同時推測這種電子資訊系統將可能避免電視時代大眾媒體的同質文宣，公眾將有機會接觸更多樣的資訊內容。

相對於這些優點，缺點是必須負擔終端機的費用，以及至少在初期無法躺在床上看書。另外，麥卡席也擔心一般民眾原本就只看電視不看書，那麼一臺顯示文字的終端機可能終遭淘汰。盡管電子出版業者力推視訊文字終端機（videotext terminal），家庭資訊機的概念卻胎死腹中。不過這些意見交流仍有正面效益。在思考電腦的未來時，麥卡席曾偶然與一名SAIL系統程式員聊起來，他的名字是惠特菲・迪菲（Whitfield Diffie）。

迪菲已經讀過麥卡席的波爾多論文，他對於麥卡席理想中的無紙世界提出了一個必然的質疑：在完全電子化的世界裡，人們要怎麼簽名？這個問題讓迪菲在接下來五年裡殫精竭慮，終於研發出數位簽名與公鑰加密機制。他與史丹佛教授馬丁・海爾曼（Martin Hellman）、史丹佛研究生拉夫・莫寇（Ralph Merkle）共同完成的這項研究，爲今日網路交易過程中的個人隱私與資料安全打下重要基礎。公鑰加密不但使得從未謀面的交易雙方得以安全地交換資訊，也同時解決迪菲當初對數位簽名的疑問，儼然成爲網路世界的互信與驗證基礎。

出生紐約市，從小就是數學神童的迪菲，一九六二年進入麻省理工學院，師事麥卡席。一九六九年又加入史丹佛人工智慧實驗室，協助解決有關「正確性驗證」的數學難題並撰寫相關軟體。數學家相信在理論上可以明確證明一套軟體沒有錯誤——亦即是「正確的」——而麥卡席手上有五角大廈的贊助經費，專門探討這個問題。

許多六〇年代的資優青年若非因爲越戰，不太可能參與軍方研究計畫，迪菲就是其中之一。但與被送往中南半島、逃到加拿大或坐牢這些選項相較，替軍方做研究似乎是唯一可行之路。

迪菲很早就接觸到波西米亞文藝圈。他父母原本在外事單位工作，一九二八年在巴黎結婚。回到美國後，他父親在紐約市立大學教歷史，專精西葡兩國與其殖民地。迪菲從小生長環境就貼近學術圈與五〇、六〇年代的紐約左傾政治。高中時，他一頭栽進數學領域，畢業後進入麻省理工學院，也承襲了當時數學家的價值觀：電腦只是一門深奧藝術的不完美應用。

雖然他唸的是接受國防部大量贊助的理工大學，迪菲卻成了反戰人士，因此當他一九六五年畢業時，徵兵令讓他額外反感。爲了能以其他方式爲國效力，他申請進入波士頓的軍方技術承包單位米特公司，藉此豁免服役。

他的面試官是一位知名數學家和軟體工程師羅蘭・席佛（Roland Silver），而在接下來的四年裡，兩人關係亦師亦友。以軍方承包商的標準來說，這是一場很不尋常的面試。面試地點在席佛劍橋市的家中，而過程中談的幾乎全都是迷幻藥：怎麼調製、去哪裡買、怎樣才盡興等等。

結果迪菲滿分通過。

這是一份好差使，他甚至不必離開麻省理工學院。迪菲的部門是人工智慧研究室，工作內容是用麥卡席的ＬＩＳＰ語言撰寫程式。這是一個與世隔絕的象牙塔，無論在技術或社交上，都與西岸的人工智慧實驗室密切連結。當麥卡席的第一任妻子一九六八年與他離異時，她還到東岸與席佛同居了一年。

一九六九年，迪菲到西岸ＳＡＩＬ爲麥卡席工作，這裡無論政治或文化氣氛都符合他的理想。他與拉瑞・泰斯勒同一個辦公室，後者因爲是單親爸爸，屬於研究室少數幾個奉行朝九晚五的人。在迪菲眼中，泰斯勒似乎只把ＳＡＩＬ當成一份工作，但對迪菲來說卻遠非如此。他許久前就摒棄了數學家對電腦的輕視，經常整天窩在實驗室裡，連續熬夜直到體力不支才癱在自備的床墊上，呼呼大睡。

不過他與麥卡席的研究合作卻並不順利。兩人對於正確性驗證的研究看法不同——麥卡席認爲這套理論已在小型程式上驗證過，如今要做的只是將驗證軟體寫出來，使其一體適用罷了。但迪菲卻認爲這個問題太過複雜，可能根本無解。他們並沒有眞的就此爭論過——麥卡席不是喜歡吵架的人。到最後，他只是宣告無法再繼續合作，因爲迪菲根本放著國防部贊助的正確性驗證不做，一昧埋頭鑽研數位簽名和加密技術。結果迪菲向ＳＡＩＬ請了無限期的長假，不過兩人仍維持友好關係。

迪菲來去人工智慧實驗室的同時，另一位軟體工程師也懷抱個人電腦的理想，在SAIL待了一段時間。艾倫・凱伊在史丹佛和人工智慧實驗室捱過難受的兩年，日後更稱這段時間是他一生中最不具生產力的兩個時期之一。不過，SAIL也不完全是浪費時間，他承認他體會到了麥卡席的LISP語言有多麼優秀。⑥另外他也短暫投入當時走在尖端的人工智慧研究，積極參與推論邏輯系統的開發，試圖建構人工智慧中的抽象規劃與理則系統。他還稍微接觸了利用此一系統發展語言的概念。不過他的心思並不在這些工作上。雖然身處分時共享的電腦環境，艾倫・凱伊滿心嚮往的卻是筆記本「小電腦」——那些在SAIL研究員眼中不具意義的個人玩具。

在來到史丹佛以前，凱伊原本是猶他大學的明星研究生，師事電腦科學家大衛・伊凡斯。他從小資質聰穎卻脾氣暴躁，父親是大學教授和研究員，也是義肢製作專家，在退伍軍人處贊助的研究單位工作。凱伊一家在他一九四〇年出生後不久，就從麻州搬到澳洲，而他從三歲起就已經學會看書。由於日軍進逼，一家人又搬回美國本土，在祖父母麻州西部的農莊上住了幾年。他的祖母是老師、女性平權運動者、演說家，也是當今安赫斯特（Amherst）麻州大學創始人之一。他的祖父是克里夫頓・強森（Clifton Johnson），一位知名插畫家、攝影家、音樂家和作家。在書香環繞之下，他從小就飽覽群籍，他母親則引發他對音樂的興趣，十五歲參加音樂營後，此一興趣更演變爲熱情。不過，這時期的他並不是模範生。基於對生物學的好奇，凱伊進入西維吉尼亞貝森尼學院（Bethany College）就讀，卻在一九六一年因爲不滿猶太學生限額制度，與教務長發生爭執而輟學。⑦

退學的結果是必須接受徵兵。因爲不想當陸軍，他加入了空軍，入伍性向測驗後被指派爲程式員，操作舊型ＩＢＭ電腦。退役之後，他重拾學業，在科羅拉多大學取得原子生物及數學學位。就學期間，他也涉獵音樂和劇場表演，並且靠著在國家大氣研究中心（National Center for Atmospheric Research）打工寫程式賺取生活費。在大氣中心他接觸到ＣＤＣ電腦工程師塞摩爾・克雷（Seymour Cray）所設計的早期超級電腦。同時由於工作之需，他還在威斯康辛州奇瀑市（Chippewa Falls）的克雷研究室工作了半年。

雖然有機會與世界一流電腦工程師共事，這段經歷卻沒有對凱伊產生太大影響，因爲他尚未萌生對電腦的熱情。不過他依舊熱愛閱讀，並在一篇文章中看到英代爾創辦人摩爾預測矽晶片效能與成本將以指數方式急速演進。但由於當時他身旁就擺著氨氟甲烷冷卻的超級電腦，處理速度高達每秒千萬個指令，因此他對摩爾定律並未留下太大印象。⑧事實上，他心中的理想行業是當醫生，或是繼續攻讀哲學研究所。

最後他選擇了電腦這條路，不過並非刻意，而是巧合居多。由於對科羅拉多大學所在地柏多市（Boulder）的氣候非常滿意，他下定決心接下來就讀的學校，一定也要在海拔四千英呎以上。可是科羅拉多大學並沒有電腦博士課程，而他到威斯康辛州唸哲學系的計畫也受阻，於是最後他來到猶他大學，入學時幾乎已經身無分文。凱伊抵達當地時正好是在冬季班開課前，而且他運氣不錯，找到電腦專家大衛・伊凡斯當他的指導教授。

伊凡斯當時四十來歲，但外表看來彷彿只有二十五歲。當時凱伊就像同儕一樣穿著工程師的標準制服：白色襯衫，寬鬆便褲。而見到伊凡斯時，這位教授身上套的是家居馬球杉。

因爲距離學校開課還有一個月，伊凡斯問凱伊，如果可以自由選擇的話，這段期間他想做什麼？

「我從沒好好讀過電腦文獻，」凱伊回答，「如果有機會的話，我想到圖書館去，翻遍五〇年代以來所有資料，然後把重要的文章影印下來。」⑨

伊凡斯覺得也不錯，就交給凱伊一筆影印經費，讓他自由運用。這位新科研究生便鑽進圖書館，研讀計算機器協會（Association for Computing Machinery）期刊上的每一份技術報告，以及《聯合技術會議》（*Joint Technical Meetings*）春季號與秋季號上面所有文章。每次看到不錯的論文，他就影印自行存檔。

除了伊凡斯，凱伊也接觸到沙瑟蘭的研究工作。猶他大學當時是全美頂尖電腦繪圖研究單位。（伊凡斯和沙瑟蘭後來在一九六八年成立了一所校園附近的電腦繪圖公司。）凱伊的書單上也包括沙瑟蘭的博士論文：「素描板：人機繪圖介面系統」。就在一般人仍視電腦爲笨重的計算機時，素描板的概念已遠遠超過時代。這套繪圖程式讓使用者以光筆製作圖形、工程圖或建築設計圖，並可針對線狀圖進行無法以紙筆橡擦達成的編輯、複製，和變形功能。伊凡斯對所有新進研究生發放這份論文，並對凱伊說：「拿去好好讀。」⑩

猶他的研究員也有個新傳統——凱伊是電腦研究所的第七個學生——那就是最近入學的研究生必須接下最吃力不討好的研究題目。凱伊碰上的專案，是設法讓某個版本的 Algol 語言能在 Univac 主機上執行。他初抵研究室，就發現有人在他桌上放了一捲電腦磁帶，旁邊字條上寫著：「這是 1108 版本的 Algol，可是不能用，想辦法讓它能用。」

凱伊開始研究這個難題。他發現磁帶裡的東西，原來是一個挪威人寫的 Simula 程式語言。更糟的是，所有說明文件都是用挪威文寫的，然後再按照字面意思翻譯成英文。許多辭彙都是作者自創的，另外有些則是含意與英文大不相同。

在其他幾位研究生的協助下，凱伊逐行判讀磁帶程式內容。猶他大學工程大樓的走廊很長，幾個學生把超過八十英呎長的程式印表鋪在地上，絞盡腦汁地鑽研其中奧祕。

凱伊傷腦筋的是其中一段稱做「儲存配置器」的程式。不斷推敲的結果，它發現這段程式又指向其他的段落，結果他只好在走廊上跑來跑去，就像是在身體力行超鏈結。

在此之前，凱伊其實並未完全體會沙瑟蘭素描板程式的奧妙。不過就在他解讀鋪在地上的 Simula 時，他領悟到這兩套程式其實基本概念相同。而令他豁然開朗的這一刻，出現在一九六六年十一月十一號。當時他發現兩套軟體都試圖運用類似生物細胞的機制來寫程式，換句話說，就是運用類似積木的簡單分子，來建構複雜的系統。理解這一點之後，他開始感到興奮異常。傳統上，電腦程式都是區分爲資料結構與程序。他認爲這種程式結構在先天上就居於劣勢。如今他偶然發現的是一種全新的程式概念：每個元件都模組化，模擬生物的細胞結構。不只如此，它還符合平行處理要件——每個模組都是一個完整獨立的小電腦。而這項發現又讓凱伊得到另一個推論，那就是 Simula 和素描板都缺少基礎細胞結構中另一個必要元件：彼此間以訊息溝通的能力。

到了一月，伊凡斯安排凱伊和知名電腦硬體工程師艾德・奇朵（Ed Cheadle）一起工作。奇朵當時正在打造一臺小型的工程運算輔助電腦 Flex，而這份研究工作讓凱伊有機會實踐他對程式語言的看法。一九六八年五月他獲得碩士學位，論文內容就是他所設計的 Flex 程式語言。

凱伊構思 Flex 軟體設計這段期間，恩格保正好到猶他大學做學術拜訪。恩格保拍攝了一段早期NLS增益系統示範畫面，巡迴各地對ARPA的合作單位做展示。這位史丹佛研究院科學家帶了一臺十六釐米貝爾豪爾投影機（Bell and Howell），還特別改裝讓機器能夠暫停、甚至倒轉畫面。當時的人並不熟悉運用螢幕游標來移動和點選的概念，因此有必要讓觀眾隨時都能看清楚螢幕上一舉一動。

凱伊原本就把自己的 Flex 語言視爲一種「個人電腦」技術，看到恩格保的展示帶，更讓他大爲振奮。恩格保的系統在他眼中就象徵著電腦的未來。確實，在其他人仍把電腦看作資料處理工具的時候，恩格保已經提前昭示了現代電腦必備要件：超文本、圖形顯示、多視窗、高效率操作和指令輸入、群組工作，以及滑鼠指標裝置。見證這套系統，就像是在預習未來。

他們兩人也對另一件事情看法相同。恩格保的影片讓凱伊回想起摩爾推論電腦技術演進的文章。他聯想到自己過去使用的 Flex 電腦，突然一下子醒悟摩爾定律的意涵。起初他還不敢置信，因爲這意味著六〇年代的電腦技術將面臨劇變。在那瞬間，他已預見未來的電腦使用者將不是數以千計，而是數以百萬計。他形容他那時的感受，就像是最早拜讀哥白尼著作的人，得知太陽並非繞著地球運轉之後，抬頭望天的百感交集。⑪

這兩位對今日個人電腦技術影響最大的科學家，也是最早理解微電子線路增縮效應的人。這並不是巧合。多了這層體會，讓他們更有能力扭轉電腦技術走向。

大衛・伊凡斯的電腦研究所與眾不同處，在於學生雖然必須處理低階研究工作，但他們同時也被給予等同於學者的尊重。他們薪水雖低，卻有寬裕的差旅費——凱伊的總飛行里程達到十四萬英哩。他們不只能與世界各地的研究員交流，還可以和伊凡斯共赴學術會議，親身接觸全美頂尖專家學者。

除了從 Simula 獲得模組化的程式概念，凱伊也在一九六七年參加了一場猶他州公園市（Park City）的教育研討會，麻省理工學院的人工智慧研究員馬文・明斯基（Marvin Minsky）擔任主講人。演講中，明斯基對傳統教育方式提出批判，同時極力推崇同事山摩爾・佩柏特

（Seymour Papert）的教育想法。明斯基認爲佩柏特研發的 Logo 程式語言，將爲兒童教育帶來徹底變革。此一說法挑起了凱伊興趣，他決定有機會要去親自拜訪佩柏特一趟。

伊凡斯也常帶學生參加ARPA研究會議，見識全美一流電腦專家和電機工程師，以及他們關注的尖端技術問題。那年的某次開會地點選在猶他州滑雪勝地阿爾它（Alta）。會中，研究學者呈環狀彼此相對而坐，研究生則坐在外圍旁聽。會議主持人是提供恩格保贊助的心理學家鮑布·泰勒。會議結束前，泰勒詢問研究生對會議方式是否有任何建言。

當年凱伊的同學之一，是多年後創辦俄多比系統公司（Adobe Systems）、推出 Postscript、Photoshop、和 Illustrator 等知名軟體的約翰·渥納克（John Warnock）。他起身提議既然在場研究生很快都會晉升學者，他們也應該有自己的年會。泰勒和助理拉瑞·羅勃茲（Larry Roberts）覺得這個主意很好，馬上就撥款供次年籌辦會議。出席人員則是遴選每個ARPA專案中，表現最好的兩名研究生。

一九六八年夏天，ARPA研究生齊聚伊利諾州蒙提企羅市（Monticello）艾樂頓館（Allerton House）。凱伊準備了一份 Flex 電腦的複雜結構圖，畫在兩英呎寬三英呎長的圖表上，作爲講解道具。結果他的報告得到不錯的評價，不過對凱伊來說，此行最大收穫其實是鄰近伊利諾大學的拜訪行程。他在那裡一個實驗室的板凳上，發現一個一英吋的氖氣玻璃板，可以隨意點亮不同的光點。這是一具平面顯示幕，凱伊看到之後驚愕不已。他立刻就聯想到未來的電腦不但可以個人化，甚至可能隨身攜帶。凱伊花了幾個小時與其他幾名研究生估算有沒有可能讓Flex電腦內建一具512×512畫素的平面顯示器。結果發現按照摩爾定律，至少要到七〇年代末或八〇年代初才有可能，換句話說就是不可能等那麼久。

在各地學術拜訪的過程中，凱伊造訪了全美最頂尖的電腦科學研究機構。他到門帕市的增益小組待了一段時間，由比爾・英格利招待他，引介他認識研究團隊裡許多傑出年輕研究員。他也拜訪了麻省理工學院，面見佩柏特。他參觀了蘭德公司，見識了所謂的聖杯（GRAIL）系統，可以用身體姿勢來指揮電腦動作。另一方面，他也已熟悉今日網際網路前身阿帕網的運作概念。不只如此，ARPA還在夏威夷贊助無線網路的相關研究，因此在凱伊看來，他心目中的Flex筆記型電腦當然也應該具備無線連結功能。

這些技術和概念都在混沌中逐漸結合發酵。不過，凱伊很早就領會到他與恩格保的世界觀不同。他認為恩格保比較像是把電腦當作「個人動態工具」，而這在凱伊眼中仍帶有IBM主機系統的官僚味與疏離感。他認為眞正的電腦變革，應該是創造出一種個人動態「媒介」。受到佩柏特的影響，他也深信學個人電腦就像開車，沒有必要等到高中才教授電腦教育。如果電腦成為普及化的媒介，大可從兒童時期就開始學電腦。

一九六八年十二月，凱伊即將從研究所畢業。他女朋友，也是他後來第一任妻子，對於摩門教勢力龐大的猶他州已難以忍受，急於他去。最後凱伊決定接受SAIL提供的博士後學位獎學金。不過，就在他離去前，凱伊聽說了道格・恩格保將在舊金山一場年度電腦科學會議中，進行成果簡報。

前一次造訪增益實驗室時，凱伊已經看過恩格保實地操作早期NLS系統，包含控制資料公司的電腦、一個大螢幕，以及比爾・英格利的訂製滑鼠與小鍵盤。早在會議前好幾個月，就有消息盛傳這場簡報精彩可期。一場媲美伍德斯托克音樂節的電腦圈盛會，即將登場。

但糟糕的是，會議前一個星期，凱伊卻因爲喉炎病倒了，高燒發到華氏一〇三度。不過病榻上的他仍舊一直想著這場重要簡報，因此在會議開幕前幾天，他抓了幾條保暖的毯子，就跟著一群研究生搭上飛往舊金山的班機。

5 手舞閃電

道格・恩格保坐在二十二英呎高的顯示幕前，「雙手舞弄閃電。」看過這場改變電腦技術趨勢的簡報錄影帶之後，全錄帕羅奧圖研究中心一位年輕電腦工程師查克・賽克（Chuck Thacker）如此形容他的感受。①

一九六八年十二月九號，NLS線上系統首度公開向世人展示。在泰勒的鼓勵下，恩格挑選年度秋季聯合電腦會議（Fall Joint Computer Conference）這場知名電腦產業盛會，作爲發表增益系統的場合。在調暗燈光的舊金山布魯克斯大會堂（Brooks Hall Auditorium），全場座無虛席，還有人靠牆站立。在他背後的大螢幕上，恩格保呈現了一個對於只認識打孔卡與終端機的人來說，彷佛是科幻小說的世界。在九十分鐘簡報中，他展示了如何在顯示幕上編輯文字，怎樣從一份電子文件經由超鏈結跳躍到另一份文件，以及文字與圖形或甚至視訊與圖形的合併作業。他還爲阿帕網實驗網路擘畫將來，預測在一年內就可以透過網路橫跨全美做遠距簡報。簡單地說，他在短短一個半小時裡，就預告了所有今日電腦的關鍵技術。

一九六八年十二月那個下雨的早上，恩格保帶來兩個讓聽眾神往的訊息：首先，電腦已經從數字運算器，轉變爲通訊和資訊擷取工具。其次，恩格保的電腦不但具備互動能力，而且所有資源似乎全供一人所用！這是眞正的個人電腦首度與世人照面。

恩格保語調柔和、少有起伏。他的聲音在空曠的大廳中迴盪而多了些神祕意味。身著短袖白襯衫、打領帶，坐在特製的赫門米勒座椅上，恩格保帶領世人進入了個人電腦網路時代。他在全美最優秀的電腦專家與硬體工程師面前，展示了未來人們將如何協同工作，分享複雜數位資訊，無論他們身在地球哪一個角落。

對現場聽眾來說，它就宛如一記晴天霹靂：一種宗教般的體驗，激起類似恩格保二十三年前初聞范尼瓦・布許記憶機概念時的激昂情緒。當時電腦才剛開始對社會產生影響，會議前當地報紙報導會中將討論電腦帶來的隱私問題，另外以「資訊、電腦，和政治程序」爲題的公共論壇則將邀請廣播人艾德華・摩根（Edward P. Morgan）以及聖塔克拉拉郡眾議員保羅・麥可克勞斯基二世（Paul McCloskey Jr.）出席。

不過恩格保搶走了所有人的目光。接下來幾天，媒體對會議的報導完全集中在他身上。根據布朗大學電腦專家安德列・馮達姆（Andries van Dam）的說法，那場簡報即使在多年以後，仍被視爲「簡報之母」。從許多方面來看，直到今天它仍舊是史上最傑出的一場電腦技術簡報。

「明日電腦的美麗世界」是《舊金山記事報》的頭條標題，報導中指出恩格保的研究團隊是刻意避免朝人工「大腦」，或思考機器的方向做研究。增益理論和自動化技術所追求的目標差異為何，撰文者並未深究，卻是這場簡報的核心概念。恩格保的系統保留了「人的參與」，這和當時許多電腦科學家的想法是背道而馳的。恩格保是異端，而他的異教學說正是個人電腦的發源處。

戴著頭掛式耳麥的恩格保，以這段話為簡報開場：「我希望各位能適應今天這種特殊的簡報方式……我將要介紹的這個研究計畫，簡單地說，就是要探討：如果身為知識工作者的你坐在辦公室，面前有個螢幕，背後有一臺任你使用的專屬電腦，你的任何操作都會得到電腦的立即回應，這樣一臺機器能為你帶來多少效益？」恩格保向眾人表示，這場技術簡報將有許多值得玩味之處，然後又輕聲加上一句，「至少我希望如此。」

就這樣，人與電腦的關係發生巨大逆轉。從三十年後的今年看來，很難體會這個簡單信念產生的巨大影響力。但它卻是個人電腦革命的關鍵，催生了權力下放、產業丕變，並引發新一波個人創意潮流橫掃全球。

這場簡報的影響力遠超過在場人士所能想像。除了立即大受好評，隨著時間流逝，世人更逐漸體會恩格保與其研究團隊的成就意義。

這場簡報另一名大功臣，是站在廳堂另一頭平臺上的首席工程師比爾・英格利。恩格保只需動口，就能描繪他心中的技術願景，但若無人動手把概念化為實體，仍是一場空。而這位動手的人，就是英格利。他是個徹底的實用主義者，天生具有打造機器的本領。英格利也是找來那臺艾達佛（Eidaphor）投影機供簡報之用的人。這臺機器是在ARPA的鮑布‧泰勒協助下，向航太總署商借而來，也是唯一能呈現恩格保心目中簡報效果的投影機。機身高六英呎，利用超高亮度的弧光燈打入一具凹面鏡，顯示出八百七十五條解析度的明亮影像。更神奇的是，它的成像原理竟是以電子束掃過一層薄油，再用類似雨刷的裝置不斷刷新畫面。

恩格保是在夏天有點猶豫地向泰勒提起簡報的想法，泰勒聽後表示全力支持。恩格保隨後提報史丹佛研究院會計人員時，雖然表明ARPA將會買單鉅額費用，對方卻告訴他如果活動出問題，史丹佛研究院將不會承認批准此案。

英格利守在聽眾後方平臺上，充當臺上的恩格保與實驗室研究員之間的溝通橋樑。演講廳與門帕市實驗室之間有兩個視訊微波連結和兩條數據機連線。英格利就像是導演，一邊用電話連絡門帕市，一邊經由對講功能發話到恩格保耳機裡，同時指揮簡報進行、控制攝影機的角度。研究員事先在地勢遠高於半島地區的天際大道（Skyline Boulevard）上選定適當位置停放了一輛卡車，做為微波訊號中繼站。另外他們也自製了兩臺高速數據機——一千兩百鮑（baud）的傳輸率在一九六八年已經相當快，而且上下傳各使用一臺數據機——連結恩格保的鍵盤、滑鼠、小鍵盤，和遠在門帕市的SDS-940電腦。

除了顯示器畫面，還有一臺攝影機對準恩格保的鍵盤，另一臺攝影機拍攝門帕市實驗室的研究員活動。聽眾有時會感覺恩格保不太專心，好像在聽遠方的聲音。事實上也確實如此，因爲他可以聽到英格利與所有工作人員的對話，這些背景噪音難免造成分心。恩格保稱螢幕上的游標爲「蟲子」或「循跡點」。而每當他在鍵盤輸入命令時，都會發出古怪的嗡嗡聲，這是因爲研究人員試著讓電腦在執行作業時發出不同聲音，藉以判斷運行結果。

介紹過研究成果與系統本身後，恩格保邀請人在門帕市的傑夫・魯利夫森（Jeff Rulifson）報告。話聲剛落，魯利夫森就出現在恩格保上方的超大螢幕裡。這位神情認眞的黑髮青年穿著西裝領帶，戴副牛角框眼鏡，侃侃而談NLS增益系統的內部構造。接著另一位研究員比爾・佩克斯頓（Bill Paxton）也現身在螢幕一角的縮小視窗裡，與恩格保討論NLS的資訊擷取能力。

表面上，這是一場枯燥的電腦技術發表會。但它同時也是史無前例的互動多媒體表演。電腦圈即將與反主流文化匯併合流。

在門帕市爲恩格保的劃時代簡報掌鏡的，是二十九歲的多媒體製作人史都華・布蘭德。他是英格利的朋友，在最後一刻被請來爲簡報增色，好提高人氣。至於檯面下的因素，當然是因爲布蘭德曾跨刀製作肯恩・凱西的酸性實驗。英格利和布蘭德兩人透過迪克・雷蒙（Dick Raymond）相互結識。雷蒙曾和作風特異的電腦教育家鮑布・奧貝克特（Bob Albrecht）等人創辦波托拉學會（Portola Institute），並透過這個另類教育論壇贊助《全地球目錄》、平民電腦公司（People's Computer Company）等實驗計畫。

雷蒙曾在史丹佛研究院擔任休閒產業經濟顧問，而布蘭德則是雷蒙的家族友人，兩人在史丹佛大學時即已結識。雷蒙離開史丹佛研究院後，成立了一家小型顧問公司，客戶之一是奧瑞岡的暖泉印第安保護區。當地部落正在考慮接納觀光客，雷蒙認爲他們需要一名攝影師，便說服布蘭德前往拍攝。造訪保護區對這名業餘攝影師造成巨大心理衝擊，因爲這一部份的美洲土地與他生長的優渥中西部，有著極大的差距。這趟行程就在他一九六二年接受國際先進研究基金會的LSD體驗後不久，而保護區之行讓布蘭德對美洲原住民文化產生濃厚的興趣。從一九六四年起，他開始對外展出他的多媒體作品「美國需要印第安」。

布蘭德也熟識肯恩·凱西與歡樂惡搞團等一幫人。他在一九六六年幫忙籌辦了最後一場酸性實驗，也就是讓死之華發跡的那場表演。幾天後的週五晚上，布蘭德的美洲原住民多媒體表演成了崔普斯慶典（Trips Festival）的開場秀。

結合中西部特質與歡樂惡搞團的宇宙觀，布蘭德在一九六八年出版的第一期《全地球目錄》裡創造了一種引人入勝的出版格式。仿造西爾斯百貨、賓恩公司（L. L. Bean）的郵購目錄，又帶點《消費者報導》（*Consumer Reports*）的味道，這份目錄在反主流文化圈激起陣陣漣漪。布蘭德是在兩年前聽了巴克明斯特·富勒（Buckminster Fuller）的演說後，萌生「全球」的概念。某日在北灘（North Beach），布蘭德圍著一條毯子蜷坐在三樓公寓頂樓，眺望市景。嗑了「幾毫

ＬＳＤ」②的布蘭德突然想到城市建築物其實不完全是沿著直線排列。他推論：因爲地球是球面的，房子與房子間其實是朝逐漸遠離的方向稍微傾斜。這一點又讓他想到儘管人造衛星已存在十年以上，他卻從來沒看過呈現整個地球表面的照片。他醒悟到一張全地球的照片或許能激發對人類在生態中扮演角色，以及其他相關概念的省思。此一概念最終發展成爲一九七〇年四月二十二日地球日，以及日後環保運動的試金石。

布蘭德隨即向航太總署提出訴願，要求發佈完整地球表面的相片。他設計了一個徽章，上面寫著「爲什麼我們沒見過全地球的照片？」然後自助旅行到東岸，沿路兜售徽章。

一九六六年，受到北美原住民文化、富勒演說、以及北美回歸土地運動的影響，布蘭德發起所謂的行動「卡車商店」。他開著卡車巡迴北加州，打算爲一群新近下鄉，缺乏郊區必備物資和資訊的都市難民提供協助。「全地球卡車商店」開設在門帕市，店面距雷蒙與奧貝克特開辦的波多拉學會僅幾步之遙，布蘭德也經常到學會串門子。一九六八年七月，《全地球目錄》有了雛形，最初是以六頁油印傳單的形式出現，商品包括討論印度教藝術、人工智慧、印第安人帳篷的書籍，還有休閒器材、試用商品等。身材高瘦的布蘭德帶著那支永遠掛在腰間的瑞士刀，開車沿固定路線在社區巡迴，賣東西同時也接受訂單。③

那年稍晚，在幾名店員和妻子簡寧斯（Lois Jennings）的協助下，布蘭德完成第一本擴充版的《全地球目錄》，並於一九六九年付梓。這本目錄是桌上排版的先驅。ＩＢＭ電選打字機的可換式「球狀」打字頭，讓目錄字形變得多樣化；拍立得（Polaroid）的MP-3相機則可以拷貝書籍圖片，以及製作網版供黏貼在版樣上。④第一版上市賣了一千本，而各期不同版本累計，總共售出了超過一百五十萬本。一九七二年，布蘭德還因此獲得國家圖書獎（National Book Award）的殊榮。

這本目錄後來由波托拉學會策劃出版，但其原始宗旨，乃是爲宣揚一種減少對現代工業社會依賴的生活方式。雖然它在許多方面神似商業目錄，兩者卻又不盡相同，其間差異正是布蘭德日後指出的資訊二元論：一方面可輕易自由共享，一方面又珍貴無價。「資訊渴望自由，」他說，隨即又以標準布式風格補上一句：「但資訊也自視高貴。」

第一期《全地球目錄》是反主流文化的總校閱，結合產品報導、生活指南、趨勢評論，和怪異的專題文章，並以看似毫無章法的次序排列，由富勒開場，《易經》收尾。它馬上成爲趣味商品隨性採購的百科全書，同時也協助一個散居各地的新興族群找到自己的定位。

「既然我們和神沒有兩樣，何不接受自己的角色？」布蘭德在引文開頭，借用英國人類學家艾德蒙·利區（Edmund Leach）這句名言。乍聽之下流於傲慢天眞，但這句話也適切捕捉了反主流文化的自信神情，試圖彌補上代罪愆同時改造世界。而在引文後半段，布蘭德更一語道出即將激起電腦平民化潮流的社會趨勢。「一種個人化的力量正在醞釀——包括自我教育、自主思考、改變環境，和分享經驗的能力。任何有助提昇此種能力的工具，都是《全地球目錄》的推廣對象。」

第一期目錄並沒有太多電腦相關內容。HP 9100A 計算機在封面上被形容爲電腦，並獲得極高評價。諾柏特‧韋納（Norbert Wiener）的《神經機械學》（*Cybernetics*），以及探討資訊科技的一九六六年九月號《美國科學》（*Scientific America*）雜誌，都有專文介紹。這塊領域的資料不足，並不影響雜誌推廣個人輔助工具的目標確立。

在出版目錄前，布蘭德不覺得自己是創業家，反而比較像是尋找新媒體的藝術家。電腦逐漸跳脫計算機的範疇，讓他嗅到了無限可能。在林間社區與電腦研究室之間，他穿梭來去，初次造訪史丹佛研究院時，他走進大衛‧伊凡斯的辦公室，發現牆上貼著搖滾樂手珍妮絲‧喬普林大型海報，馬上就找到了彼此共通點。

布蘭德清楚史丹佛研究院的工作多與越戰軍事行動有關，此外反戰團體也開始把焦點放在史丹佛研究院與大學之間的關係。不過，步兵退伍的布蘭德對反戰份子沒有太多好感。一九六五年，他跟隨肯恩‧凱西與歡樂惡搞團參加在柏克萊舉行的一場越戰日協會（Vietnam Day Committee）造勢活動。受邀演說的凱西爬上講臺，頭戴橘色螢光假髮，吹起了口琴——完全不是主辦單位期待的慷慨激昂。可是布蘭德一點也不以爲意，因爲他一直都認爲自己對越戰的立場是超乎贊成或反對的「迷幻派」。

在某種層面上，布蘭德的政治態度傾向保守，而這可追溯到他在史丹佛唸書，或甚至他在東岸讀高中時受到的影響。五〇年代大學時期，他曾在日記中寫道：「美國到底幹嘛和共產主義過不去？這是個很重要的問題。」他推論共產主義已經威脅到他的生活方式——意指直接的軍事威脅——還有他的自由，與他獨立思考的能力。由於這些因素，他決定「竭盡所能對抗共產主義。」⑤

但布蘭德並非單純的政治盲從者。他總是有辦法像變色龍一樣搶先參與六〇年代一連串社會與科技演化。在加州開放文化迎接變革同時，他也持續走在時代尖端。

史丹佛研究院之所以找上布蘭德，是因為增益小組成員很清楚，他們的研究成果牽動的將不只是工程與科學界。他們認為恩格保的簡報必須結合多媒體，甚至營造娛樂效果。至於布蘭德本人，則對技術面一知半解。但光是看著道格・恩格保手持滑鼠鍵盤，熟練地展示一種還沒有名稱的新資訊系統，就夠讓人目眩神迷了。

即使不懂技術，他卻針對簡報一些細節提出了建議，並且確實達到效果。布蘭德的想法很特別，他認為應該要讓聽眾聽到思考的聲音，因此他特別要求工程師改善原本只有電話品質的音響效果。結果在簡報當天，聽眾不只聽到恩格保的麥克風聲音，還聽到了從門帕市傳來的機械噪音，像是敲鍵盤、電腦的嗡嗡聲，而這些都讓簡報更具說服力。

駐守在門帕市史丹佛研究院的布蘭德負責掌鏡，記錄電腦技術新頁的來臨。簡報最後，恩格保特別在臺上對他表示感謝，而他第二個感謝的人，則是在臺下陪兩個女兒出席的妻子芭拉德。恩格保感謝她能夠體諒「幾近偏執投入瘋狂研究的丈夫」。

瘋狂，這點無庸置疑。恩格保被籠罩在臺上的強光裡，不清楚觀眾的反應。但當他結束簡報時，全場同時起立鼓掌，有那麼一秒鐘時間，他似乎不知所措。掌聲一波接著一波，他數度頷首致意，然後抬頭看了看螢幕，臉上短暫綻出一個漸成他個人特色的憂鬱笑容。

不過遠在門帕市的增益小組研究員卻無法得知現場反應，因為視訊只有單向傳送。「聽眾喜歡嗎？」有人問。彷彿經過了五分鐘之久，舊金山那頭才傳來答案：「喜歡，反應好極了。」

簡報結束後，艾倫・凱伊與另一名猶他研究生目睹群眾圍繞在幾臺現場展示的NLS終端機旁。凱伊看到布朗大學電腦科學家馮達姆在擁擠當中拉住了恩格保，當時的馮達姆形象鮮明——一頭爆炸鬈髮加山羊鬍，簡直就像個野人。兩人之間的言語交鋒別具意義，因為就在前一年，馮達姆也開始在布朗大學研發一套類似系統，與他合作的是泰德・尼爾森（Ted Nelson），一位巡迴各地、懷抱與恩格保類似技術願景的詩人兼社會學家。如今馮達姆赫然發現恩格保的研究小組已經完成了他和尼爾森等人才剛起步研發的系統。

凱伊看著馮達姆逼問恩格保，前者的激動和後者的溫文正成對比。在凱伊看來，馮達姆似乎不顧一切地想要知道所有細節，彷彿他不願相信這是事實，甚至不滿已經有這樣的系統出現。「這裡頭有多少只是概念展示？」他質問：「而眞正『可用』的部份又佔多少？」

冷眼旁觀的猶他研究生也能夠感受到馮達姆的耿直。對話結束後，馮達姆仍然滿腹不平，但他顯然已眞心相信簡報貨眞價實，也承認它是眞正傑出的成就。

NLS簡報也在另一個較不明顯的層面上，預示了潮流轉變。當天聽眾或許有人注意到，幾位圈內人士包括SAIL研究生拉伊・雷迪和SAIL執行長厄尼斯特並未出席。這兩人當時正在不遠處另一間會議室裡發表簡報，主題是厄尼斯特和雷迪等人撰寫的一篇有關人工視覺與聽覺的論文，並播放了機器人運作的影片。但在恩格保NLS系統的光芒掩映下，後人對這場簡報幾無印象。事實上，這正是此消彼長的轉捩點，原本強調人工智慧深奥探討的電腦科學領域，研究方向從此丕變。

亞瑟・克拉克曾說：「任何極先進的科技都與魔法無異。」對許多參與一九六八年十二月那場簡報、目睹恩格保悠遊電腦網路、手舞電子魔術的人來說，這句話再眞實不過。但對聽眾當中一位年輕程式員來說，意義更不止於此。

查爾斯・厄比（Charles Irby）是加州大學聖塔芭芭拉分校學生，曾參與數學系教授格蘭・庫勒（Glen Culler）的研究工作。庫勒在世人仍不知電腦「互動」爲何物時，便獨力打造了數學運算方面的互動電腦。厄比在一九六八年參加秋季聯合電腦會議時，已經完成他在聖塔芭芭拉分校的研究工作，並進入利頓工業（Litton Industries）工作，協助開發天空實驗室（Skylab）軌道研究計畫前身的地面控制系統，以獲得兵役緩徵待遇。

雖然反戰，厄比並非激進份子，在利頓工作讓他感覺自己是以不必殺人的方式報效國家。但工作本身平淡無趣，而在目睹恩格保的簡報之後，過去他在互動電腦技術上遭遇的困惑與不足，突然都迎刃而解。他已經在學校裡架設過互動系統，只是無以名之。如今他清楚看見他的系統只是一套概念中的一部份——而恩格保擁有完整的概念架構。

簡報過後，其他人紛紛湧向恩格保，厄比卻找上似乎是掌管技術細節的負責人。他把英格利拉到一旁：「這系統真酷，我覺得我可以參與幫忙。」⑥

英格利以他一貫的客氣回答：「我們也在找好手，你要不要來試試？」

在厄比聽來，這就是工作邀約，於是一星期後他穿西裝打領帶，出現在史丹佛研究院的人事室，辦事員卻告訴他沒有職務空缺。

「你錯了，」他回答：「除非比爾・英格利下來跟我面談，否則我不會離開這裡。」

英格利最後被請了下來，增益實驗室也決定雇用厄比，剛開始擔任初級程式員，之後逐步升任首席軟體工程師。他總共在增益實驗室待了七年，始終追隨恩格保和他的研究方向，一直到他已無可效力之處，才離開實驗室。

厄比在增益實驗室漸漸扮演起恩格保與程式員之間的溝通角色。但隨著恩格保不斷試圖把增縮概念應用到電腦以外的人類效率問題上，這個角色的工作也越來越吃力不討好。

就某方面來說，十二月的簡報是恩格保增益實驗的成就最高點。如今看來，簡報之後，他的願景便不曾再被如此清晰地揭示給大眾，也不曾再出現那種震撼人心的效果。不過，就其短期效應而言，簡報倒是促成增益小組的快速擴張。ＡＲＰＡ資金大量挹注，增益系統也有了下訂單的軍方與企業客戶。實驗室員額不斷增加，從簡報當時的十七人，增加到一九七六年被分時企業（Tymshare Corporation）收購時的四十五人。

但除了大量曝光的效應，實驗室裡也開始出現對立氣氛。反戰運動與反主流文化逐漸在灣區蔓延，除了政治與文化紛擾，新一代的軟硬體工程師也陸續進駐，增益小組已不再是象牙塔。

比爾‧杜佛（Bill Duvall）小時候家就住在距離恩格保實驗室不遠處。他父親是史丹佛研究院一名物理學家。國中時期，杜佛在半島中學唸書。這是一所實驗學校，曾經教過瓊拜雅和她妹妹，而且從二〇年代起就發展另類教育，歷史悠久。杜佛原本也在公立學校就讀，但數學和理化科目對他來說易如反掌，而當時的公立學校又沒有加速學程，使得他對學業提不起興趣。因此到了七年級，他就和朋友一起轉到半島中學。

這對他來說就像是重見天日，這裡的老師教學態度和公立學校截然不同。曾是瓊拜雅導師的反戰人士艾拉‧山普爾也是他的科任老師。這裡的學生可以自由學習，而不受任何人強迫。八年級時，杜佛就從教科書上自修學會微積分。掌握自我學習，是對他日後影響最爲深遠的一種基本能力。

不幸的是，半島中學沒有高中部，杜佛只好在九年級時轉回公立學校，渡過他生命中最難受的四年。在林邊高中（Woodside High School），數理資優的人都被歸類爲怪胎，受到同學排擠。杜佛抗拒這種待遇，主動參加跑步和單車比賽。但由於他數理永遠名列前茅，旁人仍視他爲異類。爲了躲避同學眼光，他參加音樂活動，經常待在學校樂隊一天練習銅管六個小時。

他很晚申請大學，而且只申請柏克萊與哈佛。哈佛的面試一塌糊塗，他被請去一名哈佛校友的大宅中面試，對方穿著藍色運動夾克，一派豪門氣息，馬上就讓牛仔褲打扮的杜佛打了退堂鼓。

他獲准進入柏克萊，一九六三年秋季開學，正好趕上言論自由運動延燒。然而他在大學裡卻感覺比高中還要失落。柏克萊學生眾多，他沒有獲得任何學術指引，相反地，紛亂的學生運動成了他的新生訓練，而從示威口號當中，他學到了兩件事：第一，保守政治勢力確實存在；第二，現實世界彷彿「愛麗絲夢遊仙境」，雖然他自小所受教育都強調美國的言論自由，但實際上保守勢力卻在暗中控制誰能說話、誰不能。

這層領悟讓他大夢初醒。體制本身不見得是邪惡的，但不成文的規範卻難以扭轉，保守勢力也顯然無心變革。他因此決定要摒棄既成規範，以加速改變的發生。

但在參與示威同時，他並不認爲自己是個激進份子。他的處事原則，是每個人都應有抱持不同意見的自由，因此對於鼓吹別人改變想法，他始終有些猶豫。而在六〇年代，企圖站在示威學生與鎮暴警察中間，可不是個有趣的想法。

不過，杜佛對於越戰倒是極力反對。在他眼中，越戰是一整個世代的行爲錯亂。二次大戰影響下的美國世代，搶著當英雄，搶著發號施令，結果贏得勝利，攀上一生的最高峰。他推論，越南分裂是一群進入中年危機的美國人當年留下的禍害，爲了彌補這個失誤，他們不惜再度發動戰爭。這是唯一合理的解釋了。

高中時，杜佛在音樂中尋求慰藉，到了柏克萊，則換成電腦。柏克萊當時還沒有電腦系所，因此杜佛很快就修完所有電腦課程。電腦開啓了一個令他著迷的世界。念完大二後，一九六五年暑假，他在史丹佛研究所任職的父親替他在數學部門找了一份工作。而一旦他踏入電腦駭客的門檻，他的生命有很長一段時間便再也容不下其他事物了。

開學後，他回到柏克萊繼續唸了一個學期，但隨即輟學，從一九六六年開始在史丹佛研究院全職上班。原本輟學後必須接受徵兵，但由於他在軍方合作研究機構上班，因而得以延後兵役。

他的第一個工作是改寫史丹佛研究院的柏洛斯電腦作業系統，好讓多位使用者能同時上線，但最後這個計畫就像許多專案一樣無疾而終。接下來，他被派任爲史丹佛研究院與柏洛斯電腦、英國國家地區銀行（National Provincial Bank）之間的顧問，但爲時亦不長。等他返回門帕市，原本內部的職位仍爲他保留，但他必須找點事情做，而早期機器人實驗搖擺號（Shaky the Robot）似乎是個不錯的選擇，沒想到最後這項計畫也是草草收場。這時，杜佛已經決定不想再當一個低階的程式員，他的興趣已經轉移到人工智慧研究室隔鄰那些想法古怪的研究員身上。

即使在布魯克斯大會堂簡報之後，史丹佛研究院內部仍未認眞看待增益計畫。旁人給杜佛的建議都是：「嘿，你做的機器人研究是未來趨勢，攸關人類的未來，幹嘛想不開，去和那些瘋子混在一起。」但杜佛卻不以爲然。他已經發現電腦最有趣的特質，其實並非數字運算。甚至在出差英國之前，他就領悟到電腦最擅長的工作，是資訊的呈現與溝通。

當時是一九六九年，恩格保已在他的願景上投注了六年研發精力。他集結了一批忠誠追隨的軟硬體工程師，其中有技術性格、也有反動性格的成員。就某方面而言，杜佛很快就受到接納，但換個角度看，這裡就像任何團體一樣充滿明爭暗鬥。杜佛很快就和首席軟體工程師魯利夫森起了衝突。在杜佛看來，魯利夫森對任何有主見的技術員都不能忍受。而根據杜佛的說法，兩人的對立甚至升高到魯利夫森拒絕把原始碼——最基本的程式指令——交給杜佛的程度。

但杜佛在增益小組裡也找到了盟友。他那時住在一山之隔的洪達市紅杉林帶，鄰居大衛．凱瑟瑞斯，是增益小組的年輕技術文件編寫員。他們都單身未婚，開同款汽車——品味特殊的紳寶（Saab）96s。這型車當時在美國相當少見，靠著優越的操控性能縱橫歐洲拉力賽，車主也往往都是車迷一族。

比爾．杜佛加入恩格保實驗團隊後不久，又有一位想要躲避兵役同時做些有趣研究的柏克萊物理系學生加入。哈維．雷特曼（Harvey Lehtman）是柏克萊畢業生，他和杜佛一樣積極參與言論自由運動，並曾在史普勞爾大樓遭到逮捕。大學畢業後，他對申請緩徵有點良心掙扎，但到越南打仗實在非他所願。

他到門帕市與增益小組成員做了愉快面談，雙方都印象良好。但有個小問題：雷特曼幾乎完全不懂電腦。面談最後沒有結論，但電腦已經挑起雷特曼的興趣，他發現加州大學聖地牙哥分校（UCSD）新開了一門物理資訊課程，他申請進入研究所，負責教授電腦課程。由於努斯的第一本《電腦程式寫作藝術》剛好上市，他找來一本自己先讀，就這樣勉強教了一學期的電腦課。

一九六九年夏天，他打電話給比爾・英格利，告訴對方：「我現在會電腦了。」結果他先暑期工讀，第二年就正式加入成爲全職研究員。

增益小組的大門不只爲一小群技術菁英如杜佛、雷特曼等人開啓。隨著消息逐漸傳開，圈外人士也開始對增益研究產生興趣。

戴維・伊凡斯（Dave Evans）是增益小組成員中，參與反主流文化較深的。某個晚上史都華・布蘭德帶著肯恩・凱西來參觀ＮＬＳ系統，當時歡樂惡搞團和凱西持大麻被捕案，都已是幾年前的往事。湯姆・吳爾夫以凱西爲主角的《刺激的橙汁酸性實驗》將凱西捧爲知名人物。由於好萊塢想把他的小說《一念之間》（*Sometimes a Great Notion*）拍成電影，凱西還與片廠鬧糾紛，另一方面，他也準備引退到奧瑞岡農場隱居。

整整一小時，伊凡斯爲凱西解說了這套系統的功能，包括編輯文字、擷取資訊，還有協同作業。導覽結束後，凱西嘆道：「看來迷幻藥之後，就是這玩意兒了。」

個人電腦確實是大勢所趨，但增益計畫卻開始走下坡了。雖然NLS在秋季大會上引發騷動，但研究計畫本身卻不被ARPA人士看好。在ARPA官員支持下，恩格保原本打算以增益實驗室做爲新成立的阿帕網資源中心。一九六七年春天，ARPA研究員在安納堡市（Ann Arbor）開會時，他提議將新網路資料儲存庫——也就是後來的網路資訊中心（NIC, Network Information Center）——架設在增益實驗室電腦上。多數ARPA研究員深恐網路佔用電腦資源而視之爲畏途，但恩格保卻把網路看成推廣增益概念，擴大NLS使用人口的好機會。

在安納堡的ARPA會議中，恩格保目睹鮑布·泰勒與拉瑞·羅勃茲努力推銷研究網路的概念給研究員，卻得到冷淡回應，大家的說法都不外乎：「眞抱歉，我正在做非常重要的人工智慧或分時共享系統或其他諸如此類，沒有時間做其他無關緊要的專案，也沒有多餘人力。」[7]

泰勒在九個月前就向恩格保提過網路計畫，恩格保一開始持保留態度，但稍後他就醒悟這項計畫其實正與他一心想要實現的社群概念不謀而合。

安納保會議中，眾人對分享資源的提議發生公開爭執。爭論結果，研究員要求ARPA必須設立一座數位資料庫，恩格保立刻抓住這個機會，因爲這樣一座數位資料庫將可使增益系統位居未來網路世界的核心。不過想法雖好，實際執行時卻不斷發生延誤與官僚作業拖累，一直到三年以後網路才架設完成，並在門帕市成立網路資訊中心。

在此期間，增益小組為NLS系統增添了電子日誌與郵件功能。恩格保將日誌的企劃工作交給伊凡斯，由杜佛撰寫程式。不過兩人之間的溝通有問題。

應付伊凡斯有點像是在攔截四竄的撞球。他滿腦子研究熱誠，經常一下子冒出一個想法，埋首鑽研，突然又想到別的點子，馬上轉移陣地。到最後，恩格保不得不把他拉到一邊：「如果可能的話，我希望你能定下來專做一件事，先選一個題目寫報告，解決之後再做下件事。我希望你來做日誌，你把詳細的規格開出來吧。」

不幸的是，雖然只做一個案子，伊凡斯還是改不掉老毛病。他不斷偏離重點，尋找與專案題目相關的資料。結果他寫了一篇五百頁的論文，列舉各種資料蒐集技術。

撰寫程式、化概念為實際的工作落到了比爾・杜佛身上。他先寫了一個資料庫，以便紀錄所有系統運作的過程。使用者可以搜尋文件、指定群組，並回溯文件的修改歷程。由於機器上沒有足夠空間儲存所有日誌，變通之道是輸出到紙帶上裝訂成冊。今天在史丹佛大學圖書館裡的特藏區還可以找到這些紙帶，拉開來總長度超過四百英呎。

除了撰寫日誌功能，杜佛還在最後一刻接下另一項任務：協助撰寫增益系統與阿帕網之間的連線軟體。當時他並沒有想太多，因為這只是恩格保的拔靴帶願景中，不斷擴增系統功能使其更強大的計畫之一罷了。它原本並非杜佛的工作，但最後還是輪到他來做。

一九六九年三月，杜佛與傑夫・魯利夫森飛到猶他州，代表增益實驗室出席ARPA贊助的網路工作小組（Network Working Group）會議。第一階段四個網路節點包括加州大學洛杉磯分校（UCLA）、史丹佛研究院、加州大學聖塔芭芭拉分校和猶他大學。最後，這個計畫在鮑布・泰勒引導下，擴大爲一個可供各類型使用者進行資訊分享與遠端運算的單一網路。

四個初期連線地點的專家們從前一個夏天就展開集會，並持續開會到秋天。在一九六九年三月的會議之後，加州大學洛杉磯分校學者史提夫・克拉克（Steve Crocker）提出了一份草擬文件，稱作「一號意見徵求表」（RFC 1, Request for Comments 1）。從此RFC便成爲在網際網路上簡便發表技術標準的固有傳統之一。第一份意見徵求表根據開會結論寫成，內容是有關四地主機電腦將如何透過中繼資料處理器，也就是所謂的IMP進行通訊。而IMP的研發設計，將由劍橋市BBN公司負責。

RFC 1的意義不只於此，基本上，它就是現代網際網路的創始文件。克拉克的意見徵求表最後提出兩項「實驗」。第一項要求史丹佛研究院修改NLS軟體，以便利用電傳打字方式遠端操作。二項實驗野心更大，史丹佛研究院必須寫出NLS完整版的「前端」程式，並整合圖形顯示。「洛杉磯分校和猶他大學將以圖形模式連線NLS，」報告中結論。

今日以全新方式連結世界各地人們的電腦網路，其技術起源就埋藏在這份文件當中。道格・

恩格保的NLS系統被定位為有史以來第一套「殺手級應用程式」。這個稱號在十年後成為流行詞彙，用來形容能促成電腦產業新成長的軟體程式。

但在這一切成眞之前，撰寫遠端登入以及檔案傳輸程式的低階工作，還是得有人做。克拉克發表一號意見徵求表之後兩天，杜佛提出 RFC 2，規範連線的「初始檢查」過程，以便確認洛杉磯分校與史丹佛研究院的電腦確實已經連線。

那個時候，杜佛並不知道自己還要動手撰寫報告裡要求的軟體程式。史丹佛研究院原本把程式外包給艾倫・凱伊與同學史提夫・卡爾（Steve Carr）合夥成立的創意無限（Creative X）軟體顧問公司。一名剛從電腦系畢業的女生，則是實際寫程式的人。

不過，隨著首次連線日期逼近，這位女生顯然交不出程式來。比爾・英格利找上杜佛，請他幫忙趕出讓 SDS-940 電腦接受遠端登入的處理常式。

在二號意見徵求表中，杜佛要求洛杉磯分校與史丹佛研究院進行首度阿帕網連線時，必須同時以電話聯繫。一九六九年十月二十九號下午，一切看似就緒，不過洛杉磯分校的希格瑪七號（Sigma 7）電腦突然當機，雙方面花了好幾個小時等待重新啓動。終於到了晚上，兩臺電腦運作正常，研究人員準備再次連線。

親身參與的洛杉磯分校大學生查理・克萊（Charley Kline）回想當時他對著吵雜的電話說：「我現在要打L！」接著便按下按鍵。⑧（連線到遠端電腦時，必須輸入「LOGIN」〔意謂登入〕。）

電話那頭，杜佛回答：「我收到１１４，」也就是代表Ｌ的八進位代碼。

接下來「０」也順利輸入，但輪到「Ｇ」時，史丹佛這邊的電腦卻當機了。原來杜佛在系統裡設計了「自動完成」的功能，SDS-940電腦一看到「Ｇ」，便自動回覆「ＧＩＮ」，導致單位元緩衝器無法負荷。杜佛修改系統排除錯誤之後，雙方終於在一小時後完成首次網路連線。在他看來，這次連線完全不像史上第一通電話那樣充滿戲劇性：「華森先生，請你過來，我想見你。」

要理解多臺電腦連結成網的威力，必須扭轉單一電腦工作的傳統思維。阿帕網直到大約兩年後才啓用電子郵件。但有些人馬上就體會到網路的好處，並因而獲得更大自由。一九六九年底，比爾·杜佛和一名來自華盛頓大學的年輕程式員唐恩·安德魯斯（Don Andrews）陸續搬到鄉下的索諾瑪郡（Sonoma County）居住。他們並非追隨六〇年代晚期的群居潮流，不過兩人都對布蘭德《全地球目錄》與回歸土地運動心有感感焉。安德魯斯在自家地上砍樹蓋房子，杜佛則是買了一架小飛機，每個星期來回鄉下與工作地。

這兩個人各自以不同方式，成爲全世界第一批遠距工作者。恩格保希望編寫遠端版本的ＮＬＳ，以便擴大使用者群到門帕市以外的地方。爲了在家工作，杜佛同意撰寫簡易版系統，好利用電話線遠端登入。

蟄居在加州山間小屋，安德魯斯成爲阿帕網第一號體驗者。增益計畫正準備從SDS-940電腦搬移到新型PDP-10型電腦上，安德魯斯必須在新電腦上線前，測試他寫好的程式，也正好藉此了解網路的能力。猶他大學有一臺PDP-10電腦，因此安德魯斯把程式檔案從門帕市傳送到猶他大學，再以遠端方式執行，而這一切都是在他北加州的鄉下木屋裡完成的。

他發現整個過程有點引人發噱。有時半夜電腦執行出錯，他打電話給猶他大學的PDP-10電腦操作員，請對方幫忙掛載一個檔案或是重開一個裝置。可是有些操作員根本不知道電腦已連上網路，安德魯斯只好指揮他：「走到房間角落那臺機器旁，扳下第三個和第五個開關，再按下按鈕。」⑨

網路既已上線，照理說恩格保拓展人類智識領域的理想順利達成，NLS應該發展成爲第一套殺手級應用程式才對？

然而事實卻不然。新網路有限的頻寬，和NLS的過度複雜，都導致恩格保的願景無法順利推廣至各地知識工作者。雖然功能強大，NLS卻無法拓展史丹佛研究院外的使用者族群，這也成了恩格保的致命傷。對已經掌握使用訣竅的人來說，NLS強大的圖文編輯、資料擷取和通訊功能即使在今天仍未被完全超越。但這套系統學習不易、需要訓練和大量精神投入，而且僅限在阿帕網上使用等事實，都無助於普及化。

由於阿帕網通令各研究單位設法運用網路資源，SAIL的約翰・麥卡席便嘗試用NLS編輯他的研究論文，結果讓他大失所望。麥卡席無法忍受NLS強制以結構化方式輸入的規定。

廣告回信
台灣北區郵政管理局登記證
北台字第10227號

105

台北市南京東路四段25號11樓

大塊文化出版股份有限公司 收

地址：　　市縣　　鄉鎮市區　　路街　　段　　巷　　弄　　號　　樓

姓名：

(請寫郵遞區號)

from vision to fiction

大塊文化 LOCUS

謝謝您購買這本書！

如果您願意，請您詳細填寫本卡各欄，寄回大塊文化（免附回郵）即可不定期收到大塊NEWS的最新出版資訊及優惠專案。

姓名：＿＿＿＿＿＿ 身分證字號：＿＿＿＿＿＿ 性別：□男 □女

出生日期：＿＿＿年＿＿＿月＿＿＿日 聯絡電話：＿＿＿＿＿＿

住址：＿＿＿＿＿＿＿＿＿＿＿＿

E-mail：＿＿＿＿＿＿＿＿＿＿＿＿

學歷：1.□高中及高中以下 2.□專科與大學 3.□研究所以上

職業：1.□學生 2.□資訊業 3.□工 4.□商 5.□服務業 6.□軍警公教
7.□自由業及專業 8.□其他

您所購買的書名：＿＿＿＿＿＿＿＿＿＿＿＿

從何處得知本書：1.□書店 2.□網路 3.□大塊NEWS 4.□報紙廣告5.□雜誌
6.□新聞報導 7.□他人推薦 8.□廣播節目 9.□其他

您以何種方式購書：1.逛書店購書 □連鎖書店 □一般書店 2.□網路購書
3.□郵局劃撥 4.□其他

您覺得本書的價格：1.□偏低 2.□合理 3.□偏高

您對本書的評價：(請填代號 1.非常滿意 2.滿意 3.普通 4.不滿意 5.非常不滿意)

書名＿＿＿ 內容＿＿＿ 封面設計＿＿＿ 版面編排＿＿＿ 紙張質感＿＿＿

讀完本書後您覺得：

1.□非常喜歡 2.□喜歡 3.□普通 4.□不喜歡 5.□非常不喜歡

對我們的建議：＿＿＿＿＿＿＿＿＿＿＿＿

他發現這套系統硬性要求使用者將文件打散爲不超過一千字元的段落，而且一定要編排大綱。這使得文件輸入變得冗長費時，等他好不容易完成時，他也下定決心再也不碰NLS。這次經驗讓麥卡席對恩格保和泰德・尼爾森的文字編輯與超文本概念留下不夠友善的負面印象，他認爲強制規定結構化對於他的思路已經形成阻礙。

NLS系統要求的結構化，和熟悉系統前必經的訓練過程，還有頻寬限制下一般使用者只能屈就遠端版NLS的現實，都是造成這套系統失敗的原因。不只如此，在一九六八那場簡報之後，雖然經費和員額都不斷成長，人才外流的情況卻日益嚴重。

反對越戰的聲浪日益升高，學運分子開始察覺五角大廈與大學間的關係特殊。師生抗議活動其實從一九六五年春天就已展開，不過學運分子仍未取得多數認同，當年白色廣場上的反戰示威還曾出現演講者被預官訓練學生砸垃圾的場面。不過到了一九六八年，校園氣氛丕變。史丹佛民主社會學生組織（SDS）在秋天致函校方，要求學校與其附屬的史丹佛研究院結束所有與軍方或東南亞戰事相關之研究。隔年三月，學生姿態更爲強硬，持續對成員包含洛克希德、惠普等大企業代表的董事會施壓。[10]

那年四月，幾個學生反戰團體要求校方除了終止軍事研究之外，還應嚴加控管研究機構活動。遭到董事會拒絕後，超過九百名學生在校園集結，投票決定佔領應用電子實驗室（Applied Electronics Laboratory）以示抗議。加入佔領行動的學生當中，也包括SAIL研究員傑瑞・菲德曼（Jerry Feldman）。

菲德曼的處境特殊，他是校園最激進的新左派人士之一，但在同時，他也負有SAIL內部的管理職責。他經常陪同厄尼斯特參加ARPA研究會議，報告專案進度。會場上，他與鮑布・泰勒之間會有這樣的奇特對話。

「你在研究機器人，」泰勒說：「如果我要你打造一個能下隧道殺越共的機器人，你會做嗎？」

「絕對不做，」菲德曼回答。

「這不打緊，」泰勒說：「眞正要緊的是，如果國會議員或記者跑來問你這個問題，你會怎麼回答？」

「我會說我沒辦法這麼做，」菲德曼回答。

「那你們就拿不到研究經費了，」泰勒說。

菲德曼幾週前才因LSD被捕，參加學生佔領行動對他來說是冒了極大個人風險。不過接下來發生的事，卻讓整個場面變得有點超現實。

就在學生們打點吃住，準備長期抗戰時，菲德曼注意到SAIL最不問世事、從無政治立場的一位工程師出現了。

「你在這裡幹嘛？」他問。

「他們說有機器壞了，叫我來修，」他回答。

進入「被解放」的實驗室後，學生們開始用在地下室找到的一具印刷機製作報紙、傳單、手冊等。他們找到足以入罪的文件，包括某位教授替空軍做的「電子反制」研究。機密軍事合約的文字都經過修飾，好讓外人以爲只是單純的基礎科學研究。

佔領學生投票決定除非校方承諾終止所有機密研究，否則將拒絕離開應用電子實驗室。不過校方與史丹佛研究院之間仍有直接關係。隔月的五月十六號，警方與超過五百名學生在史丹佛工業園區街道上發生激烈衝突。學生試圖封鎖史丹佛研究院出入口，警方動用催淚瓦斯，逮捕十六名示威者，還根據右翼學生拍攝的照片發出九十張拘票。

第二天，學生們在史丹佛研究院的門帕市總部前遊行。道格・恩格保的研究小組一度打算在示威者闖入時，利用剛完成的ＮＬＳ系統作爲指揮中心。還好這場遊行與前一天園區內的示威相比，過程要平和許多。

雖然門外的示威者對許多研究員帶來心理衝擊，仍然有人未受影響。比爾・杜佛因爲埋首於ＮＬＳ系統設計，對示威行動毫無感覺。別人告訴他「示威學生就在外面」時，他正好在寫程式。他起來看了窗外一眼，就又回頭繼續工作。但對其他人來說，示威催化了他們內心的天人交戰。曾經是恩格保五〇年代同事的休伊特・克萊恩聽說史丹佛研究院高層有意在牆外架設鐵絲網時，親自寫了封信給安全主任，警告他鐵絲網可能進一步激化對立。

對大衛・凱瑟瑞斯來說，示威帶來的衝擊又更強烈。他發現自己身在錯誤的陣營，先前他就參加過幾次柏克萊反戰示威，如今長久盤踞在他心中的感受更加鮮明，不久後他就辭職離去，前往奧瑞岡州一個以《魔戒》小說中伊西力安（Ithilien）爲名的甘地信徒群居農莊。

越戰、迷幻藥、性解放、女性主義、黑豹團（The Black Panthers）、潛能開發、回歸土地運動——這些事件與潮流在一九六〇年代末一起湧向舊金山半島地區。混沌當中，道格，恩格保發現自己已經無法掌握增益研究的走向。

所有事情都陷入質疑，甚至連實驗室名稱都無法倖免。原本恩格保取的名字是增益人類智識研究中心（Augumented Human Intellect Research Center），雖然貼切，許多年輕研究員卻覺得冗長累贅。比爾・杜佛率先在他盤腿而坐的「瑜珈」工作站上插起一支標示ARC的海盜旗，亦即「增益研究中心」（Augmentation Research Center）的縮寫。最後經過一番爭論，恩格保終於同意更名。從此之後，研究員偶爾會開玩笑地叫他諾亞（Noah）。

然而，這段時間對恩格保來說卻是挫折與日俱增，研究員的各自爲政讓他感到日益孤立。他覺得似乎每個人都有自己的想法，卻沒有人願意和他討論這個他一手創立的研究專案。程式員有自己的內部會議，女生有自己的會議，一切都越來越非他能掌控。多年後，他把這段期間稱爲「沒落的開始」，隱藏了許多痛苦記憶。他開始感覺日益孤單而無力。

試圖重整過程中，恩格保發現自己不知道如何在擴張同時，維持創始的研究宗旨。這有點像第一次把車鑰匙交給兒子，結果發現他馬上就把車子開到了海邊。隨著他一手拉拔的研究團隊不斷爭取自主權，他的無力感也持續加深。

增益實驗室快速成長的同時，情勢也急轉直下。增益團隊從一群不受拘束的工程師，轉變爲有組織架構的研究單位。恩格保需要找人幫他管束任性的工程師，而週遭每個人似乎都有不同意見。爲了改善與研究員之間的溝通，恩格保找上了吉姆・費迪曼。費迪曼在史丹佛攻讀碩士時曾以ＬＳＤ爲研究題目，並曾任職於史塔勒羅大的國際先進研究基金會。恩格保三年前試用迷幻藥時，與他有過接觸，如今又回頭找上了他。此後一年多期間，費迪曼充任研究員的諮詢師，研究員則稱他爲「團隊心理醫師」。每星期他會出現一到兩天，利用非正式的「閒逛」方式，觀察實驗室工作情形，找出互動模式。往往他會走進一間辦公室，掩上門說：「談談你的感覺吧。」

觀察結果，費迪曼發現這是一個由典型工程師和反主流份子組成的奇特團隊。例如恩格保某位祕書私底下會替每位應徵者占星算命，再比對面試結果，就讓費迪曼莞爾。

費迪曼馬上就看出增益團隊主要問題是缺乏恩格保以外的管理階層。這位心理學家於是著手指派經理人，好達到分層負責的效果。他可以看出恩格保對自己的願景非常清楚，但他的下屬卻是一知半解。對許多年輕工程師和程式員來說，這就好像效忠總是身在迷霧飄渺間的亞瑟王一般。費迪曼可以感受到他們的熱誠，問題就在必須釐清目標與切實執行。

他也可以體會恩格保的與眾不同——他對理念執著的程度，已逼近於一種心理狀態。費迪曼在增益小組開會時充任溝通者，觀察小組成員反應，當有人臉上出現不解時，他會有禮地打斷恩格保，告訴他：「我覺得某某人不了解你的意思。」他自己從不碰電腦，只是旁觀和傾聽，設法在團隊受阻於溝通問題時，重新凝聚向心力。

恩格保的願景與實驗室內部竄起的探索與反動潮流日漸背離，這個事實從戴維・伊凡斯撮合的一場活動中最能清楚看到。伊凡斯除了頗得恩格保信賴，也和史都華・布蘭德、吉姆・費迪曼等人交往密切，並且熱衷後者的人類潛能研究，因此他居中牽線，安排增益小組成員與反主流文化圈的人會面。

伊凡斯決定充當傳統資訊學術界、史丹佛研究院，以及半島新興另類社群的介紹人。⑪他認爲布蘭德鼓吹的社群概念，與恩格保的「拔靴帶群組」有著異曲同工之妙。他判斷一向有著開放心胸的恩格保，應能接受這樣的交流，因而開始促成兩方面對話。

一九六九年，在伊凡斯的促請下，恩格保帶了幾位增益小組成員，拜訪新墨西哥州陶斯市（Taos）北方的拉馬（Lama）公社。公社的兩位創辦人中，史提夫・貝爾（Steve Baer）是巴克明斯特・富勒的信徒，也是新式「塚姆」（Zome）圓頂建築的發明人，史提夫・德基（Steve Durkee）則是一位藝術家，曾與布蘭德同住，對他影響頗深。

雖然伊凡斯努力扮演搭橋者，恩格保的焦慮卻反而加深。過去他對新事物接受度很高，但如今他腦中揮之不去的，卻是如何管束下屬的問題。不過，伊凡斯仍持續兩方奔走，並成爲「鏡觀研討會」(Paradam) 的主要籌辦人之一。這場會議就在伍德斯托克音樂會後那個週末舉行，地點在聖塔芭芭拉附近一座農場上。

這場會議是根據法國人荷內・達莫爾 (René Daumal) 一九二八年提出的概念而辦的。達莫爾除了是登山家，也是詩人、超寫實主義者，以及亞美尼亞哲學家古爾捷耶夫 (Ivanovich Gurdjieff) 的學生。他的論點是以世上存在一座聖山的想法爲基礎——一座基本上不可能攀登的山。在他的《類比山》(*Mount Analogue*) 一書中，達莫爾寫道：「一座山要達到類比山的地位，它的山巔必須無可攀爬，但山麓卻可容人自由進出。它必須獨一無二，而且確實存在。通往無形事物的門戶，必須是有形的。」伊凡斯認爲這正是恩格保理念的哲學論述，因爲他的目標就是擴充人類的智識能力。

這場會議集結了六位增益研究員，包括伊凡斯、英格利、杜佛、厄比等人，再加上史都華・布蘭德、史提夫・貝爾與史提夫・德基。鏡觀原文意指「透過小鏡片觀看」，而會議的目的是匯聚兩個不同族群的能量。伊凡斯相信恩格保的靴帶理論必須吸引更多不同類型的人了解，才能發揮在史丹佛研究院之外的影響力。

活動結果相當成功。太平洋高中 (Pacific High School) ——史丹佛後山上一所另類高中——

也派人與會。飲食由當時在洛杉磯附近山區落腳的肉豬公社（Hog Farm）負責，另外頗具現代感的塑膠材質場地，則是由一群新世紀建築師組成的德州氣墊（Texas Inflatables）所搭建。

這次會議在許多層面上都是個分水嶺。在鏡觀之前，增益小組的研發重點是硬體和軟體；鏡觀之後，重點轉向科技與人因工具的結合。因爲發明符合人體工學的滑鼠是一回事，但要說服人們爲了提昇效率而協同工作、以違反過去習慣的方式作業，卻又是另一回事了。至於反主流文化和反戰示威帶來的失序，只是讓科技願景的實現更加困難。增益實驗室已衍生出自己的動能，恩格保卻無法接納與自己相異的多元概念。雖然也在受邀之列，但他並未出席這場週末聚會，因爲他興趣缺缺，而這只是增益實驗室逐步脫離他掌控的又一徵兆。

6 學者和野人

多年之後，艾倫·凱伊根據他的觀察，將個人電腦草創期的圈內人分爲兩種類型：讀書人，和不讀書的人。

七〇年代中，個人電腦在矽谷迅速竄起時，並沒有從過往經驗與既有研究中獲得多少助益，因此個人電腦產業的初期走向明顯偏移，大量生產獨立作業的桌上機器，背離了六〇年代和七〇年代初的群組作業、資訊共享精神。

六〇年代的互動電腦技術僅存在於幾所研究機構中：史丹佛人工智慧實驗室、史丹佛研究院、麻省理工學院，和BBN公司。其餘多數電腦設備都採離線作業：使用者把存在卡片上的程式資料，交給守在電腦機房外的技術祭司們，第二天再回來領取輸出在印表紙上的執行結果。

但電腦的強大潛能已激起越來越多人的興趣。史提夫·羅素的太空大戰顯示電腦可以是一種互動媒體，道格·恩格保的簡報則揭露了電腦協助人類智識活動的潛力，看在圈外人眼裡，很難不受誘惑。這些人多半都是年輕人，因爲有過接觸電腦的經驗，而渴望擁有屬於自己的電腦。此外，他們也多半不淸楚一旦眞的取得電腦，要拿來做什麼。他們只是單純追求可操弄的高科技裝置，以滿足幻想。

最早感受這波電腦需求的，是一位前航太工程師鮑布・奧貝克特（Bob Albrecht）。奧貝克特最早接觸電腦，是在他一九五〇年代任職於明尼亞波里市（Minneapolis）漢尼威爾（Honeywell Corporation）航太部門時期。他很快就被挑起了興趣，但他使用的是舊型的 IBM 650，雖不足以讓他迷上電腦，卻激發了他的慾望。

他是個滑雪愛好者，因此當他聽說柏洛斯公司（Burroughs Corporation）準備進軍電腦市場時，他便接下了一個科羅拉多州的工作機會，到當地教人使用柏洛斯205電腦。不過奧貝克特是唸數學出身，感興趣的是電腦科學應用，而非他教授的商業軟體，因此他在這裡沒待多久，就轉換跑道，到丹佛市的馬丁航太公司（Martin aerospace）擔任數學研究員。①

不幸的是，這份工作也令他難以忍受，因為大部分時間他都在做核戰模擬。他使用的電腦仍以打孔卡輸入，但內部由電晶體組成，而非之前的真空管，因此成本較低。他很驚訝他的同事面對工作都沒有道德掙扎，如果他的模擬結果是美國有四千萬人死亡，他的同事不但不擔心，反而會因為蘇聯有一億兩千萬人喪生而大感振奮。

模擬戰爭死亡的工作終於讓他打退堂鼓，一年半之後，他離開馬丁公司，前往另一家電腦廠商CDC控制資料公司任職。CDC在丹佛市新設了辦事處，他的頭銜是資深應用分析師，而實際工作內容就是教人寫程式，甚至還幫那些在IBM上過一個禮拜課程、卻甚麼也沒學到的人惡補Fortran語言。②除了這些工作之外，他還教一小群高中學生寫程式。他原本就相信寫程式的訣竅在於現做現學，而他在丹佛市一所明星學校上課時，更獲得那種靈光乍現式的重大體悟：多數成人接觸電腦時都有各種障礙，但年輕人卻沒有這些恐懼，馬上就能融入電腦世界。他教學時使用CDC 160電腦，與恩格保創辦增益實驗室時使用的電腦同型。

電腦課越來越受歡迎，科羅拉多大學隨即擴大招生規模，提供超過一百個名額給高中生學電腦。奧貝克特帶著他的學生四處巡迴，甚至遠赴一場全國電腦大會表演。幾位丹佛高中學生在CDC 160電腦上展現學習成果，讓電腦學者大感震驚。召開全體會議時，有與會者對放任孩子玩電腦無法苟同，一向離經叛道的奧貝克特卻告訴對方，他甚至教過四年級小學生用Fortran寫程式。不久後，當他發現培基語言（BASIC）問世時，他立刻捨棄Fortran，改教更簡單、更易上手的培基語言。不只如此，他還訂做了卡片和胸章，上面印著：「SHAFT——拒教Fortran協會（Society to Help Abolish Fortran Teaching）」

就像恩格保與艾倫・凱伊一樣，奧貝克特也很早就認識微電子技術的增縮效應。一九六三年，公司派他出差加州以評估教育市場，因爲CDC剛買下班迪克斯（Bendix Corporation），正努力將班迪克斯G15型電腦推銷到校園。趁出差之便，奧貝克特拜訪了當時在軍事研發中心利佛莫爾實驗室（Lawrence Livermore Laboratory）任職的物理界先驅席德・費恩巴哈（Sid Fernbach）。費恩巴哈長期關注兒童教育，也是最早將電腦運用在科學研究的先驅之一，曾經率先提出「超級電腦」一詞。兩人多次散步長談，交換對電腦趨勢的看法，費恩巴哈反覆提起五百美元手持電腦的願景，讓奧貝克特深受影響。

最後，他又搬回明尼亞波里市，自創了一個CDC職位，也就是他自稱的賣藥走秀。他帶著一臺電腦巡迴全美，從各地高中招募自願者加入，藉此展示學習電腦毫不費力。他讓學生在一小時內完成第一個程式，然後再寫第二個程式、第三個程式，最後兩兩成隊，嘗試破解全國電腦競賽的題目。一年下來，他的飛行哩程往往超過十萬英哩，而且總能激起觀眾共鳴。不過，這份差使雖有趣，卻不是能長久維持的工作。

事實上，奧貝克特對白領工作的耐性已到極限。他從來都無法完全融入西裝筆挺的企業環境，而一九六四年當他離開CDC時，他立刻就把衣櫥裡所有西裝全部送給別人。之後，他開始靠寫作維生。某日當他忙著撰寫他與艾迪森維斯利出版社（Addison-Wesley）簽定的第一本著作《電腦模式與數學》（*Computer Methods and Mathematics*）時，突然發覺當地已經連續二十三天氣溫在零度以下。「如果要寫書，幹嘛住在這裡，搬到舊金山不是比較好？」③他自問。當時他已與第一任妻子離婚，加州對他散發無限魅力。

一九六六年初他抵達舊金山，隨後落腳倫巴街（Lombard）上方一間公寓。當時他的想法還很傳統，打算一直當個自由作家。他已經拿到第二本書合約，題目是有關電腦數學的教育。安頓下來後的第一個禮拜，他無意間走進艾迪街（Eddy Street）一家名叫米娜娃（Miverva）的希臘餐廳。原本從不跳舞的他，那天聽到希臘音樂卻頗受吸引，一頭栽進希臘民族舞蹈的世界。不久後，他就開始在自己家裡舉辦結合希臘舞蹈、程式寫作，和品酒活動的週二聚會。

大約就在此時，他結識曾任史丹佛研究院顧問的迪克・雷蒙。奧貝克特對他談起自己的社交聚會，雷蒙則表示他辦了一個非營利基金會，希望尋找新的教育理念。奧貝克特聽後很感興趣，便帶著新婚的第二任妻子搬往門帕市。由於對希臘舞蹈熱情不減，他決定在自由大學開課尋找同好，獲得不少正面回應，而巧的是，部份課程上課地點，就是在道格・恩格保的艾瑟頓市家中後院。

雷蒙和奧貝克特不久便將原本的非營利機構更名爲波托拉學會，地點在門帕市鬧區砂石路旁。學會的經費並不多，一開始雷蒙捐了一些，惠普捐了一些，僅夠支付史都華和後來加入的佛瑞德・摩爾等幾名職員的開支，還有辦公室的租金。

學會董事就和學會的活動一樣多元複雜，包括舊金山禪學中心的理查・羅西（Richard Baker Roshi）、公有地信託委員會（Trust for Public Land）的休伊・強生（Huey Johnson）、著有《金錢七定律》（*The Seven Laws of Money*）的舊金山銀行家麥可・菲利普斯（Michael Phillips），以及史丹佛大學教育系主任芬尼・薛弗戴（Fanny Schaftel）等人。學會的宗旨是大膽嘗試，擁抱實驗精神，以「年輕不怕失敗」爲信條。甚至路人也可隨時上門提供高見，而唯一的控管機制是帳目紀錄，清楚記載贊助經費流向何處。

波托拉學會的分支機構是營利單位動極（Dymax）出版社。此機構名稱來自富勒創造的詞彙「動極力」（Dymaxion）——「動態」（dynamic）與「極效」（maximize）的合體。SAIL頑童馬克・勒布倫是提出這個名稱建議的人，出版社最初開設在紅杉市（Redwood City）一所倉庫裡，並很快發行了一份取名《平民電腦公司》（*People's Computer Company*）的刊物。（刊物名稱靈感來自珍妮絲・喬普林的舊金山搖滾樂團「老大哥與控股公司」（Big Brother and the Holding Company）。第一期的封面是勒布倫的手繪素描，而勒布倫後來也成爲奧貝克特旗下的電腦玩家之一。雜誌標題寫著：「電腦一直都被用來對付平民，現在該是成立「平民電腦公司」的時候了。」

祕密已被揭露。從此之後，知道電腦除了運算以外還有更多功用的人，不再僅限於那些佔用企業電腦的工程師和程式員，或是史都華・布蘭德這類有識之士。即使是最原始的電腦機型——每個指令都須要使用者搬動開關輸入——也讓人欲罷不能。電腦內部彷彿隱藏另一個世界，而奧貝克特手中握著鑰匙。

他創辦了一所充滿個人風格的科技中心——走進大門，迎接訪客的是希臘酒館的擺設，從餐桌、舞池，到閃爍的聖誕燈，還有一部幻燈片播放機，每十五秒鐘在牆上投射不同的希臘風光。

動極出版社搬到門帕市一家小型購物中心後，「平民電腦中心」也在隔壁開張，不久便開始提供分時共享帳號與終端機。任何人都可以上門寫程式或玩遊戲——不是像太空大戰那種成本高昂的圖形化遊戲，而是以文字爲基礎的互動模擬遊戲，說穿了其實就是電傳打字機印出來的英文，卻照樣引人入勝。這些機器甚至缺乏第一代個人電腦那種塊狀的圖形能力，但卻蘊含無限想像空間，只要打開開關、按下鍵盤，就可置身在它們創造的虛擬世界裡，讓人著迷的程度不下小說名著。

電腦中心開張後不久，奧貝克特用出書版稅交換的PDP-8型電腦也正式進駐。廠商交貨時是運到奧貝克特在門帕市尚無人居的房子裡。（他正在實現另一個夢想——和新婚妻子與小兒子住在紅杉市遊艇港裡一艘船上。）電腦送到那天，勒布倫宣稱他會搞定機器，實際上他早已興奮莫名。不過，一開始他沒弄清楚電腦需要紙帶讀取機才能輸入程式，而且機器送來時沒有隨附任何程式，只有一本薄薄的說明書。當天晚上，他摸索出輸入程式的方法，先用機器面板上的一組開關，將低階指令一個一個寫入電腦記憶體，好讓電腦能夠接受鍵盤命令。

經過無數嘗試與錯誤，鍵盤讀取程式終於勉強上線，而這已經花了他一整個晚上。等到大功告成，曙光早已透現，他也筋疲力盡地癱在沙發上。稍後等他恢復意識時，他發現自己因爲張著嘴睡覺，舌頭已經乾了。那種感覺很詭異，好像嘴裡含了一隻蜥蜴。但這都不重要，勒布倫依然興致勃勃，因爲他就快擁有自己的電腦了。

勒布倫只是數千名奧貝克特引領進入電腦世界的年輕人之一。奧貝克特就像是個人電腦的傳道者，一心要把電腦資源下放給所有民眾。某次參加希臘舞蹈聚會時，他與道格・恩格保聊起兒童電腦教育，恩格保提議：「何不挑個日子，把小朋友帶來我們實驗室看看？」之後連續幾個月，每個星期三晚上增益實驗室都開放，供孩子們興奮把玩未來電腦。

平民電腦公司就是這樣一個地方：強調動手體驗，大半由義工管理，且符合六〇年代晚期的權力解放精神。而從這個層面，就不難理解佛瑞德・摩爾是怎麼來到這裡，並成爲同好的了。一九六二年，摩爾打贏他和加州大學之間的道德戰爭，柏克萊校方終於將預官訓練改爲自願加入，因此他重新入學，成爲數學系的大三學生。不過他的二度學生生涯爲時短暫，因爲大學環境和他所關心的事物早已脫節，因此第二年他再度放棄學業，加入奧克蘭聖以利亞收容所（St. Elijah's Hospitality House）的天主教和平工作團。

美國大學校園正興起一小股反戰勢力，主要團體包括理性核子政策委員會（National Committee for a SANE Nuclear Policy）、和平使者團（Peacemakers）、非戰即和組織（Turn Toward Peace）、學生和平聯盟（Student Peace Union），以及十幾份小型報紙、雜誌、學運刊物等。摩爾參加了非暴力行動委員會（Committee for Non-Violent Action），它是美國第一個採取不合作手段的和平組織。在古巴飛彈危機發生後，他參與了強調種族多元的魁北克－華盛頓－關塔那摩和平長征，活動從一九六三起，以魁北克爲遊行起點，陸續加入來自其他城市的各式團體。

經過亞特蘭大時，部份遊行者遭毆打或逮捕監禁，民權議題開始發酵。這一次摩爾仍然受阻於佛州，由於美國禁止民眾前往古巴，遊行者只能以邁阿密爲終點。

遊行活動後，摩爾搬到康乃狄克州瓦倫鎮（Voluntown），加入非暴力委員會設於當地的四十英畝林地公社。雖然越南當時仍未成爲輿論焦點，摩爾已開始積極參與反徵兵運動。他退還徵兵卡，在全美各地奔走，號召對徵兵處發起不合作運動。一九六五年，他被起訴受審，最後因爲抗拒徵兵而被判入獄兩年。他拒絕緩刑，被送往賓州艾倫伍德（Allenwood）聯邦監獄服刑十七個月，一九六七年四月獲釋。

此時，越戰已躍登全美各大報紙頭條，反徵兵運動在校園如火如荼。一九六六年春天，大衛・哈里斯（David Harris）以學生自治、男女學生平權、大麻合法化、廢除董事會，終止一切教育軍事合作等爲訴求，被選爲史丹佛學生會主席。那一年稍晚，哈里斯遭史丹佛兄弟會成員強迫剃頭侮辱的消息，在全美引發騷動。

越南很快成爲大學校園裡的分化議題，正反兩派衝突在史丹佛這類接受國防部贊助研究的學校裡額外激烈。不只如此，史丹佛還比其他學校多了史丹佛研究院、應用電子實驗室這些以軍方贊助爲主的研究機構。

學生們口中的「產軍學複合體」，其實是刻意培植的學術架構。史丹佛的學術研究從一九二○年代開始，孕育了半島地區的新興電子產業。二次大戰後，先後擔任工學院院長與史丹佛校務長的菲德瑞克‧特曼（Federick Terman）著手建立一個「技術學者市鎮」，這個想法在他大學時便已萌芽，二戰期間他出任哈佛無線電研究實驗室主任時，又更爲成熟。特曼因鑽研歷史而獲得啓發，他理想中的學術市鎮就類似中世紀德國的海德堡（Heidelberg）、法國巴黎，和英國牛津，是新思潮的孕育與試煉場。④到了六〇年代中期，原本集中校園南邊工業園區的大學城已快速擴展到聖塔克拉拉山谷果園地帶，這裡原本就是民間與軍事電子重鎮，而史丹佛對兩者而言都至關緊要。

對不滿美軍在亞洲發動戰事的學生來說，學校與軍事單位的依存關係就像眼中釘。隨著反戰運動蔓延，校園內的學生團體開始模仿社會學家萊特‧米爾斯（C. Wright Mills），發起所謂的「權力結構研究」。而這些年輕研究員很快就發現原本應該目的單純的學術研究，往往資金都來自五角大廈，與東南亞戰事直接相關。

六〇年代中期，史丹佛的反戰運動與反徵兵運動結合。後者由大衛‧哈里斯領導的學生團體所發起，他們對美國的東南亞戰事提出道德批判，發起一個強調個人主義的政治團體。取法亞伯特‧卡繆（Albert Camus）與馬丁‧布柏（Martin Buber）的思想，學生們開始對自己的中產背景發生內心質疑。一段時間後，甚至衍生出組織的特有語言，數百名學運份子全都模仿起領導人的行事風格，擺出白人饒舌樂手姿態，唱著故弄玄虛的高調：「學著過日子，有甚麼意思，一天一天又一天」。⑤

一九六八年，哈里斯娶了瓊拜雅，讓反徵兵運動一時間成爲媒體焦點。不久後，哈里斯因爲抗拒徵兵進了德州監獄，學生政治團體出現權力眞空。在此同時，反徵兵訴求也逐漸被傳統左派勢力取代，民主社會學生組織（SDS）重執主導權，倡議打破階級制度、帝國主義，和種族歧視。

反戰與反徵兵運動方興未艾，但多數大學生仍把緩徵視爲躲避兵役的捷徑。另外也有數萬役齡青年想出各式各樣免役藉口，從精神疾病、舊傷隱疾、到聽力突然失靈等花樣百出。就算這些都不成，還有加拿大可去。數千名年輕人爲此跨越國境。未成行但曾考慮過的人，則數以萬計。

另一個躲避兵役的方法是取得「關鍵產業緩徵」。巧的是，在六〇年代中期，無論在道格・恩格保的增益計畫工作，或是爲約翰・麥卡席的人工智慧實驗室效力，都可讓一名理工出身的資優役齡青年取得這項資格。

就在這樣的情勢和環境下，佛瑞德・摩爾在一九六八年搬到了帕羅奧圖市。一心推展反徵兵運動的他認爲，若能說服有錢人家孩子加入，效果將更顯著，而帕羅奧圖正是最佳地點⑥：這裡是全美反徵兵運動大本營，名校史丹佛又近在咫尺。

摩爾加入了帕羅奧圖的反徵兵組織，當時他們的策略是守在海灣另一頭奧克蘭的陸軍徵兵站外，阻止年輕人報到。徵兵站就像一所恐懼大觀園，六〇年代末的役男若以爲自己編造的免役藉口十拿九穩，一旦走進這裡就會立刻發現別人也打著同樣的主意。徵兵站裡有人抱著柱子不放，有人喃喃自語，有人放聲大哭，還有人自己跟自己玩遊戲。外頭，反徵兵示威者則不斷遭到逮捕。

帕羅奧圖反戰組織內部也充斥著六〇年代的新左派勢力通病。雖然表面號稱民主，實際上掌權的僅有一小群白人男性。女人都是做些煮飯、洗衣、油印之類的打雜工作。摩爾發現自己很難融入這樣的環境，於是轉向那些因高中輟學而立即面臨兵役問題的年輕人，並採取強硬不妥協的態度。這個反抗組織開始把目標對準洛薩多斯高中（Los Altos High School），這是矽谷郊區接近帕羅奧圖的一所明星中學。他們的策略是混進校園，攔下學生討論徵兵政策。由於學校不准反戰人士入內，摩爾因此被逮捕好幾次。他很認眞地實踐不合作運動，每當警察上前逮人，他就癱軟在地，拒做任何讓步，結果因此多次遭到警方毆打。

十八歲的洛薩多斯高中輟學生克里斯・瓊斯（Chris Jones）也參與了帕羅奧圖反徵兵運動。他發現，即使在重視個人意志的反戰圈裡，摩爾也形同一人組織。⑦他的性格中有些東西，令他自成一格。

摩爾另一個眾不同的地方，是他的三歲女兒・艾琳。

佛瑞德第一任妻子是「詹妮雅」・威廉斯（Susie “Xenia” Williams）。但事實上，他們並沒有正式結婚。詹妮雅曾參與反徵兵運動，兩人在一九六七年四月的和平遊行中結識。幾個月後，他們都打算加入非暴力行動委員會，卻受阻於同居男女必須締結「永久正式關係」的規定，於是就去辦了「永久正式關係」的手續。

不用多久，他們就發現彼此互不相愛，甚至不太喜歡在一起。詹妮雅十九歲，摩爾二十六歲，而她已經懷了兩個月身孕。當時她正開始懷疑自己是不是同性戀，「生小孩這檔事」讓她覺得太沈重。

兩人於是決定分居，但佛瑞德的浪漫主義性格和責任感驅使他要求復合，或是由他照顧小孩。因此一九六八年艾琳在麻州北安普頓市（Northampton）一家醫院誕生之後，佛瑞德母親便前往帶走嬰兒，並幫忙解決監護權歸屬的法律程序。

佛瑞德和艾琳很快一起搬到加州，父女兩人四處雲遊，住遍半島地區門帕市、山景市、帕羅奧圖市的公社裡，也待過不久前才升格為大學城的海灘城聖塔克魯茲。

雖然留著長髮，蓄著大鬍子，腰上還別著七彩皮帶，但無論從個性或工作態度上來說，佛瑞德．摩爾都不是嬉皮。他父親二戰期間曾在印度、緬甸、中國等地打過仗，而身為一個堅持只領微薄薪資、搞政治運動的單身父親，摩爾的日子並不逍遙。往往他必須身兼母職，出外賺錢之餘還要照顧女兒。他經常待在史丹佛校園裡，有時和學生團體一開會就是好幾個小時。有個週末早晨，史丹佛校園駐警接獲書店經理報案，說有小女孩在店裡獨自晃蕩超過半個小時。她只穿褲子和鞋子，上身半裸，警察上前一看，才發現有人在她背上用黑色墨水筆寫了：

> 我没有走丟，我的名字是奇奇（小名），我住在門帕市威羅路三百四十五號。我爸爸在附近，他的名字是佛瑞德・摩爾。⑧

卡拉警官馬上認出這名小女孩，這已經是一個星期內她第二次被人發現在書店裡。上一回警察找到她父親時，摩爾解釋他一直在崔西德學生中心二樓和學運份子召開「非主流大會」（A Conference on Alternatives），而且已交代女兒在二樓大廳等他，不過因爲太投入而忘了時間。平民電腦公司帶了幾臺終端機來參加會議，經由電話線連到遠端主機，供與會者試玩電腦遊戲，或透過當時每秒速率只有三十字元的龜速數據機探索電腦奧祕。

這場會議由半島中學前校長和教改倡導者艾倫・史特蘭（Alan Strain）所策劃，爲摩爾帶來很大的啓發，激起他以個人電腦作爲政治活動策劃工具的念頭。這一刻在矽谷歷史上的意義非凡。個人電腦創造的大量財富讓人很容易淡忘一個事實：PC產業的根基不是由創業家打下的，而是由一名政治運動者和一群業餘玩家，基於資訊共享的理念而創造的。

摩爾忘了女兒不是因爲缺乏愛，而是父親天職和社運活動的雙重責任讓他難以兼顧。事實上，如果生在另一個時代，摩爾很可能會出家修行成爲聖者。雖然他對既有宗教沒興趣，但他一生都對甘地的非暴力哲學抱持宗教般的虔誠信念，致力於以個人完美的道德典範，和不惜肉身抗衡的精神改變世界。

那是「簡化生活」（simple living）理念浮現的時代。新左派人士發現第一世界與第三世界之間存在巨大的財富與資源差距。許多美國社運人士認爲改變這個現象最好的方法就是從自身守貧做起。這意味著拒絕美國的消費文化，拒用能源消耗設備，如汽車和象徵中產階級身份地位的電子玩物等。

富與貧之間的鴻溝讓摩爾倍感罪惡。他經常思考作爲政治運動者面臨的價值問題。他煩惱能源分配不均，但擁有汽車的自己也是問題製造者。「我常想，」他在日記中寫道：「該不該搭飛機去參加生態會議——我們的行爲是多麼地自相矛盾。」⑨他擔心男權宰制社會的不公，曾在日記裡提到美鈔上只有男性，而沒有女性和兒童的圖像。

但他也並未沉浸在自我批判當中。做爲一個非屬中產階級的邊緣社運人士，他有很多時間可以四處探索。他熱愛搭便車旅行，經常不設定目標就揹著背包上路，到處隨興漫遊。他曾在縱貫山脈和大索爾（Big Sur）紮營探險，自由倘佯在加州原野中。

雖然積極參與政治運動，住在群居公社裡，摩爾卻經常感到孤單、缺乏一個性靈伴侶。返回灣區後不久，他開始對反徵兵運動同志克里斯・瓊斯的姊姊發生興趣。有一次摩爾穿西裝打領帶出現在瓊斯家，克里斯一看就知道佛瑞德在談戀愛，不過後來求愛沒有結果。接著有幾年，摩爾和一名女兒跟艾琳一樣大的單親媽媽同居，最後也是不了了之。日漸孤獨難耐的他，決定試試婚友廣告。他的廣告詞並非「與我雨中散布，啜飲雞尾酒」之流，而且明顯左傾，但確實眞誠流露。

> 誠徵堅強、自信的女性主義者，有事業、理想或目標，願生兒育女。我是人類，三十四歲，打七歲女兒出娘胎便父兼母職，曾參與非暴力社會運動，如今渴望成家立業，成爲專職家庭主夫。你是那個已經領悟事業成功須要另一半扶持提攜的女人嗎？請寫信給佛瑞德。⑩

然而無論他的生命如何起伏，有一件事是大致不變的：摩爾逐漸相信金錢是萬惡之源：「由於金錢，我們遠離了生活，」他寫道：「生命體驗在銀貨兩訖中被抽離了。」

若非史都華・布蘭德染上嚴重的憂鬱症，幾乎精神崩潰，金錢的罪惡很可能就此成爲摩爾的政治執念。《全地球目錄》銷量與口碑日佳，到了一九七一年已成爲暢銷刊物，但布蘭德情感上卻發生危機。陸軍退役後他與美洲原住民路易絲・簡寧斯相愛結婚，但這場婚姻卻在此刻開始出現裂痕。每期目錄出刊都面臨篇幅要擴大，內容要有趣的巨大壓力，壓得布蘭德喘不過氣。他從來沒有機會休息，現在更已不知該如何休息。

壓力似乎有增無減，他開始懼怕出入公共場合。一晚，他去看了一部由約翰・齊福（John Cheever）短篇故事改編的電影《泳者》（*The Swimmer*），男主角勃特・蘭卡斯特(Burt Lancaster)

精神失常的過程讓布蘭德大受震撼。他回到停靠在史丹佛後方高山路的起居拖車上，尋思：瘋掉眞的很可怕！接著他又想到，或許他自己也正逐漸瘋掉。他假裝一切如常，出版了最後一本目錄，私底下卻開始考慮自殺。到最後，他去看了幾位精神醫師，才逐漸釐淸問題。醫生診斷他罹患了憂鬱症，但他想到周遭許多人把迷幻藥當成萬靈丹，因此堅持不靠藥物治療。他決定以捨去的方式來重尋自我：先結束婚姻，然後停刊目錄。他召集員工，準備辦一場《全地球目錄》的「告別派對」。

舊金山遊艇港區（Marina district）美術宮（Palace of Fine Arts）裡有一座探險科學博物館（Exploratorium），創辦人是法蘭克·歐本海默（Frank Oppenheimer），布蘭德先前因爲參與博物館的設計而與其結識。現在他決定要辦一場很不一樣的告別派對。《全地球目錄》向博物館租借了一個晚上的場地，布蘭德還準備了一個大驚奇，那就是一疊一英吋厚的百元現鈔，總數兩萬美金。他的想法是：這本目錄當初是用兩萬美元資金辦起來的，現在他要把這筆錢再給世人，希望能啓動其他有趣事物的開端。

即使與網路狂飆時期的紙醉金迷相較，這場派對也不遑多讓。以當時的用語來說，這是一場棒透了的聚會。博物館的燈光與視覺特效設備派上了用場，現場還有音樂、舞池、食物飲料。全美各地的《全地球目錄》贊助者都聚集在此，人數超過千人。

沒有人事先走漏消息。一直到午夜，一名叫史考特·畢奇（Scott Beach）的職員上臺宣佈：

「各位，打擾一下，那些在打排球的，還有正在吸笑氣的，我這邊有兩萬美金，要送給幸運賓客。」他停了一下，又繼續說道：「看來大家都很感興趣。」

布蘭德的假設是，人在壓力下，往往會產生最好的創意。但結果卻並非如此。後來他才發現，人在壓力下，通常會想出最笨的主意。

接著，布蘭德自己上臺說明目的：「根據我在基金會工作的經驗，我很清楚那些人對用錢沒甚麼概念。他們不會花錢。但如果我們也沒有概念，就不能怪他們。所以問題出現了。而碰到問題最好的辦法就是集思廣益。我認爲我們需要的是創意性思考，所以請各位動動腦了。」

工作人員在賓客間架起麥克風，將裝了一吋厚百元現鈔的信封交給人群，大家輪流上前接下信封，提出自己的花錢建議，再把信封交給下一個人。布蘭德穿著一襲怪異的僧侶黑袍（這衣服原本屬於他父親，他的本意則是想向他致意），站在黑板旁用簡短的字眼摘記各項提議。隨著時間越來越晚，群眾也越來越喧鬧。

在布蘭德聽來，多數人的建議都是未經深思的制式回答。一位男子上臺說：「把這些前還給印第安人吧。」

布蘭德的妻子路易絲聽到這話上臺表示：「我是印第安人，但我不想要這些錢。」還有人提議：「這錢不必只給一個人，它可以有很多用途，何不讓大家自己決定？」然後他抓了一把鈔票就開始對群眾發放。

布蘭德趕緊衝到麥克風旁：「嘿，我覺得思考怎麼運用兩萬美金，要比花掉一百美元有建設性的多，請大家再把錢交回來好嗎？」

奇蹟似地，錢真的回來了—至少其中一萬五千美金是如此。其餘的，則就此下落不明。結果那個晚上成了佛瑞德．摩爾個人理念的發表會。他剛從墨西哥返美，正積極籌辦一個「反抗學校」（Skool Resistance）計畫，背後理念來自他在高中校園號召反徵兵的經驗，以及智利教育改革家伊凡．伊利奇（Ivan Illich）的反傳統教育（deschooling）訴求。當時幾乎已身無分文的摩爾住在中半島一家人的車庫裡，那天晚上是搭便車來到會場，口袋裡只有兩塊美金。

午夜過後，眾人開始討論如何處置這筆錢時，摩爾開始火上心頭。這不就是金錢引發不良效應的最佳寫照嗎？他一開始就走到麥克風前，拿出口袋裡的一塊美金鈔票，點火燒了。這舉動有點類似傑瑞．魯賓（Jerry Rubin）和艾比．哈夫曼（Abbie Hoffman）一幫激進份子在紐約證交所撒鈔票的味道。他大聲疾呼重點不在錢，而在人。他看到他深惡痛絕的金錢被當作萬靈丹，看到人性被收買，眾人爭執不休，類似的景象不斷重演，令人疲憊。

場上持續論戰，時間越來越晚。有人陸續離場，沒有人知道該怎麼凝聚共識。在賓客間，佛瑞德．摩爾不停地向人闡述分享資訊才是最佳互助之道。

他再度走上麥克風，澄清他的想法：「我要說的是，剛剛這位年輕人——我不知道他的名字——他談到他心中有個計畫，但他不需要錢，他需要的是有人幫忙，有人集思廣益。結果臺下嚷嚷這已經離題了，把他轟下來…事實上，這才是重點，如果我們想要改變——改變世界，或是不管你怎麼稱呼…『新世代』也好，那麼我們就必須相互協助，分工合作。」⑪

就這樣，摩爾對金錢的絕望促使他釐清了籌組另類團體的可行做法，姑且稱之爲「佛瑞德·摩爾非關金錢經濟定律」。雖然當時無人可預見，但多年後它卻成爲摩爾創辦資訊共享電腦俱樂部的概念起源，同時，它也創造了矽谷的最大弔詭：一名居無定所，拒絕財富的社運人士，竟然是催生「二十世紀最大合法資本累積行爲：個人電腦產業」（創投業者約翰·杜爾〔John Doerr〕語）的主要推手。事實上，摩爾也是今日頗具規模的開放原始碼概念原始推動者，只不過知道這點人並不多。

至於那天晚上，一直到深夜都沒有共識出現。終於有人上臺讀起了易經：「承諾將會帶來惡運。」顯然不是個好兆頭。

最後眾人投票，決定是要存起來，還是花掉這筆錢。但結果連投票都無法解決問題：在混亂和尖叫聲中，計算出來的票數是四十四對四十四票。

摩爾再度起身，在掌聲中發言：「雖然大家不愛聽，我還是要重申我的觀點——爲什麼要用投票來分化彼此呢？爲什麼非投票不可呢？投票並不是解決問題的最佳手段。」

他滔滔不絕，強調人比程序規則重要，錢不應控制人，而是人控制錢才對。

「我建議大家相互認識，記下聯絡方式，形成一股凝聚力，不要覺得道不同不相爲謀，」

他說。他表示他正在構思一份宣言，或許能以此爲基礎成立一個長期性機構，決定該如何處置這筆錢。宣言的開頭是：「我們相信眾人今晚在此開啓的互助關係，要比金錢的分化作用更爲重要。」

這就是最後的結局。時間已近黎明，「告別派對」決定將這筆錢交給佛瑞德·摩爾，由他來保管這個信封。史都華·布蘭德只是不斷搖頭，這場實驗很有趣，但他並不認爲自己會再看到摩爾，「或許他會從墨西哥送張卡片來吧，」布蘭德離開探索博物館時想著。

布蘭德找到從《全地球目錄》脫身的方法，在他還保有理智時全身而退。但對摩爾來說，這卻宛如佛羅多（Frodo）與魔戒，活脫就是托爾金小說的翻版：魔戒賦予人力量，但這力量卻無法掌控。

接下來的日子裡，摩爾彷彿身陷在金錢帶來無限可能當中，動彈不得。在他眼中，銀行也是問題的一部份，因此不知如何處置這筆錢的他，乾脆回家把錢塞到鐵罐裡，埋到後院裡。告別晚會結局出人意料的消息逐漸傳開來，經過媒體報導，摩爾開始受到財務支援請求的密集轟炸。

而就像佛羅多的戒指一樣，這錢也不甘被埋沒。

雖然他對金融機構評價不高，摩爾自己卻被迫扮演起「平民銀行」的角色。一群舊金山社運份子當時正在市集街（Market Street）南邊破落地帶一棟倉庫裡興建集體社區，聽說摩爾有錢便找上了門來。這座社區取名「一號計畫」（Project One），內容涵蓋各種社區政治活動，包括上課、遊行、劇場，還有首開先例的社區分時共享電腦服務。號稱「一號資源」（Resource One）的這項服務，也是道格・恩格保實驗室 SDS-940 電腦的最後落腳處。頗有個人魅力的柏克萊電腦系研究生潘姆・哈特（Pam Hart）也是社區創辦人之一，在他遊說之下，環美租賃公司（Transamerica Leasing Corporation）慷慨捐出了這臺電腦。此服務最後還衍生出「社群記憶」（Community Memory）計畫，借用柏克萊電腦形成資訊網路，並以不同形式一直運作到八〇年代才終止。

幾名一號計畫的主辦人決定拜訪摩爾，以確保錢用在對的地方。他們在某個晚上開車來到摩爾家中，強迫性地陪他走到後院，看著他滿心不情願地挖出鐵罐。其中一位計畫籌辦人雪瑞・雷森（Sherry Reson）對當時摩爾臉上的痛苦表情印象深刻。她感覺摩爾在走進後院挖錢時，幾乎就快要倒地痛哭了。

無論資本經濟替摩爾帶來多少麻煩，告別派對至少促使他著手推動一個凝聚社群與社運人士的資訊網路。這是邁向個人電腦時代的重要一步。雖然看似不相關，但在主流電腦領域之外，政治與社群正結合科技，營造出未來矽谷的技術大變革。

然而在史丹佛研究院內，卻出現相反的進展。道格・恩格保仍掌控著研究方向，但各自為政的情形卻日益顯著。ARPA的經費贊助不斷提高，但隨著組織擴張，增益研究中心內部的人事與管理越趨複雜，棘手程度遠遠超過單純軟硬體的技術問題。

恩格保不只忙著管束旗下工程師、程式員、嬉皮、駭客與激進份子，也在尋找對外推廣NLS的方法。此時的恩格保年歲漸增，周遭卻都是二十來歲的年輕工程師與想法新穎的程式員，他們幾乎都是一出校門就投入他的研究計畫。

恩格保研擬了一套「同心圓」策略，先推廣個人使用NLS，擴及小公司，然後推銷給大型機關企業，一步步拓展增益系統的使用者基礎。改了名字的增益研究中心如今不只是研究單位，也是銷售與訓練中心。現在不但有付錢的客戶，還有阿帕網的遠端服務，甚至連NLS可能牽動的組織變革與管理因應之道，都已擬定了幾套腹案。

在此同時，NLS仍不斷增添新功能，其中包括超文本、多媒體、螢幕分享等。但更強的功能意味著更高的潛在成本，不但軟體複雜度增加，訓練時間與費用也隨之攀升。對於原本就全心投入的研究員來說，這些訓練與獲得的效益相比，只是極小的代價，但對從未接觸過的人來說，NLS難懂的各式指令卻讓人望而卻步。以現代電腦的角度來說，NLS完全沒有協助使用者上手的所謂圖形「使用者介面」。

對恩格保來說，簡化使用者介面是沒有意義的。某次增益小組內部開會時，他問眾人：「NLS開發完成時，將包含多少指令？」他請大家輪流回答，結果當然全都猜錯。正確答案是五萬個指令！這幾乎等於是從頭學習半種語言。

七〇年代初，增益研究中心首度增聘營運經理，延攬了史丹佛研究院營運開發專家吉姆・諾頓（Jim Norton），以便引進商業運作概念。諾頓接下許多原本英格利在工程技術以外額外負擔的工作。

這項改變讓五年多來一肩扛下硬體部門職責的英格利放鬆不少，但卻不足以挽回他求去之意。心神俱疲的英格利自認已對恩格保貢獻一己所能，因而在一九七一年遞出辭呈。對英格利來說，這是個痛苦的決定，去職前他曾與恩格保多次長談，最後才達成共識。英格利隨後短暫加入史丹佛研究院另一個教育電腦開發計畫，但不久便因進展緩慢而離開。

不久之後，恩格保接到鮑布・泰勒打來的電話。泰勒是創辦增益實驗室與阿帕網的幕後功臣之一，他在猶他大學待了一年後，被全錄延攬，目前正四處招兵買馬，準備在史丹佛校園另一邊的工業園區成立電腦實驗室，與惠普、維立安（Varian）等公司做鄰居。爲了與IBM在辦公室電腦市場一較高下，全錄已備妥大筆資金，打算禮聘全美一流電腦專家，成立全錄帕羅奧圖研究中心。

英格利原本已經同意前往西班牙爲聯合國教科文組織工作。出國定居工作的想法很新鮮，但英格利和第二任妻子羅貝塔（Roberta）各有一個前次婚姻留下的孩子，兒女的需求降低了這個選項的可行性。

泰勒向英格利描述了全錄野心十足的未來辦公室計畫，再加上他打算延續增益研究、打造商業版ＮＬＳ的想法，讓英格利聽了大感振奮，再度重拾工作熱情。到帕羅奧圖上班顯然才是最佳選擇。

英格利成爲增益小組第一個流失的重要人才。但這只是開端。接下來五年中，道格・恩格保招募的精英工程師陸續變節投向全錄實驗室，情況嚴重到增益研究員私底下開玩笑自稱全錄人員訓練班。表面上，恩格保對此淡然處之，實際上他內心甚感不悅，也越來越沒有安全感。

除了恩格保的班底，泰勒也在全美各地徵召優秀研究人員，還吸納了柏克萊精靈專案和已經結束營運的柏克萊電腦公司（Berkeley Computer Corporation）軟硬體人才。這個團隊包括了巴特勒・藍普森（Butler Lampson）與查克・塞克（Chuck Thacker）這對知名軟硬體設計雙人組，還有從麻省理工學院轉來柏克萊、曾替增益小組SDS-940開發軟體工具的程式天才彼德・涂易區（Peter Deutsch）。

生性嚴謹的理查・舒普（Richard Shoup）是另一位被延攬的年輕電機工程師。他在柏克萊電腦公司關門前不久，從卡內基・美隆大學畢業，來到柏克萊。成長於賓州的舒普不是政治激進份子，但他很清楚資訊科技潛在的權力解放作用。與史丹佛校園另一邊的平民電腦公司玩家相較，他是圈內人，但他的世界觀卻與業餘電腦玩家相近。

他體認到電腦將打入辦公室，而他深信只有兩家公司具備足夠財力來實現這個目標：ＩＢ

Ｍ與全錄。ＩＢＭ在他心目中是一群套著藍西裝、歌功頌德的冷酷企業附庸。另一方面，他則期待全錄能有一番作爲。它的企業文化較不僵化死板，想法也較新穎。全錄執行長彼德・麥克婁（Peter McColough）一九六九年那場演說帶給舒普不少激勵，麥克婁聲稱全錄決心開發一個「資訊架構」，來解決「知識爆炸」帶來的種種問題。演說結束後，據說麥克婁還指派顧問成立研究室，專門探討他說的那些話到底甚麼意思。

對舒普和他的研究同僚來說，這是一展抱負的機會。他們都是反抗大型電腦公司作風，並引以爲傲的人——甚至有些傲慢。全錄進入辦公電腦市場的決定，最終對現代電腦的演進造成關鍵性的影響，不僅如此，這項計畫從一開始就明確承接了恩格保在上一個十年發展出來的設計概念。

照理說，這應該是增益計畫大放光彩的時刻。全錄的影印機早已進佔絕大多數企業辦公室，而恩格保長期努力的目標也不過就是如此——讓ＮＬＳ成爲知識工作者的標準工具。但當現實來到眼前時——一九七〇年到一九七一年期間，帕羅奧圖研究經理吉姆・米契爾（Jim Mitchell）有意以ＮＬＳ作爲未來辦公資訊系統的架構基礎——恩格保卻無法抉擇。他內心劇烈交戰，不願交出打造願景的主控權。

不過在史丹佛與全錄律師的出面協調下，雙方還是擬定了研究合作契約。在增益研究室這邊，由查爾斯・厄比代表恩格保協商，米契爾則代表全錄。授權合約要求全錄將系統更改部份回報給史丹佛研究院，好讓增益小組參與研發過程。不過，即使雙方都盡了力，這項合作計畫最後卻毫無成果。

在厄比眼中，恩格保顯然越來越難以跨出必要的一步，也就是交出研究成果，讓世人接收運用。這次交涉經驗讓這位年輕軟體工程師倍感挫折，雖然合約簽定後他仍留在增益小組，但這只是出於對恩格保的忠誠，以及對其他研究員的責任感。幾年之後，包含厄比共有至少十五位增益實驗室成員離職，前往帕羅奧圖研究中心。

帕羅奧圖研究中心成立後，恩格保已無以爲繼。授權合約的訂定，可以視爲兩造之間形式與實質上的交棒儀式。

恩格保仍保有招募獨特人才的慧眼。受到增益小組走在時代尖端的名聲吸引，年輕優秀的軟硬體工程師持續加入。不過在嚴謹的史丹佛研究院內，增益研究中心卻逐漸被視爲一群追逐人類潛能大夢的嗑藥瘋子，早在豆袋沙發（beanbag）成爲帕羅奧圖研究中心特色之前，增益小組就已出現這種懶人椅，冰箱裡則是堆滿啤酒、紅酒和其他來路不明的東西。

自稱「六〇年代之子」的珊蒂·米蘭達（Sandy Miranda）曾同時收到人工智慧研究室與恩格保小組的錄取通知，最後決定加入增益小組。第一次面試時，她就感到增益小組的氣氛不同；走過分隔增益研究員與人工智慧組員的長廊，就像是從醫院來到了嬉皮橫行的海特街（Haight Street）。許多人光著腳，空氣裡還聞得到大麻味。增益研究員個個看起來一付嬉皮模樣。

哇，這正是我想要的工作，她暗忖。這裡是個不同的世界，開派對指的是下班拎起睡袋開車到海邊、嗑迷幻藥，爽通宵。很多人帶狗上班，原本擔任祕書、後來升任第一位NLS技術服務員的米蘭達也把胖波斯貓帶到實驗室，讓牠以辦公桌爲家。

增益研究中心聘請了訓練員指導第一批付費客戶使用NLS，其中一位年輕訓練員安·溫貝格（Ann Weinberg）與米蘭達結爲好友。溫貝格是恩格保面試聘用的史丹佛研究生，後來嫁給比爾·杜佛。她加入增益實驗室後不久，就被外派阿拉巴馬州亨茲維爾市（Huntsville），訓練空軍人員使用NLS修訂洲際彈道飛彈操作手冊。

NLS帶來的效益顯著，修訂手冊的時間從原本的幾個月縮短爲幾天。某日溫貝格奉命向高階空軍長官示範系統使用方式，當時她以數據機和電話線連結到遠端NLS系統。示範中途，溫貝格發現帳號裡的磁碟空間配額已滿，這個問題只須改用其他帳號登入即可輕易解決，因此她和門帕市的米蘭達「搭上了線」（linked）——有點類似現今的聊天或即時通訊程式。

「請給我你的密碼，好替客戶作示範，」溫貝格敲著鍵盤，那群清一色男性的空軍長官圍在她身後好奇觀望。

「把帳號資料告訴別人不好吧，」米蘭達回應。

溫貝格被弄迷糊了。「拜託，我真的有急用。」她敲回去。兩個人你來我往幾分鐘，最後米蘭達突然讓步，螢幕上出現了她的密碼：「cocksucker」（舔卵蛋）。

突然之間，整個屋子變得鴉雀無聲。

新近加入的成員還有綽號「煙槍」的唐恩・華勒斯（Don "Smokey" Wallace），他是負責NLS系統轉移到PDP-10電腦以後的作業系統改寫。從七〇年代早期開始，電腦作業系統漸趨複雜，需要一名專職人員負責維護，華勒斯很自然就接下了這份工作。

雖然他的第一份電腦相關工作，是在IBM首創大型電腦的六〇年代初銷售360系列電腦，但到了六〇年代末，他已成爲阿帕網反主流文化的一份子，自稱「怪胎」。他曾在東岸的BBN設計第一代阿帕網硬體與軟體，接著又搬回加州定居。這段期間，他開始養成穿罩衫的習慣，還替自己買了一頂陸戰隊教官戴的野戰氈帽。

華勒斯來到增益小組時，正逢恩格保展開各種組織與心理實驗，以實現他所謂「高效能」工作群組的概念。七〇年代早期，無論實驗室內外都在盛行各式各樣的社會實驗。英格利引介恩格保參加了交心團體，另外他們兩人也都嘗試過更激烈、衝擊更大的心理劇活動。

雖然恩格保覺得在這些團體裡，參加者相互叫囂、撕扯心理防禦的場面太過激烈，但他仍相信自己已從中受益。集會後的情緒張力讓他容易與人交心，找到歸屬感。雖然吉姆・費迪曼曾協助他處理成員性格問題，並設法建立組織架構，但恩格保仍在不斷尋找凝聚團隊力量，實現增益願景的良策。

恩格保不是政治激進份子，但有段時間他卻對毛語錄發生很大興趣。在恩格保眼中，毛澤東的革命是一場大規模社會改造實驗。但就在紅衛兵荼害中國農村的同時，一部份美國左翼勢力卻忙著神化毛澤東，暗中針對自由派中產階級政治團體試行農村革命理論。七〇年代的增益研究中心成了不斷翻騰的社會理論實驗室，每當研究員準備定下來時，恩格保又會丟出新想法攪亂春水。

面對心中挫敗與周遭的混沌失序，恩格保也搭上了當時風行灣區的交心團體與組織變革風潮。其中最時髦、最熱門的個人成長運動是由灣區禪學團體演化而來的古怪課程 est。est 在七〇年代早期風靡中上階層，而除了幾個明顯的例外，增益研究中心也很快加入了這股潮流。

唐恩·華勒斯在增益研究員中年紀較長，曾打過韓戰的他熱愛生活享受，對實驗室裡流行的這些新世紀玩意兒他一直設法抗拒。而直到很長一段時間後，他才理解增益計畫根本無關科技體驗。雖然許多研究員以爲科技才是重點，但恩格保眞正在做的，其實是一場社會組織變革的大型實驗。

他開始相信自己需要釐清實驗室的工作目標，以免精神錯亂。但每當他以爲自己掌握一點頭緒時，恩格保又出來推翻了他的想法。一開始這讓他很不能釋懷，但最後他突然醒悟：所有的研究員其實都只是白老鼠。於是他坐下來，開始寫信給恩格保，題目是「鼠或人？」

從一九七二年初開始，總愛編造拗口縮寫的恩格保把實驗室區分爲三個層面：LINAC、FRAMAC，和 PODAC。LINAC 是「主線業務」，也就是技術研發的工作。FRAMAC 是大方向的協調與規劃，以引導 LINAC。PODAC 則專司劃分小團隊，進行「個人發展與組織開發活動」。

PODAC 基本上就是常態性的交心團體聚會，以檢討增益研究中心內部問題的解決之道。所謂的POD，來自恩格保對毛語錄的解讀，而這本小冊子原本是用來訓練中國百姓成爲革命份子。他很清楚新科技不可能立刻廣獲接納，在此之前，必須先改變人的想法與行爲。他對毛語錄感興趣，是因爲他在尋找一個推動變革的可行手段。如果增益系統能夠拓展人類智識，那麼爲了達到這目的，首先應在組織內部推行怎樣的社群與個體教育？

增益實驗室成員被編組成爲四個 PODAC 小組。恩格保在一九七二年一月二十五日發出日誌公告，邀請研究員出席第一次 PODAC 會議，討論以下事項：

> 我們這些自認正在教導世人如何提高目標達成效率的人，必須經常從組織和個人角度進行自我反思（我們正在塑造的「典範」），同時積極檢討進度和改善之道。⑫

恩格保將POD小組分別取名爲西洋杉、冷杉、橡木，與紅杉。他特別安排讓每個小組裡都包含幾名程式員、幾名硬體工程師，和幾位訓練員。而一如所料，每週一次的會議馬上淪爲批判大會，供研究員發洩對主管的不滿。

・道格好像每次都躲在一旁暗地裡想些鬼主意。大家很不喜歡這些突如其來的措施。

・道格沒有給予足夠的授權，不讓人充分參與研究目標的討論。

・道格沒有把他的想法向研究員解釋清楚。⑬

POD也成了組員抒發心中疑慮的管道。增益小組的定位問題，讓實驗室瀰漫不安氣氛。「就跟大家一樣，我也想搞清楚增益小組到底在做幹麼，未來要往那裡去？」一九七二年二月一份日誌裡寫著。「我的問題是，我們到底貢獻了甚麼？套句WLB（Walter Bass，華特・貝斯）愛說的話，太陽系幹麼要繼續餵能量給我們呢？」另一份日誌這樣寫。

有人問得更直接：「至少有好幾萬人在做電腦或人機介面，我們不過是其中三十個，如果我們消失了，會有甚麼差別嗎？」

如果恩格保是想藉著POD凝聚共識，他顯然失敗了，等到增益小組程式員華特・貝斯發現est之後，情況又變得更加混沌複雜了。

前汽車銷售員渥納・艾哈德（Werner Erhard）一九七一年十月開辦一套操控人心的個人成長「訓練」課程。est很快靠著借自其他自助理論、宗教思想，和哲學概念的大雜燴，掀起一股崇拜狂熱。這套「訓練」主要源自艾倫・瓦茲（Alan Watts）一九六〇年代在索沙利托市一艘平底船上教授的禪學課程。

七〇年代，est 如瘟疫般橫掃灣區，在高科技圈內尤爲盛行，吸引許多受高等教育、經濟優渥而亟欲尋找生命意義與歸屬感的年輕工程師。est 信徒經常向人傳道，遊說別人只要「悟」了，就會瞭解這套課程的好處。至於到底「悟」到什麼，眾說紛紜，不過可以確定的是這套思想對那些上過課的人來說，影響至鉅。

幾乎圈內每個人都至少碰過 est。平民電腦公司元老奧貝克特的一名女性友人上課之後，回來像是變了一個人，而且一點「禪意」也沒有：她不再相信萬物皆有因果，而認爲她必須得到一切，而且爲了擁有可以不擇手段。好奇的奧貝克特想知道是甚麼讓她人格丕變，因此也報名參加了一堂免費入門課程，結果發現所謂的訓練在他看來不過就是普通的自我催眠技巧，奧貝克特從此斷定 est 不可取，至於他和那女人的關係顯然也早該做了斷了。

est 在道格・恩格保身上又造成不同的效果。雖然他不太確定該如何評價，也不喜歡主持人的過度圓滑，但他逐漸相信 est 訓練確實可對人產生提昇和改變的作用。他看到參加者走上臺對群眾告解，隨著情緒抒發，整個人也開始活躍起來，由此可見艾哈德在鼓動人心上確實有一套。

這一點對增益研究員來說又更具吸引力。華特・貝斯參加之後聲稱 est 訓練與增益架構的核心概念頗有重合之處。體格壯碩、情緒化的貝斯與其他實驗室成員發生了激烈論戰，但恩格保對 est 的興趣已被挑起，他決定撥款補助所有研究員自願性參加 est 課程。

不只如此，恩格保還認爲既然出了錢讓人去上課，自己也應該完成訓練。兩星期的課程中，他充分領略艾哈德的個人魅力，也讓他斷定 est 是一套有力工具。另一方面，艾哈德也對恩格保另眼相看，因爲若能延攬這位知名科學家成爲董事會一員，不啻是對 est 的有力背書。恩格保最後同意出任董事，而其他董事會成員還包括唐恩．艾倫的妻子——心理學家瑪莉．艾倫（Mary Allen）。唐恩．艾倫曾是安培克斯公司工程師，也曾任職於提供LSD給恩格保的國際先進研究基金會。有時 est 的董事會議採取派對形式，場中均是冠蓋雲集。某一次董事會巴克明斯特也受邀出席，艾哈德將他引介給恩格保時，提到了增益計畫。艾哈德雖然從未拜訪實驗室，也沒看過任何示範，卻能夠將增益實驗描述得鉅細靡遺，讓恩格保大感驚訝。

不斷試圖改變世界的恩格保對艾哈德的魅力尤其難以抗拒。他開始相信這位自稱大師的 est 創辦者在說服他人的能力上確實天賦超人。雖然恩格保很淸楚艾哈德骨子裡還是在搞個人崇拜，但他要到好幾年之後才不再信任艾哈德。等到 est 被指控詐欺，牽累董事會成員之後，恩格保才完全放棄希望。不過即使如此，他仍舊堅守董事職位，直到艾哈德決定結束營運爲止。

不過可預期的是，est 已經對增益研究中心造成嚴重傷害。第一批受訓回來的研究員彷彿重獲新生，但他們的極度坦承對實驗室和他們個人來說，卻不見得是好事。一名程式員的妻子回家後向先生告解曾與他的好友外遇，另一位實驗室員工則是跑去改名字，還有好幾對夫妻因而離異。

這段時期的運作失序，都記載於十年後法國電腦專家賈克．瓦雷（Jacques Vallee）所寫的書中。瓦雷在一九七二年加入增益小組，負責撰寫恩格保答應五角大廈設立的阿帕網網路資訊中心核心資料庫。瓦雷的日記後來在一九八二年以《網路革命：一個電腦專家的自白》（*The Network Revolution: Confessions of a Computer Scientist*）爲名出版，除了使用化名，其餘都是眞實紀錄。在增益實驗室工作期間，瓦雷一直像個局外人，堅持不參與 est 課程。他對戰爭的看法也與研究室的反戰氣氛相左。身爲法國公民，他並不贊成打越戰，但他的看法顯然與其他年輕研究員不同。

增益實驗室樓上有另一群史丹佛研究院工程師，正埋首研發雷射引導的精靈炸彈。恩格保手下的反戰研究員極不贊成類似的武器研究，但瓦雷卻有不同意見。他表示他在政治上也是反戰的，但武器研發卻是另一回事。他的老家彭托（Pontoise）位在瓦茲河（River Oise）上一座橋樑附近，這座橋從中古時期就是進出諾曼第要道，因此大戰期間先後遭到德國與美軍猛轟。他回憶他們家兩棟房子被炸爛，原本美麗的小鎭幾乎夷爲平地。他因此相信精靈炸彈或許可以減少無謂的損失。

在《網路革命》一書中，他提到某次史丹佛研究院（化名爲太平洋研究實驗室）主任帶著幾個高階國防部官員來到增益研究中心（化名爲系統化思考提昇研究計畫），結果發生尷尬的一幕：

某個下午，瀰漫矛盾氣氛的實驗室裡，所有人把終端機推到角落，在房間中央鋪上地毯，開始所謂的腦力激盪。穿著牛仔褲花襯衫的程式員紛紛脫下涼鞋，席地圍坐。有人拿出酒和大麻煙，交心討論正式展開。這時樓梯門突然無預警打開，走進來的不是別人，正是身著灰色西裝、條紋領帶的太平洋研究實驗室主任本人，身後跟著好幾位五角大廈高官。他們正在做例行視察，了解贊助經費都花在甚麼地方了。

> 「這裡是我們的系統化思考提昇專案計畫…」主任沒轉頭就開口說道。等他轉過頭來，看到這個場面，聞到那不用說也知道是甚麼的味道，他立刻編了個藉口，帶人匆忙離去。系統化思考專案的麻煩從此又多了一個。[14]

瓦雷印象最深的是est在實驗室造成一股近乎狂熱的崇拜氣氛。只有意志力最強的人，才可能堅守立場。

眼看est接連毀掉好幾名研究員，唐恩・華勒斯相當不以爲然。有人受訓後生活突然轉變，以致承受極大心理壓力，有些人則是完全失控。最糟糕的是，提供經費的國防部對恩格保的信任正快速流失中。

泰勒的繼任者拉瑞・羅勃茲（Larry Roberts）認爲增益實驗室的主要任務就是開辦NIC網路資訊中心。恩格保事實上也聘請了一位作業系統專家來籌備網路資訊中心，但迪克・華生

(Dick Watson) 到職後不久，就發現整個增益計畫面臨嚴重財務危機。華生曾在史丹佛大學執教數年，並與後來成爲知名人工智慧學者的柏克萊電腦專家艾德·費根鮑姆 (Ed Feigenbaum) 共事過。另外，他曾在殼牌石油公司 (Shell Oil) 從事電腦相關工作，並且和華勒斯一樣，對於實驗室裡盛行的 est 不感興趣。不只如此，他還曾研讀伊斯蘭蘇菲派教義，因此不會像其他研究員那樣因爲缺乏信仰而受 est 吸引。

即使資歷豐富，增益實驗室的情形仍在他意料之外。接下新工作後不久，恩格保邀他出席和到訪的ARPA官員開會，結果讓他大吃一驚。一九七二年一月二十四日，也就是恩格保發出 PODAC 會議通告前一天，華生在日誌寫下了他對增益實驗室與國防部金主之間關係的看法。

> 七二年一月六號，道格邀我出席他和拉瑞·羅勃茲、史提夫·克拉克 (Steve Crocker) 的會議，讓我首度有機會觀察實驗室與ARPA的互動。這場會面老實說讓我非常震驚。增益計畫與ARPA間的溝通幾乎不存在，拉瑞很明白的指出他不滿意實驗室工作進度……在我過去五年銷售研發成果、與各式買家打交道的經驗裡，從來沒有碰過這麼差的會談氣氛。不只如此，依我的經驗判斷，這樣的關係若不改善，資金斷絕只是遲早的事。⑮

在華生看來，恩格保顯然把ARPA視爲發展自己增益願景的資金來源，但羅勃茲想要的卻只是新網路架構下一個服務機構。

五月間，華生首度參加ARPA網路工作小組會議時，雙方關係依然緊綳。羅勃茲這次清楚講明他付錢給增益實驗室就是爲了網路資訊中心。而他要求恩格保確實撥出經費，好讓網路資訊中心儘速成立運作。隨後幾個月，華生和恩格保不斷就資源分配和工作重點等問題發生爭執。不過兩人歧見雖深，在接下來的四年半裡，華生卻逐漸對恩格保個人和他的理想萌生敬意。他逐漸認識到恩格保是一個能夠編織夢想，同時又能細部規劃的人。

但恩格保卻沒有能力連結這兩個領域。過去，他有幸延攬到厄比與英格利這些人才，替他進行連結。華生也發現到恩格保自認是遭人誤解的局外人。他在將自己的理想轉化爲他人能理解的語言時，遭遇了極大障礙。抱持懷疑態度的華生不相信增益後的人類心智可以改變世界，但他認爲這個過程中衍生的技術、方法、理論和組織，或許確能帶來正面效益。

身爲史丹佛研究院的網路工作小組代表，華生在東西岸學者構思網路架構過程中，參與了阿帕網的早期「協定之爭」。該如何讓外界大眾也接觸到NLS？這個想法引領華生和另一名增益小組程式員約翰·梅爾文（John Melvyn）制定出 Telnet 協定，讓使用者能夠透過網路連結遠端電腦。而最終，眞正引爆使用需求並開創網路時代的，正是 Telnet、電子郵件、ftp 這些網路服務，而非NLS。

華生也在一九七二年期間，設法提高了ＮＬＳ對阿帕網社群的貢獻。ＡＲＰＡ當時面臨外界對其網路計畫的質疑，坊間電腦媒體已開始批評所謂的封包交換技術是否眞的可行。這種技術的原理是將數位資料打散爲小「封包」，然後個別尋找不同路徑傳送，或是重新傳送。如此一來，即使有節點停止運作，也可循其他路線送達目的，讓網路運作更爲穩定。羅勃茲下令在一九七二年十月必須於華府舉辦一場網路說明會，就像恩格保一九六八年在舊金山對外展示ＮＬＳ系統一樣。網路工作小組銜命在那一年加緊制定軟體協定，同時開發新功能。等到那年秋天說明會如期在華府喜來登飯店大廳舉行時，又是網路發展史上一個重要轉捩點。人們終於可以坐下來操作電腦網路，親眼看到互動效果、領略網路的眞實存在。

接下來一年，羅勃茲仍持續贊助增益研究中心，但到了一九七三年中，他決定離開五角大廈，轉往製造阿帕網設備的民間廠商ＢＢＮ任職。在搜尋繼任人選時，他找上了利克里德，後者同意在一九七四年回鍋擔任ＡＲＰＡ資訊處理科技局主任。[16]

諷刺的是，重新上任的他也敲響了增益研究中心和恩格保願景的喪鐘。利克里德原本是恩格保的「老大哥」，提供他資金在一九六〇年代發起了增益計畫。[17]但十年之後，有志一同的義氣不再，羅勃茲離職後三個月不到，恩格保就收到切斷資金的通牒。雖然最後一刻又拉長了緩衝期限，實驗室繼續運作了一年左右，但ＡＲＰＡ顯然對於贊助最原始的增益概念已經失去興趣。

恩格保認爲ARPA停止贊助是因爲他沒有即時把技術釋出給外界。他也相信利克里德對增益計畫開支龐大、支援與訓練人力過多感到不滿，而這些在他眼中都是NLS計畫失敗的證據。換句話說，利克里德認爲想要教育一般大眾使用它是不可能的。

一九七四年，增益計畫資金來源正式中斷。亟欲保存研究小組的恩格保找上過去的贊助者，鮑布・泰勒。

「我們擁有這些技術，你們難道都用不著嗎？」恩格保懇求。但泰勒不感興趣，他只想炫耀帕羅奧圖中心最近取得的電子郵件程式。對恩格保來說，這是悲哀的一刻，他的研究員早在七年前就開始使用電子郵件。沒了金援，他得爲自己的屬下找個歸宿。

幾年後，史丹佛研究院把增益技術賣給分時企業。恩格保與剩餘的增益研究員將辦公室從門帕市搬到了庫柏提諾（Cupertino）。一個時代已經結束，新時代即將登場，而道格・恩格保已無緣參與。

7 蓄勢待發

增益實驗室遲遲無法釋出技術的同時，史丹佛校園另一頭人工智慧實驗室的技術，卻悄悄向外滲透，而且出現在一個令人意想不到的地方。

七〇年代早期，電腦螢幕非常稀有。因此一九七一年秋天，史丹佛大學崔西德活動中心的咖啡屋裡出現一臺顯示器時，立即引來騷動。在這個學生聚集的昏暗場所裡，發光的電腦螢幕上呈現出一片黑暗宇宙中的白色星球，散發出無限誘惑力，因爲對發現它的這群大學生來說，這是一具與電視迥異的互動幻想製造機。而由於與其置身環境的不協調，這具史上第一臺投幣式電玩的現身又更顯突兀。雖然史丹佛校園並非波希米亞族出沒處，但六〇年代末的崔西德中心咖啡館，卻頗有哈佛廣場或布立克街（Bleecker Street）的味道。昏暗燈光下，擺滿咖啡桌的店裡經常被不修邊幅的反主流文化份子與反戰學生佔據，補充食物飲料。到了週末，甚至有高中學生在此出沒，尋找帕羅奧圖郊區文化以外的特殊刺激。

如今這個古怪箱子卻突然現身在咖啡屋裡，箱子上裝了兩支搖桿、一具磷光螢幕，只需投下一毛錢，就可讓兩架2D顯示的太空船展開對戰。

這具投幣式電玩是加州工藝大學學生休伊·塔克（Hugh Tuck）的傑作。他的高中同學比爾·匹茲在唸史丹佛電腦系的時候，曾試圖闖入人工智慧實驗室。匹茲其實早在大學時代就聽過太空大戰，並且在波亞館（Polya Hall）的電腦中心初次目睹遊戲執行，讓他大爲驚豔。有人告訴他如果他在午夜過後入館，可以自行載入程式玩遊戲，因此當夜凌晨一點他準時報到，找到電腦紙帶載入遊戲後，立刻沉迷在漫畫英雄巴克·羅傑斯（Buck Rogers）式的太空大戰當中。可惜沒有多久，他就被一名滿臉怒容的研究生打斷，因爲就在匹茲載入程式前，這位研究生剛好啓動大批資料備份作業，沒想到太空大戰程式竟然把整個備份程式給刪除了！

這次事件後，塔克偶爾會造訪仍在史丹佛唸書的匹茲，捉對來場深夜太空大戰。多數人接觸太空大戰都立刻著迷於其科幻背景與互動競技，但塔克腦袋卻轉著不同的念頭。一九六九年某個晚上他對匹茲表示：「我說啊，要是能把這遊戲弄成投幣式機器，那可就賺翻了。」

很聰明，匹茲想，但不實際。太空大戰程式需要高階電腦和昂貴的顯示幕，這些都不是年輕創業家能夠負擔的。現實的障礙是太空大戰必須在大型主機電腦上運行，而這類電腦的使用鐘點費高達數百美元。因此玩電腦遊戲通常只有在機器閒置時才可能進行。

不過，兩年後匹茲受聘到桑尼維市（Sunnyvale）飛彈製造廠洛克希德擔任系統程式員，負責撰寫他在人工智慧實驗室學會的 PDP-10 型電腦程式。問題是，洛克希德最後根本沒有採購 PDP-10 型電腦，他也落得無事可做。

等待電腦報到的這段時間，他注意到迪吉多在前一年推出了 PDP-11 型電腦，定價正好在小型新創公司的財力範圍內。當時是迷你電腦極盛期，電腦逐漸不再只是少數人的禁臠，且朝個人化與娛樂化發展。電玩遊戲原本只是極少數青少年的嗜好，但隨著電腦技術演進，接觸它的人也越來越多，一直到幾十年後，電玩產業的規模終將超越電影票房。①

但這些在一九七一年都還未發生。比較過 PDP-11 的規格後，匹茲突然想起塔克說的話，於是他打電話給朋友，取得塔克家人的資金贊助，在一九七一年創立了二人公司電腦娛樂(Computer Recreations)。

PDP-11 型電腦要價一萬兩千美元，惠普的靜電顯示幕等設備又花了八千美元，兩個人就靠著兩萬美金資本，開始打造原型電玩機。他們同意利潤五五對分，由匹茲提供技術，塔克提供資金。憑著半生不熟的行銷常識，兩人猜想美軍在越南打仗的同時，不適合以戰爭命名，因此將投幣式太空大戰改名爲「星際遊戲」(Galaxy Game)，隨即埋首幹活。

匹茲使用了羅素等人在麻省理工學院開發的原始碼。他想要保留太空大戰原本的風格和玩法，但也加進了一些自己的東西。

兩人找到一位木匠設計機器的外箱。本身學機械工程的塔克則負責機械構造。整個機臺其實就只有平躺底部的惠普顯示器，再用鏡子反射畫面影像。顯示器與藏在樓上音樂室的 PDP-11 電腦間，用了一百英呎的纜線連結。

電玩推出後大受歡迎，經常都有二、三十人在機臺旁圍觀，一時間蔚爲風潮。第二年，爲了增加營收，匹茲和塔克又增加一臺顯示幕，好讓四名競賽者可以同時在兩個螢幕上對戰。玩家們習慣用一毛錢排隊放在機臺上，等候輪番上陣。

兩個年輕人在製作原型機時，就聽說他們有了有競爭者。諾蘭・布許耐爾在猶他大學唸書時玩過太空大戰，畢業後搬到加州，先在安培克斯工作，後來加入小型電玩公司納丁（Nutting and Associates）開發自己夢想的投幣式電動玩具。布許耐爾設計的太空大戰遊戲後來命名爲「電腦太空」（Computer Space）。

兩家公司忙著打造電玩的同時，布許耐爾也聽說了匹茲與塔克的機器，於是邀請兩人前往參觀。布許耐爾表示他聽說他們花了很多錢在PDP-11上，因此想請兩人來看看他的作法。他的整套機臺包括箱子與電子零件，總共只花不到一千美金。匹茲參觀後印象深刻，不過他覺得遊戲感受與原始的太空大戰相去甚遠。布許耐爾爲了壓低成本抄了太多捷徑，娛樂效果也大減。

電腦太空一九七二年上市，結果以賠錢收場，但布許耐爾接著創立了阿塔立公司（Atari），推出的第二套電玩Pong極爲暢銷，並引發一股電腦遊戲與家庭遊樂器風潮。反觀匹茲和塔克，他們一直掙扎了八年才放棄營運。原本他們的想法是用昂貴的原型機來測試市場反應，同時評估如何壓低成本繼續生產。他們把遊戲價格定在一次一毛錢，或三次兩毛五，如果贏了可以免費繼續玩。他們的策略是吸引玩家一直玩下去，避免定價過高嚇走客人。

但當第一部機臺引發熱潮之後，他們卻改變了原始計畫，開始打造第二部機臺。新機臺放置在柏克萊大學，可是卻不像史丹佛機臺那樣受歡迎，因此後來又搬到桑尼維市一家生意興隆的酒吧裡。不幸的是，客人反應還是無法和第一座機臺相比。（星際遊戲的敗筆之一是在遊戲之前必須先閱讀操作說明，一般人往往因此失去興趣。）星際遊戲和史丹佛擦出了第一簇火花，預告人們對新電腦媒體的飢渴將導致個人電腦時代來臨。匹茲最後決定自己承擔虧損，償還塔克家人投資的六萬五千美元，同時繼續將機臺擺在崔西德咖啡館裡，直到一九七八年債務還清爲止。

星際遊戲引誘玩家沈迷同時，反戰示威仍持續在史丹佛校園延燒。一九七一年，越戰烽火綿延，在美國校園掀起一波波反戰聲浪。尼克森政府準備入侵寮國，以切斷越共竄逃路徑，引起輿論嘩然，深恐美軍士兵又將捲入另一個亞洲戰場。

前一年美軍入侵柬埔寨時，美國校園曾爆發史上最大規模學生示威，導致數百間學校停課，俄亥俄州肯特大學（Kent State University）和密西西比傑克森大學（Jackson State College）甚至有學生在衝突中喪生。該年稍晚，威斯康辛州大學陸軍數學研究中心遭人放置炸彈，一名研究員被炸死。

暴力與死亡讓對立升高，示威基調也隨之轉變，導致了反戰組織分裂。一月間，鑽研梅爾維爾（Melville）與毛派學說的史丹佛教授布魯斯・富蘭克林（H. Bruce Franklin）率人從當時灣區最大的馬克思列寧組織革命聯盟（Revolutionary Union）中獨立出來，創立「吾黨必勝」（Venceremos）。此一組織奉行武裝革命理論，成員配戴紅槍黑底徽章。他們鼓吹以直接行動終止戰爭，並深信監獄囚犯必將揭竿而起，發動美國革命。

暴力企圖的升高，讓史丹佛反戰運動逐漸失控。二月六號星期六，自由校園運動（Free Campus Movement）總部所在的木造小屋遭人縱火未遂，這是一個保守派學生社團，其成員常在示威現場拍照，被認爲與警方關係密切。當天晚上，軍訓辦公室被人丟擲汽油彈，同時校園有四起誤觸火災警報器事件。

第二天晚上，六百人聚集在大禮堂觀賞舊金山默劇團表演。就在表演開始前，有人上臺宣佈美軍入侵寮國的消息。表演結束後，一個自稱調查團（Inquisition）、專挖軍事研究內幕的組織在場分發傳單，要求校方「釋出所有電腦中心的使用資料」，因爲電腦中心是學校所有主機的放置地點。傳單中聲稱電腦中心涉入軍事計畫，甚至參與代號「H音域」（Gamut-H）的史丹佛研究院戰略推演計畫。

這個計畫是史丹佛研究生理查・塞克（Richard Sack）在電腦中心做論文時發現的。塞克的一名好友因爲經常出入電腦中心，無意間瞥見史丹佛研究院和越戰的相關資料，而且內容似乎與轟炸路線有關。這類資料在當時分外敏感，因爲學生團體前一年才取得校方承諾，同意將所有機密軍事研究移出校園外。幾個星期後，塞克自己也找到一分印表文件，正符合他朋友告訴他的計畫名稱。四下張望之下，他小心拿起印表紙，一度考慮把程式打孔卡片也帶走，但猶豫了一會後只拿了報表悄悄離開。

塞克拿著報表來到太平洋研究中心（Pacific Studies Center），這是一個激進研究機構，破舊的總部辦公室位於校園幾哩外一個叫威士忌谷（Whiskey Gulch）的貧民區。在那裡，塞克把文件交給了因爲示威反對史丹佛研究院涉入軍事研究活動，兩年前遭到退學的藍尼・席格（Lenny Siegel）。

席格身材魁梧，一頭爆炸捲髮，常戴著陸軍頭盔出現在校園示威中。他也是調查團成員之一。經過了解，原來H音域是戰爭沙盤推演，以電腦模擬直昇機攻擊行動——而在學生的想像中，這就是入侵寮國的戰爭演練。對席格和他的同黨人士來說，這無異鐵證如山，正可用來煽動類似美軍入侵柬埔寨時的全國示威狂潮。

星期日晚上，默劇團表演過後，示威者四處遊蕩，打破超過一百扇校園門窗，警車玻璃也遭殃。九點三十分，電腦中心接獲炸彈恐嚇，被迫短暫關閉。

第二天，近一千名學生聚集在校園中央的白色廣場。場中調查團散發一份傳單，標題爲「動手吧」，鼓勵學生「做你認爲該做的事」。另外他們還發放一份「致史丹佛師生公開信」，內容指控電腦中心被史丹佛研究院挪用進行軍事研究。信裡列出六項要求，包括公開所有非史丹佛師生電腦用戶，結束所有國防部贊助的學術研究，其中當然也包括位於校園後山的人工智慧實驗室。

那天下午，衝突與擲石事件不斷。晚上，大批聖塔克拉拉郡和聖荷西郡警察上街巡邏，對決勢不可免。

第二天，發動「柬埔寨式出擊」以抗議美軍入侵寮國的呼聲甚囂塵上，到了晚上有八百人聚集大禮堂開會三小時。擴音器到處響著要求關閉電腦中心的口號，同時召集學生第二天中午在白色廣場集會。

這將是史丹佛校史上最暴力的一天。警民衝突不斷在校園上演，一直持續到深夜，有三名保守派學生因爲企圖拍攝示威者照片慘遭痛毆，另外還有兩起槍擊事件。

集會當中，布魯斯・富蘭克林發表演說，要求關閉電腦中心。大約一百名學生應召而起，通過白色廣場走向電腦中心。大學教務長聽說示威學生動向，趕緊打電話給中心主任要他關閉電腦中心。當時二十歲、正在唸大三的《史丹佛日報》編輯菲莉絲蒂・芭林傑（Felicity Barringer）在電腦中心後面目睹一群學生丟石頭砸窗戶，接著從一道後門闖進建築物。幾分鐘後，有人切斷主電源，電腦停止運作。

富蘭克林沒有跟隨學生進入電腦中心，反而跑去爲學生上課。不過不久後他又回到現場，加入在電腦中心前聚集的學生們。兩小時後，史丹佛警方用擴音器告知學生他們已經侵佔公家機構，可能遭受逮捕。收到警告的學生在電腦中心前方商議對策，最後決定等警察上前抓人時，他們就自願離開。至於在電腦中心內部，機器僥倖逃過一劫，多虧一名學生挺身表示，電腦本身「沒有政治立場」。

一小時後，警方進入電腦中心，示威學生則從另一扇門蜂擁而出，大喊「關閉ＳＲＩ！」、「趕走ＳＲＩ！」

一整排鎮暴警察隨即開入，擋在學生與建築物之間，一名聖塔克拉拉郡警員不斷命令群眾離開現場，學生則回以「警察豬滾出校園！」布魯斯・富蘭克林這時則與一名以觀察員身份參加示威的教職員高聲對吼，但到底他是在爭辯教職員該不該留下見證警察暴力，還是在鼓動學生抵抗警方命令，事後卻眾說紛紜。史丹佛大學後來以教唆校園暴動的罪名，開除了富蘭克林。

芭林傑拿著筆記本在一旁觀察，直到鎮暴警察無預警地衝向學生，她才與其他學生一起轉頭快跑。她記得最清楚的一幕，是富蘭克林從她身邊飛奔而過，猛力揮舞雙臂、脖子青筋暴露。

眞是個懦夫，她暗想。

約翰・夏許（John Shosh），是一名史丹佛大四生，由於前兩年他兩度在反戰示威中被捕，被校方列入退學觀察名單，因此那天下午他只在一旁觀望。夏許選擇不加入的原因，是不想就此毀了學業。

他成長在一個芝加哥郊區中產階級家庭，一九六七年秋天來到史丹佛。原本攻讀物理的他，受反戰思想影響，轉而選修歷史與政治學。一九六九年，他參加應用電子實驗室靜坐示威而被捕入獄，第二年，他又因為加入柬埔寨反戰遊行、違反不得參與政治示威的禁令而二度下獄。他在帕羅奧圖監獄和藍尼・席格一起度過無聊的一個星期。回到學校後，他從物理系轉到政治系，並開始選修電腦課，因為他覺得電腦比物理和數學有趣。參與反戰活動之餘，他仍熱衷電腦帶來的心智挑戰。大四那年，出於好玩，他選修了非數值方法課程，由吉歐・衛德豪（Gio Wiederhold）與艾倫・凱伊兩位年輕史丹佛教員授課。

夏許經常從一棟教室前的示威行列中離開，走進另一棟教室裡，坐在一群邊幅整潔、卡其衣褲打扮的工程系學生後頭上課。他的制服與眾不同——及肩長髮、腳登涼鞋，破牛仔褲，和皮夾克。

夏許比較熟悉政治系的課堂文化，在那裡如果上課不發言，就拿不到成績。相較之下，電腦課則彷彿精神分裂，從 SNONOL 語言到ＬＩＳＰ程式都令人望而生畏。衛德豪是歐洲學者，上課一板一眼；凱伊正好相反，每堂課開始都會丟出一個怪問題，臺下的理工科的學生通常沉默以對，夏許卻特別愛抬槓，經常和凱伊就某個玄奧論點爭論不休。

學期結束前，凱伊發放帶回家做的期末考題，要求學生挑三道程式問題中一道來解答。第一題夏許完全看不懂。第二題顯然是其他理工系學生都會挑的問題。第三題則不按牌理出牌，應該沒有人會冒險嘗試。他暗忖自己沒必要和理工科學生競爭，因爲他們一定做得比他好，因此他選了那道怪問題，題目是要分析 SNOBOL 編譯程式在某個處理中繼階段時，做了那些事。

他花了很長時間嘗試解題，卻一點進展也沒有，最後滿懷挫折而準備放棄。他發現似乎不可能從系統中取得這些資訊。他非常擔心，因爲這時已經過了一個星期，而他一直等到最後期限才開始解題。於是他和凱伊約了時間面談，拿著他所有的筆記前往教授辦公室。「我不知道你怎麼解這道問題，但我不認爲它有解答，」他問教授。

凱伊抬頭看著滿臉挫敗的夏許回答：「嗯，我也不知道有沒有解答。」

夏許已經準備好了長篇大論探討編譯程式的功能，他開始鉅細靡遺地解釋他對編譯器內部運作的了解，直到凱伊突然打斷他的話。

「喔，你說的對，」凱伊說：「確實沒辦法取得這些資訊。別擔心，你做的這些已經夠了。」

夏許呆站著說不出話。他把手稿都交給凱伊，轉身準備離去，這時凱伊叫住他。「那麼，你這個暑假要做甚麼？」

「這我還沒想過。」夏許回答。

「是嗎，全錄正在帕羅奧圖籌備自己的實驗室，我要過去幫他們做研究，」凱伊說：「你要不要來打工呢？」

約翰・夏許跟隨艾倫・凱伊到帕羅奧圖研究中心工讀了一個暑假。最後，他總共待在全錄十四年，期間一度出任個人電腦部門主管。

艾倫．凱伊一直都不太能夠融入環境。在史丹佛爲約翰．麥卡席工作時，面對枯燥的純粹電腦科學研究，他提不起興趣。另一方面，凱伊也不是政治極端份子，不崇尚反主流文化生活方式，但他對電腦科技和經營管理的概念，同樣不符合標準的企業或學術文化。

如今，在一個亟欲打破ＩＢＭ獨占局面、原本專做舊科技影印設備的傳統企業所發起的實驗室裡，凱伊正準備集結一小群研究人馬，而從這些人的身上，正可看到六○年代末與七○年代初代表加州的自由與夢想精神。

這將是一場傳奇性的實驗，雖然就狹義觀點來看，它失敗了——全錄從來沒有達成與ＩＢＭ同場競爭的目標——但從廣義角度來說，帕羅奧圖研究中心卻承接了從ＳＡＩＬ與增益實驗室流出的人才與創意，而後兩者確實改變了電腦世界。

演變結果，這家保守影印機製造商與其加州反主流實驗室間的文化差異，造成了全錄錯失善用帕羅奧圖個人電腦技術的良機。研究中心的第二任主管羅勃．史賓拉德（Robert Spinrad）每星期從帕羅奧圖返回全錄康乃狄克州總部時，都覺得自己像超人：躲進飛機廁所，換上西裝，然後以企業主管模樣現身。

從今日回顧過去，很難想像凱伊當時的電腦技術生態：幾乎所有的電腦產業的決策權都掌握在大型機構與ＩＢＭ等少數廠商手中。在此同時，電腦的個人用戶則蠢蠢欲動。「我們應該有權力隨意使用這些設備，」是這些人的共同心聲。

事實上，有誰會想到把這些價值數百萬美元、平日供養在機房裡的機器，交給小孩子去胡搞？凱伊的作風往往就是如此違反全錄的企業邏輯。一天早上，他走進帕羅奧圖中心資料室，交給女職員一本《全地球目錄》，請她把所有裡面提到的書，都訂一本來。

他出人意表的行事風格其實並非刻意譁眾，從許多方面來說，凱伊對企業文化都幾近無知。在籌組自己的研究團隊時，他請比爾・英格利協助和提供意見。英格利建議他先擬定一份預算書。

「甚麼是預算？」凱伊問他。②

雖然他對企業內部鬥爭缺乏經驗，但來到帕羅奧圖對凱伊來說卻像是開啓了一片天空。由於對SAIL的工作缺乏興趣，再加上艾倫・紐維爾（Allen Newell）與高登・貝爾（Gordon Bell）這兩位卡內基美隆大學知名電腦專家不斷邀約，他在一九七一年原已準備轉換工作，前往卡內基美隆打造他的Dynabook——源自於他的兒童電腦概念的一種可攜式配備。他是在ARPA科技辦公室主任拉瑞・羅勃茲請他擔任「超級人工智慧」（Super AI）電腦計畫主持人時，結識這兩位電腦學者。所謂的「超級人工智慧」電腦，是羅勃茲與鮑布・泰勒爲了提昇網路使用率而特別建置的「磁石」之一。此一想法在一九七〇與一九七一年間成熟，因此早在他還是個博士後研究的SAIL雇員期間，凱伊就已經到處做學術拜訪，拜會過許多人工智慧和電腦設計領域耆宿。

不過，眞正佔據凱伊心思的是他的 Dynabook 開發計畫，而他也開始打造模型，來對外宣揚他的可攜式電腦大夢。貝爾和紐維爾對這個想法非常感興趣，積極向他招手。他在一九七〇年尾時接受了工作邀約，那時他也在為鮑布・泰勒做顧問服務，協助籌備帕羅奧圖研究中心。

不過，到了出發前那一刻，凱伊卻轉變了心意。到了四、五月間，帕羅奧圖研究中心已開始散發無限潛力與創新能量，泰勒手下這個團隊顯然具有改變世界的潛能，而凱伊希望成為其中一份子。不只如此，由於泰勒在猶他大學期間就聽說過凱伊的 Flex 電腦，因此他告訴凱伊只須「跟著感覺走」，換句話說，等於是開了一張空白支票給凱伊，提供他與一流電腦專家共同追夢的機會。

就這樣，凱伊成為創意的整合家。不只如此，他還是史上第一位從藝術家而非工程師的角度來設計電腦的人。配合他對增縮概念的早期深刻認識，凱伊因而得以跨出超越恩格保「以電腦為工具」理念的重要一步。他將個人電腦視為一種全新媒介，而這又讓他聯想到馬努修斯（Aldus Manutius）的洞見。馬努修斯在印刷術發明後約四十年，制定了現代圖書規格，而他深知書籍版面必須小到能夠放入鞍袋，才有助於普及。而在二十世紀，依照同樣的邏輯，電腦的大小也不應該超過筆記本。這是個有力的創見，但在初期卻只有凱伊和利佛莫爾實驗室的超級電腦宗師席德・費恩巴哈等少數人，能有此先見之明。而凱伊在萌生此一信念後，便再也無法擺脫其影響。他不斷對他人鼓吹這幅願景，激發矽谷三十年發展中最重要的兩、三個「開拓性」遠見之一。

凱伊的想法經常與全錄管理階層相牴觸。公司經營策略主管唐恩・潘德利（Don Pendery）的作風，就讓他看不慣。凱伊眼中的潘德利把一切歸納爲「趨勢」，思想太過保守，總是擔心「未來會怎樣？全錄要怎麼做，才能維護既有利益？」

凱伊經常被這樣的問題惹惱。一日他忍不住直言：「聽好，預測未來最好的方法，就是自己創造未來。」③

根據凱伊的說法，潘德利從未完全接受帕羅奧圖中心研發人員的想法或態度。兩人之間的基本價值差異，迫使凱伊提出一系列放眼未來科技的報告，也就是所謂的「潘德利報告」。在這些文件中，還包括了凱伊稱之爲「顯示轉換器」（display transducer）的超薄電腦藍圖，由一支觸控筆、一面顯示立體影像的雙凸透鏡、一具電視攝影機，和抽取式記憶體組成。這樣的設計充滿了野心，足可媲美今日的高檔筆記型電腦。

雖與全錄高層格格不入，凱伊在帕羅奧圖倒是如魚得水。摻雜大學城和中產郊區的氣氛，一九七〇年代的帕羅奧圖市非常適宜人居。適逢當地積極闢建單車專用道，他無論上那兒都騎腳踏車，從不開車。他逐漸愛上單車的簡單輕便，甚至拿單車來比喻自己的 Dynabook 願景。「心靈的單車」——或許恩格保「以電腦爲工具」的概念也不乏道理，因爲十多年後蘋果電腦就眞的把這句話放進了廣告文宣。

獲得泰勒首肯，凱伊雖不願做主管，但體認單打獨鬥不足以成事，他也開始組織自己的團隊。他把研究團隊命名爲「學習研究小組」，並很快展現出他的整合能力。與其說他在徵召研究員，不如說他是在尋找共事夥伴。他決定他只聘用那些「聽到筆記型電腦概念時，眼睛會發光的人。」④

有些人，像是約翰・夏許，剛畢業就加入團隊。有些則是過客。凱伊旗下最頂尖的程式員戴安娜・梅瑞（Diana Merry）當時因爲丈夫接下洛克希德的工作，夫婦倆剛從南加州搬過來。她之前上過一些寫程式的課，而在風聞帕羅奧圖研究中心的名聲之後，她決定與其在其他地方擔任程式員，還不如應徵全錄的祕書職位。梅瑞原本只是短期雇員，後來被轉調實驗室主管傑瑞・艾爾金（Jerry Elkind）的正職祕書。不久後她開始在走廊上請教凱伊程式問題，凱伊同意給予指導，很快地，她就能用低階語言爲專案寫程式了。

也有人是在進入全錄工作後，被凱伊的研究所吸引，因爲即使在帕羅奧圖研究中心這麼尖端的研究機構，他的研究員談的都是「超酷的玩意兒」。

丹恩・英格斯（Dan Ingalls）原本在凱伊辦公室對面的語音辨識小組工作，但他很快發現凱伊的專案更有趣。英格斯一九六六年來到史丹佛攻讀電機研究所，他出身麻州劍橋市，是世家子弟也是書香門第，家中擁有維吉尼亞州大片土地，但他父親卻是哈佛的梵文學者。二次大戰期間，能夠讀寫二十種語言的丹尼爾·英格斯（Daniel H. H. Ingalls）加入一群五角大廈網羅的頂尖學者，運用他們的語言天份協助破解密碼。戰後英格斯家人返回劍橋，丹尼爾二世上了哈佛，就讀物理系。大四那年，他就開始嘗試用他從劍橋市二手商店挖來的電子零件，組裝各種電子計算尺。

設計簡單的電子線路從此成了他的嗜好。哈佛畢業後，英格斯根據兒時出遊回憶，決定投向加州海灘和史丹佛大學。進入史丹佛，他對硬體的熱情稍微冷卻，開始投入更多時間在軟體設計上。ＳＡＩＬ常客史丹佛電腦專家唐納德·努斯開課時，英格斯也前往聽課。

努斯的課程專門討論程式最佳化，也就是加快程式執行效能的技巧，英格斯聽後眼界大開，逐漸學會設計所謂加速程式——一種可改善程式執行瓶頸的軟體。努斯的課程也開啓了英格斯的創業之路，他成立一人顧問公司，替人改寫 Fortran 程式。不過公司剛開張，就碰上難以克服經營障礙：Fortran 的用戶都是政府機關，而這些機構爲了拉高硬體採購預算，根本不想改善程式效率！

英格斯也在史丹佛參與了反主流文化。他住在公社裡，嘗試各種迷幻藥。就像許多那個年代的大學生一樣，一開始朋友介紹他吸大麻，接著是迷幻蘑菇，最後接觸ＬＳＤ。閒來無事，他就用自己的電子專業設計類似舊金山菲爾摩爾（Fillmore）和亞維隆舞廳（Avalon Ballroom）裡那種燈光秀。早在雷射表演普及化前，他就開始玩雷射裝置，並自己動手做了一個五彩燈球。

他還改裝電視機，製造出變形的利薩如圖案（Lissajous figures），也就是電視影集《第九空間》（*The Outer Limits*）當作片頭畫面而家喻戶曉的那種交織線條圖（「不要嘗試調整電視畫面——我們已經控制了訊號傳送……」）。

他對所有六〇年代加州體驗都來者不拒，也常去聽自稱郎姆‧達斯（Ram Dass）（譯註：印度語，意謂上帝僕人）的前哈佛心理學教授理查‧阿伯特（Richard Alpert）演講。阿伯特曾與另一位哈佛教授提摩西‧李瑞（Timothy Leary）主持早期的ＬＳＤ實驗。至於學生示威，英格斯則較少參與，前後僅參加過一次校園靜坐。雖然他基本上贊成止戰，但他認爲自己與許多激進學生的觀點不同。他發現自己比較認同史都華‧布蘭德在《全地球目錄》裡宣揚的廣義反動文化。他開始與另外五個人一起住在史丹佛校園附近的小公社，沒事就在屋後的池塘裸泳。

他後來重起爐灶，又開了一家軟體顧問公司。這次爲了迎合市場需求，他將加速程式改寫爲COBOL語言，果然讓生意有了起色。問題是英格斯厭惡COBOL，認爲它是一種不優雅的程式，令他提不起經營的興趣。不過撰寫加速程式至少爲英格斯製造了機會，他後來與全錄簽約合作，替出身ＳＡＩＬ的喬治‧懷特（George White）在帕羅奧圖研究中心開發語音辨識技術。

英格斯隨後又介紹了他在史丹佛的朋友泰德‧卡勒（Ted Kaehler）進入帕羅奧圖研究中心。卡勒的父親是機械工程師，經常在車庫埋首工作，閒來喜歡開飛機，因此卡勒從小就接觸理工科學。高中時，他上的是帕羅奧圖市三所高中裡最新成立的古恩高中（Gunn High），這裡的學生絕大多數都是史丹佛教授或學者專家的孩子。事實上，古恩高中學校後方就是菲柴德半導體，這家公司在一九五七年由傳奇「八叛徒」一起脫離夏克利半導體（Shockley Semiconductor）而成立，從此奠定矽谷公司的創業模式。

卡勒在六〇年代中的《美國科學》雜誌上，讀到一篇討論流控技術的文章，因而決定成立自己的公司。用液體來做電腦設備的想法頗爲怪異，還好後來他在菲柴德找到一個寫 Fortran 程式的暑期工讀機會，並在那裡遇到一位非常照顧他的資深工程師溫德爾・山德斯（Wendell Saunders）。山德斯說服了這位數學神童，用矽晶片來做電腦還是比較實際的作法。

就讀古恩高中時，他也入選爲全市科學俱樂部的成員，每個星期四晚上在鄰近的帕羅奧圖高中集會。全體會議過後，這些來自三所高中的資優學生再打散爲不同學科分組。卡勒選了程式語言組，其中一名學生的父親在史丹佛校園外圍的ＩＢＭ科學中心任職，因此就由他來帶領小組討論。

等到獲准進入科學中心後，卡勒每天下午都跑來使用連結到紐約ＩＢＭ主機的終端機。初次接觸電腦的他，等於是把機器當成個人電腦來使用，因此後來當他取得史丹佛大學電腦的維護帳號密碼時，就開始每天晚上不停輸入打孔卡片。幾天之後，他才知道自己已經把那個帳號整個月的配額都用光了。

這就是帕羅奧圖研究中心成員的心態：在一九七〇年代，凱伊的研究團隊聲稱無論多麼強大的硬體配備，在他們手中都會很快俯首稱臣。

一九七二年尾，凱伊已建立起團隊雛型，但他差點就落得沒有電腦可用。帕羅奧圖研究中心由三個實驗室組成，原本的計畫是將經費投入分時共享系統。畢竟，一臺供研究用途的電腦仍需花費五到十萬美金，沒有人會將如此龐大的資金投注在單一個人身上，無論此人有多大的創造力或生產力。

更麻煩的是，那一批出身柏克萊電腦公司的電腦工程師也開始在全錄內部興風作浪。這群特立獨行的電腦專家決定不使用全錄剛併購的南加州科學資料系統公司（SDS, Scientific Data Systems）生產的Sigma 7電腦，而打算自己組裝一臺取名MAXC的電腦。這臺電腦將仿造迪吉多電腦設計，因爲此型電腦已經成爲阿帕網社群的標準配備。

這項決定並非無理取鬧。多數研究員都認爲迪吉多設計優於Sigma電腦。此外，前者的可用軟體數量多，也就是說用處比較廣。不過這個決定卻埋下了雙方決裂的種子，因爲全錄已在ＳＤＳ投下大筆資金，此一魯莽舉動讓全錄東岸高層，與公司其他部門都難以諒解。

除了柏克萊工程師的問題，比爾・英格利來到帕羅奧圖後也成立了POLOS（PARC On-Line Office System）實驗室，目標是打造一套更先進的ＮＬＳ系統。帕羅奧圖研究中心已經採購了幾臺通用資料公司（Data General）的Novas電腦，英格利打算用分散式運算的概念，讓用戶感覺像在使用個人電腦。POLOS的設計在某方面來說也打破了傳統，它利用迷你電腦的成本效益來建立一套多主機系統，軟體程式則在機器間不斷交換以共同分擔運算工作。此一概念其實已經遠遠超越時代主流。⑤

不過這和凱伊追求的個人電腦大夢卻相去甚遠。他開始以「過渡型」Dynabook——也就是一系列可供探索個人電腦概念的原型機——來解釋自己的電腦設計理念，其中包括一臺取名迷你機（Minicom）的概念電腦。凱伊用木料和紙板製作實物模型，以便能夠更具體的想像其外觀。迷你機類似可攜式電腦，也像是隨身縫紉機，其外觀草圖非常接近一九八一年上市的第一臺商用可攜式電腦——奧斯朋一號（Osborne I）。

爲配合兒童隨身電腦的概念，凱伊也開始勾勒一種新程式語言的雛型，也就是Smalltalk。這個名字取得很有行銷概念，因爲他判斷若能把外界期待壓低，那麼只要這套程式語言還有可取處，都會讓人如獲至寶。

帕羅奧圖研究中心承襲了ARPA一貫渡假開會、腦力激盪的傳統，全體研究員在一九七二年一月搭機到猶他州滑雪勝地阿爾他（Alta），展開一系列研究方向討論會。在山上期間，研究員各自發表了對未來電腦的理念。大家都知道凱伊在打造Dynabook，查克・塞克則想要設計一臺比Nova快十倍的電腦，另外，巴特勒・蘭普森（Butler Lampson）打算把PDP-10縮小到手提箱大小，價錢壓低至五百美元。顯然，不同的願景間，已有重疊之處。

一九七二年五月，凱伊在PARC電腦科學實驗室（CSL, Computer Science Laboratory）共同會議中提出了迷你機藍圖。他希望帕羅奧圖研究中心撥款製作十五套原型機，以便裝置在教室裡，觀察其功能與效益。這些原型機的效能可能比不上 POLOS 專案使用的 Nova 電腦，不過他認爲可以採用 Novas 的基本架構。他試用過新力的九吋黑白映像管，發現文字與圖形的顯示效果不錯，尺寸正適合他的可攜式電腦藍圖。

這是一場有力的概念簡報，凱伊闡述了攜帶型個人電腦的各種潛在用途，雖然他知道電腦的視訊記憶體必須花上數千美金，但從產業趨勢可以確定記憶體的價格將持續大幅下滑。⑥遺憾的是，眞正有決策權的人並不欣賞他的理念。電腦科學實驗室主任傑瑞·艾爾金（Jerry Elkind）起身發言，否決了整個計畫。他表示實驗室的錢已經投入 MAXC，因此凱伊的計畫無法列入研究重點。

凱伊大受打擊，原本開會前他信心十足，自己的想法必獲採納。然而就在幾分鐘內，他的堅實信念就被人徹底粉碎。他悄悄走出會議室，回到自己的辦公桌前，整個人崩潰痛哭了十五分鐘。這次挫敗讓他調整方向，重新來過。他找上了情同兄長的比爾·英格利，尋求指引。英格利替他規劃了新的研究方向，以教育研究爲目標，以提高專案在想法封閉的企業研究機構裡的接受度。

於是凱伊重新振作，開始思考在沒有電腦可用的情況下，下一步該怎麼走。他手上有一些錢，或許可設置一個低成本的兒童電腦環境。無論如何，他至少可以借用POLOS專案的電腦，因此從那年夏天開始，他開始利用ＮＬＳ資深硬體工程師羅傑・貝茲（Roger Bates）發明的Nova字元產生器，加緊趕工。這套配備的功用是讓電腦螢幕上能夠顯示多種字型。

夏天結束時，凱伊的團隊已大致完成圖形動畫與一套電腦繪圖系統的模擬展示。他們還試著以Nova編寫音樂合成器，可以演奏三個音軌的高品質數位音樂——雖然陽春，但至少是個開始。那年夏天，比爾・杜佛也加入了英格利的POLOS專案，改寫了ＮＬＳ文字編輯器。凱伊逐漸把一切概念和技術整合起來，成爲他理想中的未來個人電腦系統。這段期間的研究成果，是一套安裝在他辦公室隔壁Nova 800電腦上的完整展示程式。

接著，在八月的某一天，PARC另一研究小組的查克・塞克與巴特勒・藍普森出現在凱伊辦公室門口問：「艾倫，你還有經費可用嗎？」

「有啊，」他回答：「我差不多還有二十三萬美金，我打算買幾臺終端機來連上Nova。」

「要不要我們幫你做那臺小電腦啊？」

表面上，這項提議來得讓人意外，因爲這兩位研究員對電腦的看法比凱伊傳統得多，研究目標也和凱伊大相逕庭：他們想要打造的是大型高速電腦，而凱伊做的卻是另類的袖珍機器。這一點挑起了他們的興趣。除此之外，塞克一直都有心參與兒童電腦教育工作，在此之前也曾出手協助凱伊。

而在檯面下，其實還有另一個因素。多年來鮑布．泰勒一直敦促研究員朝他所謂的「顯示器電腦」(display-based computer)發展，他所面臨的阻礙在於那個年代的工程師擺脫不了約翰．麥卡席設定的思考框架：電腦是必須共享的昂貴機器。雖然起初巴特勒和塞克不太理會泰勒，但最後他們還是響應了他的號召。

泰勒的專業領域是新興的電腦人因設計，因此對於互動性、高頻寬通訊等人機溝通問題特別在意。對於一個長期在早期電腦低速終端機前工作的人來說，會產生這樣的想法也是遲早的事。泰勒與利克里德一九六八年在《科學與技術》(*Science and Technology*)期刊上發表的「電腦之通訊潛力」一文中，便描繪了這幅技術遠景。雜誌封面是他們兩人坐在五角大廈辦公室裡，各擁一具電腦螢幕的畫面。⑦

於是雙方達成共識，他們將在工作以外時間，趁著傑瑞．艾爾金派駐企業客戶的幾個月，完成這部機器的設計。日後這兩位電腦工程師向凱伊坦承，他們的動機其實有一部份是出於塞克和另一位全錄工程師打賭：如果構造簡單，塞克可以在三個月內做出一部電腦。結果塞克贏了賭局。⑧

最後的成品，取名爲奧圖，這是一臺外型特殊、概念前衛，直到十年後仍讓人驚嘆的電腦。它所代表的是全新的使用理念：一臺電腦的所有配備和功能都僅供一人所用。奧圖擁有一具顏色偏藍的黑白顯示幕，由鍵盤和滑鼠操控。它的內部架構也和外表一樣悖離傳統。舉例來說，奧圖的記憶體有三分之二用於顯示資料，而非程式儲存，這在以前根本是不可能的。除此之外，電腦的效能更幾乎全部投注在畫面處理，而不是用來執行程式。奧圖可說完全顛覆了電腦的發展歷程。

對某些人來說，觀念的調適並不容易。全錄高層代表看到奧圖的反應是：「啊，很不錯嘛，可是要怎麼讓三、四個人同時上線呢，因爲這玩意兒有點貴呀。」

這種想法當然是搞錯了重點。一九七二年尾，藍普森在一份題爲「奧圖緣起」(Why Alto)的備忘錄中提出解釋：「如果我們對低價高效能個人電腦的看法是正確的，那麼奧圖將是最具說服力的概念展示，」他寫道：「而若不幸我們錯了，也可以透過奧圖找出問題癥結。」

奧圖在一九七三年四月問世時，展示畫面包括《芝麻街》(*Sesame Street*)裡頭甜餅怪(cookie monster) 一手抓著餅乾、一手拿著字母「C」的模樣。

但早在甜餅怪出現前，這部機器在開發時期顯現的第一幅畫面，其實是《維尼熊》(*Winnie the Pooh*) 圖畫書的第一頁，看起來就和眞的印刷品沒兩樣，呈現出小維尼熊圖案與文字交融的效果。這些小熊是凱伊不斷敦促程式員的結果，他要求必須在畫面上呈現字型大小變化的效果。

對許多人而言，這臺機器扭轉了他們的既有觀念。其中最出名的，當然就是一九七九年十二月史提夫・賈伯斯與蘋果工程師那次短暫的參訪。但賈伯斯並非唯一特例。事實上，任何在資訊界工作的人，都很難不被奧圖挑起對個人電腦的飢渴。

道格・恩格保一九六八年那場發表會揭櫫的理念，終於透過奧圖實現，並拓展到學術界以外的領域。但第一臺眞正的個人電腦在一九七〇年代卻無法跨出全錄實驗室的門口，被視爲是商業機密。史都華・布蘭德一九七二年十二月在《滾石》(*Rolling Stone*) 雜誌上發表那篇開創性報導時，外界對這套系統幾乎一無所知。

報導中，安妮・賴波維茲 (Annie Leibovitz) 拍攝的照片捕捉了這所帕羅奧圖山腳實驗室裡邊幅不修、隨性自由的氣氛。不過鏡頭前的約翰・夏許卻轉過了頭，刻意把臉藏在筆記本中。經過大學反戰示威的歷練，夏許已培養出趨吉避凶的直覺。史都華・布蘭德當時經常帶著攝影師進出實驗室，與人訪談，夏許只覺他的訪問遲早會帶來麻煩。

「這八成會出問題，」他暗忖，同時把頭埋進筆記本，避開賴波維茲的鏡頭。當時許多研究員正在氣氛類似大學宿舍的研究中心辦公室裡偷閒放鬆。

夏許的直覺奇準。這本搖滾樂雜誌刊出布蘭德的文章後，立刻引發全錄康乃狄克州史旦佛 (Stamford) 總部的震撼與不滿。這家影印機大廠的客戶都是企業機構，布蘭德在媒體上公然將未來電腦比喻爲迷幻藥，讓全錄相當感冒。史旦佛總部認爲《滾石》雜誌的讀者一定都是缺乏責任感、不洗澡、穿涼鞋的嬉皮，換句話說，就是不屬於全錄的客戶群。

這篇文章終究在協助全錄高層了解西岸文化上發揮了一定作用，但其立即效應卻是導致實驗室主管被檢討，以及停止一切外界參訪。布蘭德揭露了高科技演進的分界線：過去科技的存在是爲了服務企業，但如今另一種模式逐漸浮現；西岸的另類文化正在重塑電腦概念，同時創造一種新媒介。

這場風波很快結束，但實驗室卻因此染上媒體恐懼症。布蘭德後來致電泰勒，告知他有意將那篇文章擴大成書，引發兩人之間充滿火藥味的言詞交鋒。布蘭德最後答應將實驗室化名爲「見光死研究機構」（Shy Research Corporation），才安撫了泰勒。

藍普森的「奧圖緣起」備忘錄在《滾石》報導刊登兩個星期後發出，內容規劃建置三十臺奧圖個人電腦，以協助艾倫・凱伊進行教育評估。他估計第一套設備的成本約在一萬零五百美元，主要具有四種一般用途：建置網路以評估檔案應各自存放還是集中儲存；執行恩格保的NLS系統；充當個人電腦；以及執行電腦繪圖。

十年之後，蘋果電腦數度嘗試將全錄奧圖的原型機商品化，但一直到一九八七年麥金塔二號個人電腦上市，凱伊與他的組員在一九七三年開發完成的技術，才終於可供消費大眾以數千美元的代價取得；至於他最原始的 Dynabook 概念，更要到數十年以後才成功普及化。

一九七二年，第一顆微處理器剛問世，處理效能只夠應付掌上型計算機，因此奧圖是由多種昂貴的晶片組合而成。電腦主機爲落地式，尺寸接近一個兩抽的檔案櫃。設計者借用了英格利的POLOS專案概念，換句話說，就是大量參考了道格・恩格保的原始拔靴帶理論。大體來說，這部電腦的技術成就可觀，但它仍缺少一些關鍵要素，而這些要素將由第一位發現簡單之美的泰斯勒來塡補。

拉瑞・泰斯勒直到一九七三年二月才來到帕羅奧圖研究中心。他走的是一條迂迴的道路，而每回想起這段曲折的歷程，都令他扼腕。

入住公社的理想沒有實現，他六個月內就把錢花完了，因爲在奧瑞岡公社的生活花費比他想像得高，更糟的是，公社附近完全找不到任何程式相關工作。

好不容易他在農場四十英哩外的葛蘭茲口（Grants Pass）找到一臺電腦。這機器屬於當地一家銀行。當泰斯勒請問行員：「你們需不需要程式員？」，對方回答：「我們有幾個程式人員的名額，但都是由行員升任。」

「可是我有經驗哪，」他說。

「沒錯，可是我們必須以內調爲優先，」對方表示。

另一臺電腦則在艾許蘭市（Ashland），開車需要兩個小時，委實不太實際。最後泰斯勒只好領救濟金過了兩個星期，剛好足夠讓他搭便車旅行回到帕羅奧圖找工作。回程中，他途經史丹佛人工智慧實驗室，才知道凱伊曾經來找他，引薦他去帕羅奧圖研究中心工作。

一九七〇十二月，他致電ＰＡＲＣ後前往面試，當時實驗室裡大約只有十二名員工。

「你想要一份工作嗎？」研究中心人員問他。

「不想，」他回答：「我只想當顧問，因爲我希望住在奧瑞岡。」對方表示會考慮。不過一個月後，泰斯勒又回來了：「我改變心意了，我想要一份工作。」很顯然他的鄉居大夢已然破滅。

「太晚了，我們現在人事凍結，」研究人員表示。

於是泰斯勒又回到史丹佛人工智慧實驗室，撰寫文字編排軟體。隔年凱伊又打電話告訴他，比爾・英格利的POLOS小組有個空缺。泰斯勒有些猶豫，因爲那聽起來像是企業應用，而非個人電腦技術。泰斯勒對於凱伊的Dynabook非常有興趣，可是凱伊的小組員額已滿。凱伊建議他可以一半時間在他的學習研究小組工作，另一半時間在POLOS小組做事。不過，當他看到ＰＡＲＣ提出的薪水條件時，卻發現待遇只比泰斯勒在史丹佛的薪資高一點。

泰斯勒感覺受辱。四年前他自己開顧問公司時，領得錢都比這多。而他認爲民間企業的薪資應該高於學術界才對。他回絕了工作邀約，這也是實驗室第一次請人被拒。

不過一年之後，ＰＡＲＣ又多出一個工作機會。這次對方開出的條件比先前稍微好一些，而且保證他可以有一半時間參與凱伊的研究開發。這回，他接受了。

不過他到任後卻立刻遭遇恩格保增益理論的複雜哲學，因而與出身ＳＲＩ的研究員發生理念衝突。過去在SAIL的工作經驗讓泰斯勒對當時的標準運行模式極度反感，從他第一次使用互動電腦系統開始，他就一直不能適應所謂的「模式」(modes)。當時大多數軟體都須要進入不同模式來執行不同的工作。例如在文字處理程式中，文字編排和文字輸入分別須要進入不同的模式才能運作。泰斯勒相信模式是一般使用者學習電腦時最大障礙之一。

他反對恩格保對電腦工具的看法。恩格保認爲學會一套複雜系統帶來的巨大效益，足以輕易彌補投入的時間成本；他的想法是：人們願意花三年學習一個語言、花十年學習數學，又花那麼多年學習閱讀，當然不會在意花六個月來學習使用電腦。

泰斯勒卻認爲這種想法荒謬可笑。他相信所有人都應該在一星期內學會用電腦。

「我就是一個星期學會的呀，」一位NLS系統程式員表示。

「是啊，但你們那些助理花了六個月還只會基本功能，」他回答：「他們可不像你。」

他開始展開使用者意見調查——這在以前幾乎沒有人做過。他的目標是縮短學習時間到一個星期，但他後來發現如果一套編輯器設計的夠簡易，其實只要一個小時就可以輕鬆學會。

初抵帕羅奧圖研究中心時，他見過魯利夫森，而他就是替恩格保設計NLS指令語言的人。泰斯勒告訴魯利夫森他無法忍受NLS的各種模式，並表示他認爲這些模式降低了NLS的易用性。

「到底爲什麼要有這些模式？」他問。

「說來好笑，其實是我設計的，」魯利夫森說

「目的爲何？」泰斯勒問。

「沒有目的，」他回答。「我們原本打算設計一套使用者介面，但至今沒人動手。」

對增益研究員來說，使用者介面是最不重要的部份，事實上，魯利夫森是在撰寫ＮＬＳ品管程式的時候，制定了大部份的使用者介面指令，之後便未再更動。POLOS小組的研究員始終認定ＮＬＳ使用者介面非常優秀，英格利甚至還僱了一名技術文件人員來整理這些指令和製作說明文件。

泰斯勒和魯利夫森都認爲這套介面有改善空間。他們開始撰寫一份圖示檔案系統的計劃書，使用卡通化的圖形介面來建構所謂的「供非程式員使用之極度一般化顯示環境」(OGDEN, Overly General Display Environment for Nonprogrammers)。之後兩人嘗試將此計畫付諸執行，不過沒有太大進展。

雖然如此，泰斯勒仍堅信奧圖代表的個人電腦技術才是正途，但英格利不願在ＮＬＳ系統完成前討論他的簡易電腦概念，讓他倍感挫折。ＮＬＳ在他眼中根本行不通，因爲它的設計太過複雜，而且同樣具備ＳＡＩＬ系統的缺陷。

他決定不輕言放棄。在替凱伊工作期間，他繼續進行使用者意見調查，實驗新的使用者介面設計，同時不斷開發適合無經驗電腦使用者的軟體功能。

他寫了一個簡單的編輯器，取名「迷你鼠」（Mini-Mouse）——基本上就是一個虛擬打字機——然後請街上從沒見過電腦的民眾來試用。結果發現這些人幾乎馬上就能開始做文字編輯。另外，他也找了一位祕書來印證他理想中的高效率電腦操作方式。帶著些許惶恐，他把這些調查和實驗結果寫成一篇報告，上呈給英格利。他不知道這位POLOS小組領導人會有甚麼反應，擔心自己可能被炒魷魚。

結果正好相反，因為英格利是個講究證據、標準工程師性格的人，而他以前從未見過使用者介面的相關報告。如今從這份報告中，他體認到泰斯勒已掌握一些關鍵概念。正好在那時，一家提供研究經費給PARC的全錄關係企業要求回饋，英格利便把泰斯勒調離NLS計畫，讓他根據自己的理念設計一套編輯系統。

要求回饋的那家公司，是全錄旗下設在波士頓的教科書出版商吉恩公司（Ginn and Company），在吉恩派來的電腦專家提姆．莫特（Tim Mott）協助之下，泰斯勒開發了一套功能更為完備的文字編輯軟體。當時奧圖電腦正好開發到可執行其他軟體的實用階段，在他們開始寫程式那時，只有五到六臺機器可供使用，其中一臺用來開發作業系統，一臺專供SmallTalk使用，另一臺則用於開發辦公室網路協定乙太網路（Ethernet）。

泰斯勒和莫特徵收了剩下的奧圖電腦中的一臺，開始幹活。因為害怕別人將電腦移作他用，他們每人每天工作十四個小時，交互換班，日以繼夜連續趕工兩個月，最後完成一套簡易文字處理程式，取名吉普賽（Gypsy）。這套程式提供文字剪貼、拖移滑鼠選擇文字區塊、雙擊滑鼠鍵選擇英文單字，以及命令選單等創新功能。（拖移選擇其實早在增益計畫中便已嘗試過，但因早期輪軸滑鼠不夠精確而無法實現。後來，全錄實驗室在柏克萊工程師傑克·豪利〔Jack Hawley〕協助下改造了滑鼠設計，以圓球取代輪軸，使得滑行變得順暢精準。）

吉普賽的前身是另一套爲奧圖開發的文字處理器「采聲」（Bravo）。這套軟體由出身柏克萊電腦公司的匈牙利裔程式員查爾斯·西蒙伊（Charles Simonyi）寫成，也是第一套所見即所得（WYSIWYG, what-you-see-is-what-you-get）編輯軟體。

連續好幾年，采聲的成就都沒有得到全錄高層的重視，此一隔閡正暴露了全錄企業視野的局限性，也是全錄無法從七〇年代明顯的技術優勢中搶得先機的關鍵原因。西蒙伊後來跳槽微軟，替微軟開發了新版本采聲，衍生出後來的 Word 軟體，不過就在他離開之前，卻發生了一個小插曲，再度突顯無論PARC開發出多麼優秀的技術，全錄主管都無法跨越傳統與個人電腦之間那道觀念鴻溝。

一九七七年，全錄總裁彼德·麥克斐與九位高階部屬造訪PARC，親自體驗奧圖的各項功能。長達兩天的簡報企圖心十足，目的在讓企業主管了解這項技術的強大潛力。

但簡報結果卻徹底失敗。麥克斐回到全錄企業總部後，碰上帕羅奧圖研究中心的電腦繪圖專家羅勃特·佛萊葛（Robert Flegal）。

「我聽說你看過了采聲的簡報，」佛萊葛問：「不知觀感如何？」

這位影印機大廠最高主管明明手中握有關鍵電腦技術，可以用來製作數位內容，再透過自家影印機複製，坐收豐富獲利，可是當時他卻這麼回答：「我從來沒看過有男人打字這麼快的。」⑨

如果帕羅奧圖的研究員體認現實文化背景，恐怕就會聰明地找個女人來做技術展示了。采聲是第一套充分運用奧圖的字型顯示能力，讓螢幕顯示與列印結果完全一致的軟體。但由於西蒙伊還是使用了模式，因此泰斯勒與莫特認爲這套程式仍有改善空間。

爲了證明他們的論點，兩人將吉普賽安裝在吉恩公司的辦公室。原本訓練約聘人員使用公司內部的編輯系統，都需要好幾天，但在引入吉普賽之後，學習時間縮減爲一個小時，使得臨時人員的僱用期間可以天來計算，而不必像過去至少須聘用一個月，才能彌補訓練支出。

在泰斯勒努力廢除模式之餘，也觸發了另一項重要技術進展。在研發迷你鼠的過程中，他發現移動文字區塊的工作必須撰寫很多軟體常式來完成。於是他找上查克・塞克，希望能夠內建一個「區塊作業」指令，用於擷取螢幕上的區塊位元資料，輕鬆進行移動、複製，或反相轉換。

「不可能，」塞克回答，一副辦不到的表情。當時奧圖的唯獨記憶體（ROM）——直接內建在電腦硬體裡的基本軟體指令——只有大約五百位元組容量。「我們打算增加到一千個位元組，」塞克表示：「但你說的那種作業至少要佔用三百個位元組左右，把三成唯獨記憶體投注在畫面顯示上是不值得的。」

但泰斯勒不是輕易退卻的人。他把想法告訴凱伊和英格斯，兩人都表示支持。某日，英格斯告訴泰斯勒他在構思一個更具野心的作法，而且他已開始學習低階的微指令（microcode），以便完全發揮硬體效能。

英格斯在與戴安娜·梅瑞討論過後開始動手。梅瑞在凱伊的小組裡負責撰寫文字顯示相關的系統程式。英格斯分析問題，發現類似需求其實不僅限於文字，而是所有畫面資料顯示都會碰上的問題。

我們難道不能一次解決這些問題嗎？他思考著。他花了幾個月時間研究，最後發現一種最節省位元空間的方式，換句話說，他找到了只須讀取一次區塊資料，然後一次寫入資料到記憶體中的方式。

這個靈感就像圖畫般出現在他腦海。當使用者在螢幕上進行資料搬移，無論是上下捲動畫面，還是複製文字或圖形，都牽涉到電腦記憶體裡的來源位置與目標位置。在他的想像裡，這就像是一個從起點轉到終點的滾輪。英格斯提出解決之道後，立刻被奉爲最佳方案，並廣泛使用於日後所有圖形化電腦系統中，甚至當今麥金塔、視窗系統的核心都沿用了這套技術。不過在一九七〇年代初，這卻是一個大膽創新的觀念。區塊位元移轉（BitBlt）技術可以在使用者按下滑鼠按鍵時，立刻在奧圖的螢幕上「蹦現」圖形選單。它就像其他軟體技術一樣，是現代圖形電腦介面的重要根基。

當時的文化氣氛是否對此技術突破有著催化作用？英格斯曾嘗試迷幻藥，吸大麻，讓自己進入更有創意、內省的狀態，但兩者間並沒有像凱瑞・穆利斯（Kerry Mullis）嗑LSD之後發明聚合酵素連鎖反應（PCR）那樣戲劇性的連結。不過多年後，當旁人問到Smalltalk的創意來源時，英格斯每每會開玩笑回答：「要不然你以為那些想法是哪裡來的？」

英格斯在一九七四年秋天的PARC研究員每週大會中，發表了這項新功能。此一會議制度稱為「莊家」（Dealers），是由泰勒所發起和命名，其由來是麻省理工學院教授愛德華・索普（Edward O. Thorp）所寫的一本書《打敗莊家》（*Beat the Dealer*）。索普在書中提出一套玩二十一點的贏錢理論，讓泰勒對書呆子教授打牌通吃的畫面印象深刻。此一例行會議後來發展成為技術發表，以及集體面試求職者的場合。

區塊位元移轉的展示在凱伊小組內部，和其他研究員之間引發震撼，唐恩・華勒斯也是其中之一。（這位恩格保旗下最資深的程式員之一是根據一項技術交換協議來到PARC，目的在將NLS技術引入全錄。）他當時在研發一套新程式語言梅沙（Mesa），思考模式仍停留在大型電腦框架裡。

但英格斯的簡報卻徹底扭轉了華勒斯的觀念。聽完簡報，他立刻開始在一具代號海豚（Dolphin）的電腦原型機上設計視窗系統模型，花了大約一星期把英格斯的成果複製到海豚的軟體當中。這部機器後來衍生爲速度緩慢卻昂貴的星辰（Star）電腦——全錄第一臺推出上市的辦公室電腦商品。

雖然最初遭遇阻力，但到了一九七五年，個人電腦的優勢已昭然若揭。在研究中心內部，觀念的更迭已然完成，PARC的研發方針確定轉向個人電腦。POLOS計畫功成身退，英格利與杜佛等人發起的分散式運算研究要到二十年後才會重出江湖。

全錄帕羅奧圖研究中心的科學家相信他們正在創造未來，因此當拉瑞．泰斯勒在一九七五年某一天走進辦公室宣告研究室外頭正興起一股重要趨勢時，並沒有太多人當眞。

這或許並非單純的傲慢，雖然PARC研究員確實自視爲終結企業分時電腦模式的牧羊人大衛，但問題的癥結恐怕純粹是人性使然。類似的情節已在電腦發展史上多次重演，未來仍舊會不斷上演。不管多麼熟悉摩爾定律，任何一個電腦技術世代，都很難接受自己很快會被下一個世代席捲淹沒。

帕羅奧圖中心裡不少研究員都知道有業餘電腦玩家的存在，但由於那些小機器幾乎不具實用性，因此很容易就被貶低爲玩具。艾倫．凱伊還曾調侃自製電腦俱樂部成員，說他們在電腦壞掉時反而比較高興，因爲這樣他們就有事做了。

不過，拉瑞．泰斯勒看到的東西卻激起了他的好奇心。當時他住在門帕市荷馬巷（Homer Lane），與佛瑞德．摩爾是鄰居。兩個單身父親，抱持同樣激進的政治立場，談起電腦時，佛瑞德秉持《全地球目錄》的精神，堅信一般人終將自己打造自己的電腦。泰斯勒對此則態度保留，但是當他看到一份當地報紙報導ＭＩＴＳ公司的牛郎星8800（Altair 8800）電腦套件將透過一輛展示卡車，來到帕羅奧圖做宣傳時，他決定要去瞧個究竟。六個月前，《大眾電子》（*Popular Electronics*）雜誌曾在封面故事報導牛郎星電腦，這具藍色邊框的鐵盒子除了面板上的燈泡和開關之外，似乎功能不多。如今這家總部位在新墨西哥州阿布奎基（Albuquerque）的電腦公司決定以巴士巡迴的方式，到全美各地做展示。

泰斯勒前往帕羅奧圖砂石路的瑞奇飯店（Rickey's Hyatt House Hotel）觀看產品簡報，雖然機器本身沒有讓他留下太深印象，但他仍然回到研究室宣告：「我剛看到一個很重要的東西。」

或許是泰斯勒參與學運和自由大學等草根機構的經驗，讓他預先察覺一股社會潮流以及一個新興產業正隱然成形。帕羅奧圖研究中心自以為獨占了個人電腦概念，但泰斯勒卻發現另一種不同形式的個人電腦，也正快速竄起。他很清楚這些機器可能效能不高，但他相信它們必定會以個人電腦之姿出現，全錄最好開始思考因應之策。

可惜沒有人願意聽他的話。ＰＡＲＣ內部只有兩名同事相信他的擔憂有理。雖然全錄最後成立了一個企業評估小組，以了解個人電腦發展，但泰斯勒和那兩名同事出席報告時，卻無人能體認這些小玩具將成日後威脅。

泰斯勒用全錄經費買了另一臺早期業餘玩家個人電腦 IMSAI，並安裝在自己的辦公室裡讓人參觀，看到的研究員無不表示輕蔑，認爲不足爲慮。

「我們的電腦功能比這強太多，又比它好用的多，等我們推出產品，這些機器就沒人買了，」泰勒說。

「你不了解，」泰斯勒無法苟同：「這背後有一股很強的需求在推動。」⑩

他說對了。無論在ＳＡＩＬ、ＰＡＲＣ，還是增益實驗室，阻隔電腦技術外流的機構高牆正逐漸倒下，個人電腦即將下放一般大眾，而居中策動的，正是佛瑞德・摩爾。

8 向諸神借火

《全地球目錄》告別派對，對佛瑞德·摩爾來說是一次意料之外的人生轉折，但並沒有替他的生活或政治思想帶來任何澄清作用，反而加深了他對金錢的憂慮苦惱。

他舉辦了多場會議，討論如何運用他從後院鐵罐裡拿出來的一萬四千九百零五塊美金。他原本就主持一個「反抗學校」組織，現在又成立了非營利的蝶蛹基金（Chrysalis Fund），以協助管理這筆經費。他希望旁人能從有機的角度來思考，因此將這筆《全地球目錄》三年營運帶來的「工具資金」比喻爲毛蟲生命的初始階段。

而告別派對本身可以視爲第二個階段——他在一九七一年九月發出給一百個人的信裡聲稱。而到最後，他希望一隻美麗的蝴蝶能夠破繭而出。

不過短期內還看不到蝴蝶的影子，這一萬四千九百零五美元一如所料地有去無回，迫使摩爾扮起了催賬員，向一群信用紀錄堪虞的客戶討錢。這使得他的反金錢情結再度升高，也更加深他金錢爲萬惡淵藪的信念。

這一切已夠麻煩，但史都華·布蘭德成立的前哨基金會（Point Foundation）卻又從《全地球目錄》的獲利中，再次撥出了一萬五千美金給他。「拿到這錢（一萬五千美元），完全無助解決問題，」他在寫給基金會的第一份進度報告中寫著：「我覺得我在破產時還比較接近解答。雖然破產的時候我必須花許多時間求取溫飽，而在金錢經濟中這就意味著兼職打工。」①

幾個月後，他在日記裡寫下了心中挫敗：

無法成眠。睜眼渡過一夜。腦中思緒翻攪——該做的事，必須的事——瑣事、寄信、改地址惹來的麻煩。但最讓我困擾的是心中的混亂。我的生活破碎無方向、而且相互牴觸，充滿矛盾：我需要團體的歸屬感，我必須離開這裡，或是徹底改變我的生活方式。我希望我的生命／生活圓融和諧，我希望安定下來——但要往何處去？②

他的生活是不斷變幻的拼圖，而他不斷試圖找出正確的組合。那場讓他忘了女兒奇奇的非主流會議，就是其中一塊碎片。非主流會議衍生的計畫當中，包括建立一個所有與會人員的電腦資料庫——因爲這些人遍佈全美各地——然後整理出一份註明個人地址、按興趣分類的清單。

這個資料庫最後終於在史丹佛醫學中心完成。摩爾認識那裡的幾位電腦操作員，而且醫學中心員工背景多樣，電腦也有閒置的時候。先前拉瑞・泰斯勒和吉姆・華倫都在此工作過。在曾經爲約書亞・雷德柏格效力的電機工程師華特・雷諾斯（Walt Reynolds）支持下，醫學中心維持較爲開放的政策。雷諾斯的政治立場與自由大學宗旨相近，也因此在一九六八年回到西岸後，與摩爾結下了亦師亦友的關係。

與電腦接觸成了摩爾的另一片拼圖碎片。六〇年代期間，摩爾幾乎荒廢了他在高中與大學修習的數理科目，不過他仍具有運用簡單零件，拼湊出實用工具的特殊才能。

如今醫學院的雷諾斯，和其他政治立場相近的電腦操作員開放電腦供他使用，讓他開始思考運用這些機器來協助組織動員。他經常在醫學中心裡一次工作好幾個小時——偶爾會把女兒留在外頭的福斯廂型車裡——自學基本的程式語言。

在此同時，雖然機器有其優勢，但他卻對完全接納電腦有些猶豫。從反主流文化的角度來看，大型電腦就是老大哥和官僚的同義詞。但摩爾越來越傾向相信，如果電腦的威力能下放給一般民眾使用，將成爲極爲有力的組織工具。

它開始思考一套能夠連結非主流會議所有與會者的資訊網路。如果能讓世界各地的活動策劃人透過這個網路互通訊息，豈不完美？摩爾實際上是個典型的組織人才。他無時不刻都在編名單、做筆記，而且永遠隨身帶著小記事本以便記下他在反徵兵活動中所遇之人的聯絡方式。

一九七二年六月，他寫下一系列在門帕市聖塔克魯茲大道（Santa Cruz Avenue）全地球卡車商店架設資訊網路的募款提案。最初並沒有獲得太大迴響，也沒有人提供經費，但他仍持續自力規劃，並在十月成立一個非主流文化社群的非營利資訊網路。

按照摩爾的初期規劃，這個資訊網路應涵蓋全美各地，並透過郵件通訊凝聚所有對另類組織和《全地球目錄》所推廣的科技有興趣的人士。利用這本目錄當作分類依據，會員只需繳納少許費用即可收到一分所有興趣相近者的聯絡名單。在此階段，這套系統還沒有電腦化，只靠摩爾一人收寄郵件，用檔案卡填具資料，再整理成名單。

政治與社群動員可以更有效率的可能性，在摩爾眼前不斷浮現。就在鎮上另一頭，平民電腦公司的小型電腦模式不但象徵著機器可能免除人類的單調勞役，更暗示了原本傾向大型企業的權利平衡，即將轉變。

這個想法不但吸引了摩爾這類社運人士，更誘惑著那些單純對機器本身有興趣的電腦圈內工程師。

佛瑞德·摩爾走上柏克萊大學史普勞爾廣場抗議的同一個秋天，另一位年輕人也來到了加州大學。丹尼斯·艾利森（Dennis Allison）是個身材高䠷、黑髮蓄鬚、略帶冷漠的物理系學生。他原本就讀洛杉磯分校，但因爲柏克萊的物理研究更爲先進，再加上當時他在追求一名女孩子——最後以失戀收場——因而來到了北加州。畢業後，艾利森遊走柏克萊學運圈一年半，之後迫於經濟壓力才開始找工作。

結果他找到的工作雖然有趣，卻很寂寞。艾利森這類物理系畢業生在當時的史丹佛研究院是供不應求的人才，他受雇後被分發到佛州偏遠地區，負責在飛彈測試場附近追蹤火箭飛彈的飛行途徑。他的工作是利用一具極複雜的無線電設備描繪飛彈在大氣層內的彈道路線。由於艾利森的專門領域是放射物理，而飛彈測試爲了不驚動百姓多半設定在凌晨三點，因此他工作的時間都在大半夜。大體來說，這是一項高技術性、少變化的工作，唯一的例外是在古巴飛彈危機發生的第三天，一顆測試飛彈被其他軍事雷達偵測到，附近的空軍基地戰機緊急起飛後才發現是虛驚一場，之後所有測試發射，都暫時叫停。

艾利森回到西岸後，剛開始替史丹佛研究院的機密計畫工作，不過就像許多其他研究員一樣，他也很快就被電腦所吸引。由於機密計畫部門對電腦的需求增加，不久他們就添購了第二臺 SDS-940 電腦——類似恩格保的研究小組所使用的機型。由於保密需求，這部電腦並未採用分時共享，因此多半時間艾利森都把它當作是個人設備來使用。他爲研究計畫編寫了軟體編譯器和其他程式開發工具，部分是自己需要，有些則供其他研究員使用。他和恩格保團隊裡的幾名組員結爲好友，有段時間還出任電腦設備協會（Association for Computing Machinery）當地分會的會長。最後，他還是受到了開放電腦社群的吸引，當恩格保一九六八年十二月在舊金山發表增益技術時，艾利森就坐在門帕市研究中心一隅，旁觀簡報過程的進行。

駭客本性的艾利森還參與了史丹佛研究院的大型主機培基語言開發專案。幾年後，他在這段期間獲得的培基語言能力，意外帶動了個人電腦技術進展。

在中半島反主流文化影響下，艾利森積極參與自由大學活動，協助在史丹佛後山的洛斯川可林地（Los Trancos Woods）發起林間研討會（Woods Seminar）。在自由大學裡，他還結識了吉姆・華倫，並在他短暫任教舊金山州立大學期間，擔任華倫的醫學資訊課程教授。

在一場舊金山電腦設備協會大會上，艾利森受到鮑布・艾貝克特的攤位吸引，駐足聆聽了艾貝克特對兒童電腦的願景規劃。艾貝克特當時已成立動極出版社和平民電腦公司期刊，下一步則希望爲期刊成立非營利的門市部門，對此艾利森甚表支持。兩人當場交換電話，隨即合作開辦了平民電腦公司。

當時艾利森仍在史丹佛研究院工作，還有家庭與兩個小孩要照顧，因此大部份營運均由艾貝克特照管，艾利森和史都華・布蘭德的妻子路易絲，則擔任創始董事。艾貝克特以門市爲家，整天忙著用電腦撰寫技術書籍、催促捐款和吸引各式各樣的人上門光顧。平民電腦公司店面雖小，但從一開始它就引來爲數可觀的電腦愛好者。

艾貝克特買來的 PDP-8 雖非個人電腦，但從某方面來說卻絕對稱得上是「桌上型」電腦，只不過體積稍嫌龐大。它的前方面板上有塑膠開關和閃爍的燈號，可以連接四部單行印表輸出的終端機。任何人只要有興趣都可以進來以每小時二十五美分的低廉費率，使用電腦玩遊戲，或做文字處理。

日本通產省（MITI）每年派遣代表團參加大型產業電腦會議，而矽谷則是十幾位日本企業人士和技術人員的必訪之地，代表團成員也不只一次拜訪了平民電腦公司門市。

這顯然是一場劇烈的文化衝擊。西裝畢挺的日本人似乎很難理解店裡長髮披肩的義工與玩家們所展現的高度狂熱。不過，某一回訪客中出現一位年輕的日本工程系學生西河彥。寬下巴、眼神銳利的西河彥懂英文，有生意頭腦，更充滿企圖心，一眼就看出這裡蘊含商機。回到日本，他以在學大學生的身份，開始代理平民電腦公司的刊物進口銷售，隨後又創辦一家電腦軟體發行公司ASCII，接著在一九七八年，他聯絡上年輕的比爾・蓋茲，參與了IBM PC以及微軟MS-DOS作業系統的問世與推廣。

至於其他來到平民電腦公司的訪客中，影響最重大的，應屬布朗大學電腦科學家安迪・馮達姆的大學友人希奧多・尼爾森。尼爾森曾發起全球電子出版計畫「珊納度」（Xanadu），並首創「超文本」一詞，他與馮達姆合作開發的編輯系統，曾導致馮達姆與恩格保在一九六八年NLS發表會上言詞交鋒。

尼爾森的母親是女演員希利絲蒂・荷姆（Celeste Holm），父親是導演拉夫・尼爾森（Ralph Nelson）。他在五年級時就通曉美國波西米亞族群演進史，自認也是其中一份子，此外，他也自稱在一九五七年就讀史沃斯摩爾學院（Swarthmore）期間曾與人合寫史上第一齣搖滾音樂劇。尼爾森曾師事哈佛保守派社會學家塔克特・帕森斯（Talcott Parsons），求學期間他接觸到電腦，並獨立發展出類似六〇、七〇年代初史丹佛一帶研究機構所醞釀的電腦概念。

一九七四年，尼爾森將這些概念整理爲一本自行出版的的電腦宣言，風格明顯承襲自布蘭德《全地球目錄》。此書搜羅各種運用電腦的實用資訊，在編排上其實是《解放電腦》（*Computer Lib*）與《夢幻機器》（*Dream Machine*）兩書合併而成：讀者可以第一頁看下去，也可以翻到最後倒過來讀。版面則是模仿《全地球目錄》的特大開本，《解放電腦》的封面上印著象徵權利下放的黑底白色拳頭，標題疾呼「『現在』你有機會、更有必要了解電腦」

充斥著有用和無用的資訊，尼爾森的書試圖將電腦定位爲萬用媒體：「忘掉你過去印象中的電腦，」他告訴讀者：「試著想像：電腦是人類所曾發明功用最廣的機器。」

「我承認我別有目的，」尼爾森在引文中寫道：「我希望看到電腦供個人運用，而且越快越好，不幸扯任何複雜的權利義務。」

尼爾森的號召正與激進份子立場相互應：「你可以上街高喊，」他呼籲：「還給我們使用電腦的權利！消滅數位殘渣！」在尼爾森和平民電腦公司玩家眼中，所謂數位殘渣就是那些灰暗、無趣、印著IBM商標、由專業人員壟斷的舊電腦勢力。他表示他的書，就是要與電腦專業人員劃清界線，這些人曾經也是電腦迷，如今卻因年齡漸長而退縮保守。

這本書象徵另一個分水嶺：一邊是玻璃房裡的電腦專業人員，另一邊則是崇尚開放精神的電腦圈外人，而他們已經發現了電腦作爲媒介和個人工具的無窮潛力。

一九七〇年代初，門帕市成爲六〇年代反戰運動與迷幻文化所衍生社群精神的復興地。就在吉姆・費迪曼與麥倫・史塔勒羅夫引介數百人進入LSD心靈幻境的舊址附近，現在林立著全地球卡車商店、鮑布・艾貝克特與迪克・雷蒙的波托拉學會，平民電腦公司、中半島自由大學門市與印刷店。到了一九七五年，布萊佩區（Briarpatch）食品合作社也宣告加入。

由於這些組織和店家都以工具推廣和資訊共享爲宗旨，因此當同樣的原則被沿用到電腦內部的軟體程式，出現在平民電腦公司這類社團裡，似乎也就不足爲奇了。

平民電腦公司的運作模式很單純——部份由玩家互助、部份依據反主流文化精神。軟體寫完後彼此共享，任何人都可以更動改寫，如果有人能用它賺錢，那也沒甚麼不好。

艾利森在史丹佛研究院工作期間，曾協助開發因特愛斯（Interaccess）大型主機培基語言。因特愛斯是由幾位前史丹佛研究員創立的分時共享技術公司，他們與史丹佛研究院簽約開發軟體，希望和市場領導者分時公司相抗衡。因特愛斯買下了附近空軍衛星控管單位出清的幾臺CDC 3800電腦，這種機器是當時市場上最便宜的電腦。他們的競爭策略是以分時公司三分之一的價格提供類似技術服務。

一九七五年初，一部牛郎星8800電腦出現在平民電腦公司辦公室，艾利森仔細研究規格之後大吃一驚。

「兩百五十六個位元組！記憶體這麼小根本啥都不能做，」他說。他曾在英代爾開發第一顆微處理器 4004 時擔任顧問，因此很清楚新款的 8080 微處理器需要多少指令才具備實用性。

「那你需要多少記憶體？」艾貝克特問他：「記憶體很花錢的。」

艾利森想了想，回答：「我不知道，大概兩千個位元組吧。」

當時，擴充記憶卡的製造商正開始推出產品，因此買了基本款之後，可以再添購其他擴充週邊。不過平民電腦公司這臺機器的規格限制卻對艾利森形成極大挑戰，因而催生所謂的迷你培基語言（Tiny BASIC）。雖然功能不如大型主機培基語言那樣完整，但艾利森的用意是盡可能縮減佔用空間，並以重複運用內部函式的方式來完成相同作業。不久，這套程式就引發了共享軟體社群，與日後全球首富比爾・蓋茲一手打造軟體產業間的第一場公開衝突。

經過多次友善催促，艾利森終於被艾貝克特說服，動手撰寫簡易版培基語言。艾利森在平民電腦公司期刊中將此程式的開發定位爲「多人參與」，並預定分三階段透過期刊發表。做事喜歡拖的艾利森通常都是在出刊前一天下午，趕寫預定釋出的程式。

第一階段程式發表後，艾利森和艾貝克特立刻收到出乎意料的熱烈迴響。電腦玩家根據艾利森的粗略架構繼續改良，並將改寫後的程式投交雜誌社。這也成爲日後開放原始碼的源頭，因爲從個人電腦的初始源頭，就可發現二十年後自由軟體運動的興起徵兆。

第一套交由平民電腦公司釋出分享的完整版迷你培基語言是由兩位德州人以機器語言寫成的，當時距離艾利森的第一階段程式發表不過三個星期。其他玩家測試過後，隨即寫信回報程式臭蟲，並提供除錯建議。由於反應太過熱烈，艾貝克特建議將迷你培基語言的開發獨立出來，利用對街的全錄實驗室電腦發行另一份期刊。他們先篩選對迷你培基有興趣的訂戶，寄出四百到五百份通知，宣佈新期刊的消息。結果幾乎所有人都要求訂閱，不久之後迷你培基通訊就擴張成為單獨發行的正式雜誌。

雜誌名稱承襲平民電腦公司一貫非正式風格。期刊編輯艾瑞克・巴卡林斯基（Eric Bakalinsky）是個性格神祕的年輕人，他也擔任另一本黑人社區報紙的編輯，可是他自己並不是黑人，反而是個頂著爆炸頭的猶太裔。當時他在平民電腦公司做排版以換得使用排版設備的權利。巴卡林斯基的父親是一名舊金山市麻醉專家，大家都公認此人與眾不同，精通文字遊戲，可以在一段話裡夾帶一個接一個雙關語，讓期刊義工盡皆絕倒。

某個下午，艾貝克特和艾利森彙整了擴充後的第一期雜誌文章，丟在巴卡林斯基的小桌子上說：「這些就交給你了。」兩人隨即走出門外，前往他們所謂的平民電腦公司「主管會議室」，事實上就是街角那家鄉村披薩餐廳兼啤酒屋。

巴卡林斯基在他們身後喊道：「要取甚麼名字？」

「你很聰明，你想啊，」艾利森回答。

巴卡林斯基繞過辦公室問：「雜誌內容談些甚麼？」

「噢，是有關迷你培基。」

「甚麼是迷你培基？」他問。

「培基是一種練習程式寫作的電腦語言。」

「為甚麼說它迷你？」他追根究底。

「因為它只佔很少位元組，」兩人回答。

「創作者是誰？」他問道。

「噢，丹尼斯和鮑布一起弄的。」他們回應。

這些資訊對巴卡林斯基已經足夠。丹尼斯和鮑布變成了「丹布」(Dobb)，程式練習變成了「健美體操」，而不佔很多位元組則被引申為「矯正過度咬合」(譯註：位元組〔byte〕與咬合〔bite〕發音相同)。

就這樣，一本雜誌誕生了：《丹布醫生的迷你培基健美操與矯正牙醫通訊》(*Dr. Dobb's Journal of Tiny BASIC Calisthenics and Orthodontia*)。

艾利森很快就發現自己不可能有時間參與雜誌編輯，就在他內心反覆掙扎時，他接到吉姆・華倫的電話。華倫當時剛失去研究助理獎學金，被史丹佛大學電腦所逐出門外。他的深造過程一直不順利，因為所裡要求他提出理論方面的論文。而當他最親近的教授未獲續聘，他就知道自己該另尋出路了。

於是華倫開始致電友人，打聽有沒有機會兼差，當他聯絡上艾貝克特時，對方回答：「我有一個絕對適合你的工作，我跟你約個時間吃晚飯詳談。」③

於是華倫以月薪三百五十美元的條件，接下了新雜誌編輯的工作，並隨即把雜誌名稱修改爲「丹布醫生的電腦健美操與矯正牙醫通訊：程式寫作小而美」。

華倫在第一期雜誌裡，揭示了《丹布醫生》的發行宗旨：「這本雜誌的發行目的，是作爲設計、開發和發行免費或低價家庭電腦軟體的交流媒介。」由於當時並沒有所謂的個人電腦市場，也沒有成熟的軟體產業，因此現今的智慧財產權與共享軟體爭議也不存在。不過，從自由軟體到檔案交換等數位衝突爭端的種子，已然悄然埋下。

隨著名聲打開，平民電腦公司逐漸成爲文化與科技結合的大熔爐。長髮披肩、破牛仔褲和涼鞋是標準造型，但除此之外，這裡也不乏正經的工程師與喧鬧的小朋友。一九七五年的平民電腦公司充滿了鼓動的能量和無限可能。艾貝克特的無厘頭性格在此充分展現，各式活動讓這裡儼然成爲社區中心，甚至開放作爲畫室和讓小朋友開生日派對。書架上放著琳瑯滿目的資料書籍，包括一整櫃的科幻小說。社群精神也蔓延到每星期三晚上的聚餐，參加者來自各行各業。聚餐的點子是艾貝克特想出來的，他在與人交心暢談時偶爾會承認，舉辦聚餐的目的其實是爲了推廣他最愛的希臘民俗舞蹈，至於其他參與者則在聚會中加深了取得個人電腦、隨興操控的渴望。

星期五是平民電腦公司的「遊戲夜」，店裡到處都是男性荷爾蒙過剩的青少年，擠在終端機旁不肯離開，平民電腦公司的員工只能當作沒看見，暗自祈禱機器不會被敲壞。他們有很多遊戲可玩，像是哈口獸（Hurkle）、蛇鯊（Snark）、和大頭目（Mugwump）等。另外還有用培基語言寫成的電傳打字機版《星際迷航記》（*Star Trek*），玩家在長寬各八個方格組成的六十四格宇宙象限中大打星際大戰。每次移動後戰場都會重新列印，期間的戰火交織，就留給玩家去想像了。

與今日強調畫面寫實的個人電腦遊戲相較，這樣的遊戲效果或許顯得淡而無味。但就如早期電腦遊戲商資訊電腦（Infocom）在八〇年代一款冒險遊戲廣告詞裡所說：「最棒的遊戲畫面，在你的腦袋裡。」

確實，這類遊戲中最受歡迎的程式之一是汪撲茲（Wumpus），是由桂葛利・約布（Gregory Job）在一九七三年寫成。這套迷宮遊戲預告了日後其他大型文字冒險遊戲的到來。

約布在某次造訪平民電腦公司時接觸到早期的迷宮遊戲。日後回顧，他說第一次看到這些遊戲的感覺是：「好爛！」他決定要寫一個不畫方格和虛線的捉迷藏遊戲。④

他開始想像把遊戲取名爲「獵殺汪撲茲」（Hunt the Wumpus），回家之後，立刻動手寫了一套迷宮遊戲，這支程式會根據玩家的行動，回應一段文字情景敍述，讓玩家闖關。他把這套程式留在平民電腦公司的電腦裡，結果立刻大受歡迎，日後並透過期刊對外發行。

一個月後，約布參加那場讓佛瑞德・摩爾忘了女兒的非主流大會時，發現自己的遊戲已經一炮而紅。「許多奇人異士匯聚一堂，討論如何改變世界，」他寫道。⑤他看見平民電腦公司抱來了幾臺終端機，擺在會議室裡供人試用。讓他大吃一驚的是，所有的機器都在執行汪撲茲程式，地上散滿了印表紙，上面的號碼和文字顯示「許多人正在努力圍捕汪撲茲。」

另一位很早就來到平民電腦公司的玩家是郝伊・富蘭克林（Howie Franklin）。富蘭克林曾在布朗大學安迪・馮達姆門下修習應用數學，接著在一九六九年來到史丹佛唸研究所。一九七〇年肯特大學的國民兵開槍殺人事件讓他政治立場激化而無心求學。研究數值方法在他眼中已失去意義。在一場校園師生集會上，他聆聽山普爾暢談和平主義和甘地精神。富蘭克林與民主社會學生組織（SDS）完全不搭調，但山普爾的演說卻能引起共鳴。

他離開研究所，搭上非戰聯盟（War Resisters League）巡迴巴士，到美南各州號召民眾反戰。當他在一九七三年回到門帕市時，正好住在與平民電腦公司同一條街上。某日他逛進店裡，與艾貝克特一見如故。他喜歡這裡的氣氛，很快就成為籌劃人之一，先前他不知為何學電腦，如今他可以將本身的技能結合到嬉皮文化與政治運動裡。富蘭克林最後與艾貝克特合著《按下返回鍵之後》（*What to Do After You Hit Return*），一本教人用培基語言寫遊戲程式的入門書，並立刻成為暢銷書。

另一位聚餐常客是李伊・菲森史坦（Lee Felsenstein），他每星期三固定搭火車從舊金山來參加聚會。他在舊金山的工作是負責維護一組環美租賃公司捐給社群運動人士的二手史丹佛研究院主機電腦。這些社群人士在市場街以南地帶一棟倉庫裡成立了「一號計畫」社群機構。對菲森史坦來說，平民電腦公司預告了尼爾森與艾貝克特眼中的未來世界。

他很早就參加了柏克萊言論自由運動，畢業後擔任過安培克斯公司初級工程師，也替《柏克萊鉤刺》（*Berkeley Barb*）集體編輯委員會做過事。他就像史丹佛的藍尼・席格一樣，是位不反科技的反戰人士，積極運用本身技術長才推廣政治運動。言論自由運動期間，菲森史坦曾負責操作油印機這類經常被指派給技術員的工作。某晚，他在學生組織總部閒晃，突然有人衝進來警告警察已包圍校園——事後證明是誤報——在場所有人一時陷入恐慌，異口同聲對著菲森史坦大叫：「快點，幫我們做個警用無線電！」

菲森史坦一聽慌了，趕緊說：「不是啊——那種東西不可能馬上做出來的。」⑥這次事件讓他體會很多設備無法即時製作，因此他決定扛起事先規劃技術需求的責任。幾年後，他已成為反戰組織中製作擴音器、掌管無線電的工程專家。他決定避免參與高度政治化的高層會議，而把自己定位為政運組織的技術員。

「決定你們下，裝備我來做，」他宣告。

菲森史坦的平民裝備——擴音器、無線電、盾牌等——在一九六七年奧克蘭（Oakland）反徵兵示威活動中發揮了極大作用，但活動結束後他卻不是遭起訴的示威領袖七人之一。這讓他醒悟科技本身具有轉變政治運動於無形的能力。他製作的裝備是抗議活動利器，但他卻沒有出現警方的雷達幕上，這對他是個重要的啓示。

反戰活動日漸趨緩，菲森史坦回到學校，在柏克萊繼續鑽研電腦。新的想法已在他腦中萌芽，引領他走向新型態政治運動。或許在未來，權力將不再來自槍桿子，而屬於擁有電腦的人。菲森史坦日後成爲平民電腦的代言人，設計了多款早期個人電腦，包括玩家自製的索爾（Sol），以及第一臺攜帶型電腦奧斯朋一號（Osborne I）。

而鮑布・艾貝克特與佛瑞德・摩爾兩人相遇，也是遲早的事。摩爾一直在史丹佛醫學院電腦中心玩電腦，同時也在全地球卡車商店維護他的資訊網路，一邊思索如何取得自己的電腦，好將資訊網路轉化爲眞實資料庫。摩爾開始努力尋訪中半島的電腦資源。他打電話給全錄的艾倫・凱伊，並與他在史丹佛西邊阿爾潘路的羅賽提（Rossotti's）啤酒屋吃了飯，他也數度拜訪了史丹佛人工智慧實驗室，但對以機器模擬人類的想法抱持懷疑態度。另外，他還找上了道格・恩格保的增益研究中心，與那裡的營運主管短暫交談。

雖然以謹愼態度看待科技，但摩爾發現自己越來越受電腦吸引。他不是程式專業人員，但他自力學會了電腦基礎。每當他在醫學中心電腦前工作幾個小時之後，走出電腦中心時，感覺都像是返回另一個世界。那種頭暈目眩的感受就好像他剛從狹窄的隧道——甚至像是從電腦內部走出來一樣。⑦

艾貝克特的店裡擺滿了小電腦和終端機，當摩爾與他碰面時，艾貝克特立刻展現一貫開放態度，邀請摩爾把他的資訊網路轉移到平民電腦公司來。這麼做果然對摩爾大有好處，他開始固定在店裡教人寫電腦遊戲，一度甚至多達一個星期十三堂課，爲他帶來前所未有的可觀收入。艾貝克特和摩爾也在採用另類教學的門帕市半島學校合作教授一堂「電子魔術盒」的課程，用數位電子零件製作丟銅板機、電子骰、節拍器，和防盜警報器。替人上課是另一種最適合摩爾的工作，因爲這符合他廢除學校、透過彼此傳授或自力學習的教育理念。

摩爾的反傳統、另類社群觀點與電腦玩家一拍即合。他從政治的角度來看待平民電腦公司的教學工作，認爲這有助於破除外界電腦迷思，讓所有人都能自由掌控電腦。

不斷追求社群歸屬的摩爾也成了平民電腦公司聚餐常客。雖然他的技術水平與多數參加者有段落差，但他仍樂於參與這類同好聚會，也可借此稍解對個人電腦的渴望。他希望擁有一部能夠調整文字欄位，或改變傳單標語字型的機器。

郝伊．富蘭克林的每週義大利麵聚餐常客普遍抱持著ＤＩＹ精神，也徹底實踐了佛瑞德．摩爾的草根經濟學。拉瑞．泰斯勒曾對自組電腦的想法抱持懷疑態度，不認爲電腦可以像西斯電子組裝套件（Heathkit）那樣拼湊而成，但這群玩家卻正以此爲目標。

聚餐人士中，瓊安．寇諾（Joan Koltnow）是對這個場合稍有微詞的賓客之一。富蘭克林和艾貝克特是在一場數學研討會中與寇諾結識，隨即延攬她到平民電腦公司工作。電腦和民俗舞蹈原本就是奇特的組合，更糟的是這群玩家缺乏生活紀律，往往都是帶著一大包薯條來當作聚餐食物。

其中最讓寇諾受不了的，是個酷愛利用技術謀取非法利益、綽號「香脆船長」（Captain Crunch）的怪異傢伙。香脆船長本名約翰・杜萊博（John Draper），曾擔任負責雷達和安全通訊的空軍技師，退伍後他在灣區換過多次工作，先後在國家半導體擔任工程技師、在地方性FM電臺擔任無線電工程師，後來進入小型電子公司修格國際（Hugle International）開發無線電話，不過公司最後放棄產品開發，杜萊博也離職到迪安薩社區大學（De Anza Community College）進修。

杜萊博的人生際遇，在一九六○年代末他巧遇一名盲眼人丹尼之後，發生意外轉變。丹尼告訴他香脆船長麥片盒裡附送的口哨哨音頻率，正好可用來控制AT&T電話網路的長途交換機。⑧杜萊博隨後設法加入了電話飛客（phone phreak）地下組織，這是一群對鑽研國際電話網路技術高度癡迷，可以媲美魔戒哈比人比爾博（Bilbo Baggins）對旅行狂熱的年輕人。一九七一年十月號《君子》（*Esquire*）雜誌中刊載了一篇朗恩・羅森鮑姆（Ron Rosenbaum）報導的「小藍盒子的祕密」（Secrets of the Little Blue Box），文中描述了杜萊博的長途電話破解密技，從此香脆船長一夕成名。

史蒂芬・沃茲尼克的母親瑪格莉特正好讀到這篇文章，將它影印後寄給了在柏克萊大學唸書寄宿的兒子。沃茲尼克看完後極感興趣，到處興奮地和別人討論這篇報導。幾天之後，一名高中時代的友人來找他，聽到沃茲尼克敍述香脆船長的故事，插嘴說：「我知道香脆船長是誰。」

「甚麼意思？沒有人知道他是誰！連調查局都在找這傢伙！」沃茲尼克大叫。

「我在庫柏提諾的KKUP電臺工作，」他的朋友回答：「他也是那裡的員工。有個叫約翰・杜萊博的人自稱就是香脆船長。」

沃茲尼克決定去找香脆船長，還徵召了他的高中朋友史提夫・賈伯斯一起成行。賈伯斯在輟學之後前往印度旅遊數月，當時正好返回舊金山灣區。不過杜萊博聽說這兩人在找他，卻自己主動開車來到了柏克萊。

留著小鬍子，戴著牛角鏡框眼鏡，杜萊博跺進沃茲尼克的宿舍房門，擺出誇張手勢宣告：「我來也！」⑨杜萊博將藍盒子的製作方法傳授給瓦茲尼克與賈伯斯，利用這個裝置，可以免費——當然也是非法地——撥打進入電話網路。兩個創業新手就這樣在柏克萊校園裡賣起了藍盒子，當時距離他們創立蘋果電腦還有幾年的時間。

《君子》雜誌報導問世後，杜萊博成爲調查局與當地電話安全稽查員鎖定的目標。他遭到逮捕，被判電話詐欺罪而在一九七〇年代數度入獄服刑。第一次入獄期間他遭人痛毆，導致他在隨後幾年裡身心受創。

杜萊博最終成爲個人電腦時代的悲劇人物之一。幾年後，他寫了IBM PC電腦搭售的文字處理軟體，爲他賺進不少錢。不過等錢揮霍殆盡，他卻成了無業遊民。有段時間他在一家早期P

C軟體公司歐特克（Autodesk）與泰德・尼爾森共事；另外多年之後的網路狂飆時期，他也在印度果阿海岸（Goa coast）參與了創新網頁設計工作。

作為全美第一家電腦教育門市，平民電腦公司雖門庭若市，但其內部矛盾到了一九七五年卻逐漸檯面化。鮑布・艾貝克特有時是個不易相處的人，他可以不斷與人爭論看似無關宏旨的細節。寇諾就發現與其花時間和他講理，不如早點說：「是的，鮑布，」還比較容易解決問題。

內部矛盾惡化結果，丹尼斯・艾利森被迫出面協調業務分割。平民電腦公司將專注於原本的出版發行，而富蘭克林與摩爾等社運人士則決定成立一個新機構，取名平民電腦中心（People's Computer Center），店面設在梅納多大道（Menalto Avenue），其宗旨為推廣電腦教育。

永遠關注組織工作的摩爾即使在分家會議上，也不忘做筆記：

電腦中心

目的為推廣 8080 技術（低價電腦）。

在此地以財團法人名義成立平民電腦中心，含工作人員，此機構與平民電腦公司各自獨立……

透過法律程序正式分家，以區隔財務運作等連繫。
期刊作用爲通訊，中心則爲地方性、目的不同。⑩

到最後，艾貝克特並未因爲分家而扯破臉，平民電腦公司還提供了經費與設備給新社團。

業務分拆並沒有解決所有問題，也無法消除不滿的情緒。艾貝克特手下部份員工和義工認爲自己受到壓榨，其中尤以摩爾和另一位常客高登・法蘭區（Gordon French）反感最深。替軍方機密計畫工作的法蘭區與其他在平民電腦公司出沒的電腦嬉皮相較，算是個異類。他是個典型的美國五〇、六〇年代工程師，相信人定勝天。他早已自己動手打造了個人電腦，並取名爲雞鷹號（Chicken Hawk）。個人電腦只是他一系列嗜好之一，其中甚至包括一列極具野心的模型火車組。

法蘭區特別看不慣艾貝克特的作風。他曾經想要成爲平民電腦公司的董事成員，結果被艾貝克特拒絕。他認爲這位創辦人無法容忍別人與他競爭，而且他自認差點被誆去爲動極出版社編寫一本組合語言的書。佛瑞德・摩爾也有類似感受，他覺得自己的貢獻不但未獲肯定，而且還被艾貝克特當成專做低階雜務的工人。

鬱積的不滿因爲平民電腦雜誌的季刊發行工作而爆發。艾貝克特平常不時鼓勵摩爾，聲稱他日後退休，或許就把主編的工作交給摩爾負責。

某日，電腦產業雜誌《自動化資料處理》(*Datamation*)一名記者來到店裡，想做一篇有關平民電腦公司的報導。

「你的工作是甚麼？」記者問摩爾。

「就是些雜七雜八的鳥事，」他回答：「我也是助理主編。」

記者離開後，艾貝克特痛斥摩爾，抱怨他不該自抬身份。摩爾一聽之下大感震驚，終於領悟平民電腦公司的光環不容他人共享。他發現艾貝克特雖能知人善任，卻沒有分享榮耀的度量。⑪

摩爾繼續做著打造個人電腦的夢想。他在平民電腦公司工作期間，仍舊繼續維持他的迷你資訊網路，但人工整理的卡片有其限制。一旦名單超過五、六十人，分類和關鍵字選用就不再是人力所能負荷。⑫這時他想到，何不開一堂可以讓人自己製作資料系統的課呢？但當他徵詢艾貝克特的意見時，卻得到冷淡的回應。艾貝克特認爲這主意沒甚麼不好，但他也不認爲有必要提供任何金錢或設備上的支援來協助摩爾開課。

於此同時，平民電腦公司和平民電腦中心拆夥也導致了聚餐活動停辦。最後一個星期三的晚間聚會後，摩爾和法蘭區站在門口聊天，對以後就沒有固定聚會讓有興趣自製電腦的玩家交流心得，深感惋惜。

或許他們可以成立一個電腦俱樂部，來維持經驗交流？法蘭區願意讓出車庫空間作爲聚會場所，還借給摩爾五塊美金，用來製作傳單宣告俱樂部開張。

第二天，摩爾在筆記本上擬了通告文字，然後騎著單車四處張貼傳單，另外也寄給了一些可能有興趣的人。傳單上寫著：

「業餘電腦玩家討論會」

或是「自製電腦俱樂部」……隨你愛怎麼叫

你正在組自己的電腦嗎？終端機？電視打字機？輸出入設備？還是其他數位黑盒子？

或者你還在付費使用分時共享服務？

如果是的話，請來這裡與同好交流，交換資訊、互通有無、合作研發，百無禁忌……⑬

看到傳單的人當中，有個叫艾倫・鮑姆（Allen Baum）的人，他在惠普工作，與史蒂芬・沃茲尼克是同事。這兩人在高中時代認識，當時沃茲尼克坐在大教室裡，拿著筆記本畫著奇怪的圖形。

「你在做甚麼？」鮑姆問。

「我在設計一臺電腦，」沃茲尼克回答。

原來鮑姆自己也在幾個月前迷上了電腦。他們家從東岸搬到西岸後，他父親在史丹佛研究院找到工作。某個週末早晨他帶兒子到實驗室參觀，走過幽暗的走廊時，鮑姆發現到有間辦公室仍然燈火通明，於是把頭伸進去，看見一位滿頭早白銀髮的男子正在操作機器，旁邊擺著在他眼中巨大無比的螢幕。他的面前擺著鍵盤，手中拿著一具手掌大的裝置，不停在桌面滑動。

這個人就是道格・恩格保。

鮑姆和沃茲尼克直到大學都是好朋友，鮑姆還引介沃茲尼克到惠普上班。如今他拿起電話告訴朋友傳單上的消息，兩人都決定當天去看看。

活動本身對鮑姆來說有點令人失望，因爲他自己用的機器要比鮑布・艾貝克特帶到現場的牛郎星電腦強大的多。不過對其餘三十二位參與者來說，第一場自製電腦愛好者聚會，卻是讓他們大開眼界的經驗。當時的電腦仍多半深鎖在企業大樓與研究機構裡，但高牆上已開始出現裂縫。

艾貝克特出席了第一場聚會，但之後便很少露面。自製電腦俱樂部很快演變爲用詞艱澀的圈內人交流，他回憶那場聚會上他大概只聽得懂三分之一的對話內容。丹尼斯・艾利森也參加了第一次聚會，而且和其他參加者站在霧氣瀰漫的夜晚路燈下，等著高登・法蘭區回家開車庫門，因爲他有孩子和推不掉的晚餐飯局，不得不在聚會開始前先行離開。

當晚出席者中有人遠從柏克萊和洛斯加多斯（Los Gatos）前來，還有三名帕羅奧圖高中學生——鮑布・萊許（Bob Lash）、麥可・佛萊蒙（Mike Fremont）和拉夫・坎貝爾（Ralph Campbell）

——因爲看到摩爾在學校電腦中心張貼的傳單，而決定參加。由於椅子不夠，大家乾脆坐在冰冷的水泥地上。會議形式是摩爾偏愛的草根政運風格。第一次聚會參加者中有六人已擁有自己的電腦，剛開始大家輪流自我介紹，然後立即切入正題，相互交換技術知識與閒聊。此一資訊交流過程，也成爲自製電腦俱樂部未來十年的重要特色。

史提夫・丹皮爾（Steve Dompier）是個留長髮的柏克萊電腦玩家，他起身報告他前往新墨西哥州參觀牛郎星電腦製造廠MITS的結果。他說這家公司現在忙著趕工生產，因爲他們已經接到四千臺電腦的後續訂單，卻無法如期交貨。肯恩・麥金尼斯（Ken McGinnis）帶來一具菲埃卡座（Phi-Deck）數位磁帶機，可以儲存驚人的五十萬位元組資料，價格卻很合理。菲森史坦則表示他在製作一臺以青少年科幻小說主人翁湯姆・斯威夫特（Tom Swift）爲名的終端機，實際上就是內建顯示幕的個人電腦。他從伊凡・伊利奇的《歡樂工具》（*Tools for Conviviality*）一書中，獲得這項製作靈感。伊利奇是個思想激進的神學家，他所提出由下而上掌控工具的理念在一九七〇年代催生了科技改革思潮，包括史都華・布蘭德的《全地球目錄》都曾受到他的影響。

法蘭區主持了第一場集會，摩爾則在旁做紀錄，並在十天後寄出會員通訊——其實也就是一張紙，紀錄了這場聚會的出席者各有專長，涵蓋硬體和軟體玩家。另外他還寫了一、兩則評論，預測「人們將以各種非傳統方式運用家庭電腦，包括許多現在還沒有人想到的應用。」⑭

聚會尾聲，一家小電子零件公司的老闆馬提・史波葛（Marty Spergel）起身免費奉送了一顆英代爾微處理器，類似的分享精神也成爲日後自製玩家共同特徵。

兩星期後，第二場集會在約翰・麥卡席的史丹佛人工智慧實驗室舉行。參加人數已開始成長，但這位分時共享系統之父仍對個人電腦大勢視而不見。在第二期會員通訊裡，他寫了一則短訊，建議成立灣區家庭終端機俱樂部，提供會員共享一臺迪吉多電腦。他覺得一個月七十五美元的費用——不含終端機和通訊費——應該是蠻合理的收費。

第三次聚會又換了地方，而史提夫・丹皮爾成了目光焦點。

丹皮爾在一九六九年海軍退役，進入柏克萊，當時正值反戰運動高峰。他抵達學校那天，鎮暴警察到處都是，天上有直昇機對著學生噴灑催淚劑。「太酷了，這裡一定有名堂，」他暗想。

他替人做木工賺取學費攻讀電機學位。雖然他不是激進份子，但他的房子卻成了六〇年代政治與文化領袖的臨時休息所，包括瓊妮・蜜雪兒（Joni Mitchell）、珍・芳達（Jane Fonda）等人都先後睡過這裡，還有一次艾比・哈夫曼與約翰・杜萊博同時在他家過夜。

杜萊博與丹皮爾在柏克萊山（Berkeley Hills）上的羅倫斯科學大樓（Lawrence Hall of Science）結識，不久他就成了丹皮爾家常客，利用他家樓上的一具電腦終端機入侵遠端大型主機。不久這裡就成了電話飛客與駭客集散地，有時甚至同時聚集二十幾人，操弄著電話線路、打免費惡作劇電話到河內或白宮。等到電話公司的卡車載著天線在門口駛過，丹皮爾終於緊張起來，一下子把所有人都趕了出去。

熱衷《星際迷航記》遊戲的丹皮爾對電腦極度癡迷，第一場自製電腦聚會召開前，他花了四千美元購買一臺牛郎星電腦。爲了催促廠商交貨他不惜親自飛到阿布奎基的MITS工廠察看，結果發現他還不是最急的客人，因爲工廠祕書告訴他有人把居家卡車開進了公司停車場，揚言沒拿到電腦不會離開。

他的電腦終於在第一次自製電腦聚會後分批到貨，接下來幾個星期他幾乎無時不刻都在玩電腦，期間還有另兩位自製玩家拿來一片擴充卡想賣給他，結果把他的電腦變成了冒煙的廢鐵。還好經過他的全力搶救，機器又恢復生機，並且跟著他一起出現在第三次自製玩家集會。這次聚會地點在門帕市一所大宅改建的半島學校。由於現場沒有桌子，丹皮爾就在地板上架起了電腦，但當他接上插頭時，卻毫無反應。他心中一沉，因爲摩爾的錄音機就接在同一個插座上，運作似乎正常。

經過進一步研究，他們斷定摩爾的錄音機其實是靠電池在運轉，於是眾人找來幾條延長線，一路連接到樓上的正常插座，果然就能順利開機。由於此型電腦並沒有鍵盤或監視器等週邊，丹皮爾是透過牛郎星前方面版的開關來輸入程式。每道指令都必須以電腦內部的十六進位數值，一一寫進記憶體。

由於已經玩了好幾個星期，丹皮爾輸入指令的速度已變得非常快。不過就在他快完成時，有人絆到了延長線，電腦燈號一黑，所有程式都從記憶體裡消失。

丹皮爾重新來過，這次終於成功。之前他已經發現這具無屏蔽的電腦可以用程式來干擾電晶體收音機的方式，發出單音。他花了好幾個小時研究如何演奏整套音階，把收音機當作電腦的音響設備。當聚會現場突如其來地傳出披頭四名曲「山丘上的愚人」（Fool on the Hill）的旋律時，所有人都驚喜的說不出話來。

等曲聲平息，屋內群眾立刻起身迸出如雷掌聲。好不容易掌聲稍歇，電腦又重複演奏了一遍。接著彷彿是在預告電腦世代來臨，牛郎星開始演奏兒歌「雛菊」（Daisy），挑起眾人對《二○○一年太空漫遊》（*2001: A Space Odyssey*）電影中，那臺人性化電腦ＨＡＬ的鮮明記憶。

這可是ＤＩＹ電腦第一次展現實用性！

菲森史坦終於讓大夥兒安靜下來，發表評論：「好吧，現在有音樂了，但這距離改變世界還有一段距離。」眾人可不管這些，大家都想再聽一次，於是丹皮爾按下開關，音樂又重新響起。曲子結束時，他又接受了一次掌聲喝采。[15]

高登・法蘭區是前三次聚會的主持人，但他似乎無法融入玩家的隨興風格，他總是站在前面大談電腦理論，玩家聽得興味索然乾脆溜出門外聊天。在半島學校那場聚會中，菲森史坦注意到法蘭區上臺時有半數聽眾中途離席。他發現走廊上的「平行溝通」更為熱烈，而社群正隱然成形。

第四次聚會時，法蘭區不克出席。他受聘爲社會安全局（Social Security Administration）工作，因此暫時遷居巴爾的摩。馬提・史波葛提議由菲森史坦擔任正式主席，眾人皆無異議。於是，菲森史坦拿起長棍，開始主持會議。他的領導風格既專制、又民主，更隨性，而且一直延續到近十年後，自製電腦俱樂部解散爲止。

菲森史坦頗愛裝腔作勢，也不避諱拿棍子當指揮棒，管教這群烏合之眾。事實上，這根棍子有多重功用，還可當固定桿避免玩家帶來的程式紙帶散落。從一開始，菲森史坦就鼓勵分享，呼籲玩家「盡量拿，但請回饋更多。」在玩家眼中，軟體不是用來買賣的。事實上，程式是智慧財產的觀念對他們來說根本不值一哂，這些指令只是讓機器動起來的東西罷了。

最後，自製電腦玩家聚會終於落腳在史丹佛直線加速器中心大禮堂，這裡位於校園西邊砂丘路上，矽谷創投業者當時也逐漸遷入置產。聚會規模不斷成長，到最後每次都吸引多達四百人參加。

最初六次集會，佛瑞德・摩爾都在前排做記錄，整理之後寄發會員通訊。他和另一位會員四月初開車到舊金山主持第一次分會籌備會議，結果有十人聞訊前來，摩爾也分享了他對成立分會的高度熱誠。

一個新產業正在成形的事實已昭然若揭。「如果有人發明一套電子線路，免費供應給他人，會帶來怎樣的效益？」他詢問圍坐桌旁的眾人：「俱樂部不該牽扯到錢，但每個人都有自己追求的嗜好……這就像是集思廣益的點子交易所。」⑯

只要一有機會，他就重申分享的觀念，但他所觸發的創業狂潮已勢不可擋。這是他為了善用告別派對那筆天上掉下來的錢，殫精竭慮發展另類經濟模式的意外後果。就在他苦於金錢的腐蝕力量時，他卻在同時創造了一個不只以資訊共享為樂，更以無償共享為最高宗旨的強大社群。但最諷刺的是，佛瑞德．摩爾引燃的火花同時朝兩個相反方向延燒——強大資訊工具的誕生讓資訊一方面容易取用，一方面又更有價值。

自製電腦俱樂部註定要改變世界，但此一改變卻不是摩爾理想中的變革。自製電腦俱樂部最後成了創投業者約翰．杜爾（John Doerr）口中「二十世紀最大合法資本累積行為：個人電腦產業」的發源地。⑰包括蘋果電腦，至少有二十三家公司的創設可以直接追溯到自製玩家。這些新創業者合力催生了一個蓬勃產業，更由於個人電腦功能廣泛、通吃辦公和娛樂市場，也帶動了美國經濟徹底改觀。不過另一方面，摩爾追求民主和社群精神的努力並未就此埋沒。在泰德．尼爾森「電腦權利下放」的口號下，業餘玩家拆毀了供養大型電腦的機構高牆，集結成一股信仰全新價值觀、唾棄傳統企業模式的力量。

摩爾原本可能在玩家社群待得更久一些，甚至可能參與他所觸發的產業活動，不過他和與一名門帕市女子的同居關係，卻在此時不幸決裂。此外自製俱樂部顯然已朝創業論壇方向發展，不可能成為他理想中的非暴力政運組織。

因此在一九七五年，摩爾把女兒交給爸媽照顧，自己開始一路向東搭便車旅行，沿途曾幫人採蘋果，最後因為參加新罕布夏州席布魯克（Seabrook）核電廠示威而被補入獄服刑。此後，他的注意力轉向為開發中國家引進科技。幾年後，由於目睹中美洲叢林遭受濫砍，他發明了一種能有效燃燒木材的烹飪爐具。在此期間，他持續積極參與和平運動，直到一九九七年死於一場車禍意外為止。

雖然他在個人電腦產業誕生的那一刻離開，但摩爾的理念已深印人心。自製電腦俱樂部引為宗旨的分享精神開始在電腦產業散播。

而此一精神也導致了數位領域的勢力分裂，突顯出納普斯特（Napster）和開放原始碼這些衝擊消費與企業資訊市場的現象由來。

而裂痕的最初顯現，是在MITS活動展示車出現在帕羅奧圖市那一天。此一行銷手段是由一個叫保羅·泰瑞爾（Paul Terrell）的精明業務員想出來的。泰瑞爾主動找上MITS，洽談新型牛郎星電腦的經銷權。雖然MITS原本打算採郵購方式，但泰瑞爾一九七五年與公司創辦人艾德·羅勃茲（Ed Roberts）在加州安納罕市（Anaheim）的全國電腦大會上碰面後，雙方即達成協議，由泰瑞爾在北加州經銷牛郎星電腦，每賣一臺可獲得一定佣金。

MITS決定以活動展示車巡迴全美，推銷牛郎星 8800 電腦，讓許多人獲得首次接觸個人電腦的機會。他們將一輛廂型車改裝為展示平臺，由泰瑞爾出面，租借帕羅奧圖市瑞奇飯店的會議廳作爲展示場地。原本只能容納八十人的大廳，最後擠入兩百多位看到報紙廣告前來的與會者，其中包括事後嘗試警告同事潮流轉向，卻未獲正視的拉瑞・泰斯勒。

當時自製電腦俱樂部才剛成立三個月，許多玩家早已買了自己的牛郎星電腦，但可用的軟體卻不多。在由兩位MITS員工（其中一位是個讓玩家忘了展示重點的金髮美女）主持的展示會場，混亂中，有人「借用」了微軟公司開發的牛郎星培基語言程式。這是一家阿布奎基市的迷你公司，由兩位哈佛學生威廉・蓋茲（William Gates）與保羅・艾倫（Paul Allen）創辦。

獲得「解放」之後，這套牛郎星培基語言——儲存在一大捲打孔紙帶上——開始在自製電腦玩家間流傳。到底最初是誰偷取了這套程式，即使在二十五年後的今天，仍是個謎。包括史提芬・李維的《駭客：電腦革命英雄》，還有史蒂芬・曼恩（Stephen Manes）與保羅・安德魯斯（Paul Andrews）合著的《蓋茲：微軟如何改造軟體產業》（*Gates: How Microsoft's Mogul Reinvented an Inudstry*）都把矛頭指向史提夫・丹皮爾，但丹皮爾自始至終都否認自己是罪魁禍首。他聲稱他原本就有一份培基語言程式，而且是蓋茲直接交給他做測試的。將近三十年後的今天，丹皮爾家中仍保存著原始打孔紙帶，不時會拿出來給訪客看，還附帶一張感謝協助測試的蓋茲短箋。丹皮爾記得他一直沒對外透露自己有牛郎星培基，因爲它還在測試階段。此外，當時他光是應付各地打來向他乞討音樂程式的電話，就應接不暇了。

但可以確定的是，這些紙帶最後到了丹恩・索柯（Dan Sokol）手中，這名三十一歲的半導體工程主管把程式帶回了公司，用高速紙帶拷貝機複製了超過七十份，然後拿到自製電腦俱樂部發送。索柯的禮物引發了爭搶混亂，所有人都擠上來想要一份，迫使他收回紙帶，要求眾人排隊，讓已經擁有牛郎星電腦的人優先領取，僅訂購還沒拿到貨的，則排在後面。

曾參加第一場聚會，但未在摩爾遞出的出席單上簽名的索柯，也是沃茲尼克與杜萊博的好朋友。他和許多玩家一樣，都認為軟體業者一套程式動輒索價五百美元根本是敲詐，而這些程式在學術界都是免費流傳的。當時已經存在許多大型主機與迷你電腦版本的培基語言，另外還有平民電腦公司會員撰寫的迷你培基。業餘玩家們認為索取少許費用或與硬體搭售，都是可接受的作法，但要他們付出高額代價卻是不盡情理的。

另一方面，此一剽竊行為卻激怒了二十二歲的比爾．蓋茲，在他看來這純粹是戕害他公司生存的惡意行為。他寫了一封致業餘玩家的公開信，刊登在平民電腦公司季刊等多本雜誌上。「多數玩家一定很清楚，你們用的軟體大部份都是偷來的，」蓋茲抱怨：「硬體可以掏腰包買，軟體就任意分享，誰管那些寫程式的有沒有獲得報酬？」這正是標準蓋茲風格——強勢、刻薄的直接攻擊。不久後，因為受到外界抨擊，他又寫了「第二封、也是最後一封公開信」，強調他不是MITS員工，但也不會改變他的立場。

蓋茲與業餘軟硬體玩家的第一場衝突，不僅設定了電腦產業內部矛盾基調，影響層面更擴及音樂、科技產品、好萊塢，與整個出版業。個人電腦始創時期的這場對決，暴露了今日全球經濟所面臨最嚴重的利益衝突。

另一方面，矽谷一直以來都是以作家麥可‧馬龍（Michael Malone）所謂的「一大票」（The Big Score）爲成長動力來源——換句話說，就是貪婪。事實上，自製電腦俱樂部在門帕市第一場聚會後不久，玩家們就開始蠢蠢欲動，最後衍生出蘋果電腦、奧斯朋電腦、克洛蒙柯（Cromemco），北方之星（North Star）等新創公司，而背後的創業動力至少有一定程度，是受到自製玩家的熱情鼓舞。

但在同時，佛瑞德‧摩爾主張的資訊自由共享精神，也呈現在矽谷的另一面性格中。兩股對立動機在史丹佛校園一帶的相互衝撞，形成了六〇與七〇年代的個人電腦產業樣貌。而此一樣貌特徵直到今日仍未消失：資訊共享的理念具體表現在 Linux 系統——一套由義務參與的程式人員開發和維護的免費作業系統。

史都華‧布蘭德說的好：「資訊渴望自由，」他說，「但資訊也自視高貴。」一語道盡資訊產業的雙面性格。

這就是三十年前在史丹佛校園周遭思潮交會的結果。潮流衝激造成的矛盾仍然影響著現今的消費電子、數位娛樂，和電腦產業。而隨著數位科技延伸至現代人生活的每一個層面，此一矛盾也會日益突顯。

它的起源是三個人的信念產物：道格‧恩格保、佛瑞德‧摩爾和麥倫‧史塔勒羅夫。恩格保和摩爾是一個銅板的兩面，他們都全神投入願景的實現，以至於無視生命中其他事物。此外，他們也經常自覺是局外人。另一方面，史塔勒羅夫探索人類心智潛能的熱誠，則與當時改造傳統機具、賦予新面貌的技術思潮不謀而合。當然，史塔勒羅夫對電腦演進的影響，不如恩格保和摩爾來得直接，但他對人類創意和迷幻藥的癡迷，卻解放了人心禁錮，其後果之強大，直到今日仍未獲充分體認。

這三人各自以不同方式，營造了個人電腦問世的氛圍和基礎，而個人電腦則在過去三十年創造了資訊經濟。如今，資訊產業的存在等於是見證了三人部份理想的實現。

同時，它也將數位資訊的二元性擴散到現代生活的每一層面。在好萊塢與出版業的助陣下，微軟與英代爾已著手打造可將資訊層層加密、以杜絕網路分享的軟硬體，而另一方面，開放原始碼分享社群則試圖重新定義版權，朝向更符合美國憲法精神的方向修訂。電腦駭客的分享精神，遇上企業家的唯利是圖——這是一場攸關未來技術走向的勢力對決。山雨欲來，矽谷伊始的矛盾性格，將在衝突中再次顯現。

致謝

首先容許我對前輩們致意。一九八一到一九八四年間，我在剛創辦的《資訊世界》（*Infoworld*）雜誌社，與保羅・佛瑞伯格（Paul Freiberger）、麥可・史汶（Mike Swaine）共事。這本期刊致力成爲個人電腦產業的《滾石雜誌》或《運動畫刊》（但到底是何者卻舉棋未定）。在他們撰寫《矽谷之火》（*Fire in the Valley*）一書時，我旁觀他們嘗試在歷史發生的同時，紀錄歷史。差不多也在那時，紐約的《滾石》雜誌記者史提芬・李維也來到矽谷，爲他後來的《駭客：電腦革命英雄》一書蒐集資料。這本書詳實紀錄了現代電腦文化，直到十七年後仍堪稱經典。不久前，史提芬還翻出過去的舊資料，與我分享當年訪問的原始記錄。

另外，我也要對那些耐心聽我嘮叨採訪心得的朋友們致謝。保羅・沙佛（Paul Saffo）是近二十幾年矽谷最敏銳的觀察家之一，見解獨到中肯。麥可・施瑞吉（Michael Schrage）曾在《華盛頓郵報》與我相互競爭，卻率先對我寫書表示鼓勵。凱文・凱利（Kevin Kelly）和我討論矽谷興起的地點與時間特徵，對我助益良多。葛瑞格・賽查利（Gregg Zachary）曾與我一起在柏克萊大學和史丹佛大學教授新聞學，而他在九〇年代替《華爾街日報》跑矽谷新聞時，曾是我最害怕的對手。史提夫・羅爾（Steve Lohr）是比我稍早一些獲准請假寫書的紐時同事，觀察他的進展，讓我經歷了戒慎恐懼到滿懷希望的心情轉折。

資深 Unix 駭客與電腦安全專家馬克・賽登（Mark Seiden）爲我校讀早期手稿，指出技術名詞錯誤等毛病。約翰・凱利（John Kelly）費心細讀了幾個章節，提出不少寶貴意見。湯姆・波伊（Tom Buoye）看過草稿，對二戰軍機極度癡迷。史提夫・莫斯特（Steve Most）也讀了初稿，提供許多有用建言。

承蒙史丹佛圖書館長麥可・凱勒（Michael Keller）義助，給予我研究員資格，得以查閱館內珍貴的典藏資料。史丹佛大學文獻保管員亨利・羅烏（Henry Lowood）與校史紀錄員亞力克斯・潘（Alex Pang）也特地撥冗解答我的問題。

寶拉・特席安（Paula Terzian）幫忙趕工謄打稿件，在此表示感謝。

最後，感謝萊絲莉・馬可夫（Leslie Terzian Markoff）在我最需要她的時候，給我支持。

註釋

前言

①Stewart Brand, "We Owe It All to the Hippies," *Time*, special issue, spring 1995.

②Stewart Brand, "Spacewar Fanatic Life and Symbolic Death among the Computer Bums," *Rolling Stone*, December 7, 1972.

③「駭客」一詞的意義在九〇年代初發生變化，轉而指那些用數據機侵入他人電腦的青少年。原本此一稱號是描述一群對電腦技術和設備極度癡狂的年輕人。本書所指駭客是其原始意義的用法。

④George B. Leonard, "Where the California Game Is Taking Us." *Look*, June 28,1966.

⑤William Gibson, interview with Paul Saffo. Director, Institute for the Future. Cyberthon, San Francisco, 1994.

1　先知與信徒

①史丹佛大學口述歷史，亨利・羅烏與茱蒂絲・亞當斯訪談，一九八六年十二月十九日。這份訪談是對恩格保的研究歷程最清楚完整的紀錄，本書亦多所採納。

②出處同上。

③出處同上。

④這一點有些混淆。恩格保有時聲稱他是在圖書管理發現原始文章，有時又表示他最初是在《生活》雜誌讀到有關范尼瓦・布許記憶機的報導。無論如何，這份文章對他影響深遠，是可以確定的。

⑤Vannevar Hush, "As We May Think," *Atlantic Monthly*, July 1945.

⑥Lowood and Adams，口述歷史。

⑦出處同上。二十年後，剛進入惠普工作的史蒂芬・沃茲尼克徵詢公司產銷個人電腦的意願，惠普興趣缺缺，沃茲尼克於是自行創辦蘋果電腦公司。這是矽谷先驅業者二度錯失主導資訊產業發展的機會。

⑧出處同上。

⑨Jack Goldberg, Stanford Research Institute，電郵作者。

⑩作者採訪，Charles Rosen, Menlo Park. Calif., October 10, 2001.

⑪Douglas C. Engelbart Collection, Stanford Special Libraries, Stanford University.

⑫作者採訪，Don Allen, Menlo Park, Calif., August 31, 2001.

⑬Myron Stolaroff, *Thanatos to Eros, 35 Years of Psychedelic Exploration* (Berlin: VWB, 1994), p. 18.

⑭Stolaroff. *Thanatos to Eros*, p. 19.

⑮出處同上。

⑯出處同上。p. 20.

⑰Jay Stevens, *Storming Heaven: LSD and the American Dream* (New York: Grove Press, 1987). p. 53.

⑱Stolaroff, *Thanatos to Eros*. p. 23.

⑲出處同上。p.25.

⑳Kary Mullis, *Dancing Naked in the Mind Field*, New York: Pantheon Books, 1998.

㉑作者採訪，Don Allen, Menlo Park, Calif., August 22, 2001.

㉒Vic Lovell, "The Perry Lane Papers (III): How It Was," in *One Lord, One Faith, One Cornbread*. eds. Fred Nelson and Ed McClanahan (Garden City, N.Y.: Anchor Press, 1973), p. 173.

㉓Robert Johnson, Elsa Johnson, Eve Clarke, "The Fight Against Compulsory R.O.T.C.," Free

Speech Movement Archives, http://www.fsm-a.org/stacks/AP_files/APCompulsROTC.html.
㉔出處同上。
㉕Personal collection, Irene Moore.
㉖出處同上。
㉗出處同上。
㉘"U.C. Student Fasts to Protest ROTC," *Oakland Tribune*, October 19, 1959.
㉙"UC Student on Strike Over ROTC," *San Francisco Chronicle*. October 20, 1959.

2 增益理論

①Don Nielsen. SRI vice president, personal communication, November 4, 2001.
②Draft paper, 1961. Douglas C. Engelbart Collection, Stanford Special Libraries, Stanford University.
③Memo, March 14, 1961, Douglas C. Engelbart Collection, Stanford Special Library, Stanford University.
④Doug Engelbart, "The Augmented Knowledge Workshop." in *Proceedings of the ACM Conference on the History of Personal Workstations*, ed. Adele Goldberg (New York: ACM, 1988)

p.190.

⑤D. C. Engelbart, "Augmenting Human Intellect: A Conceptual Framework." prepared for Director of Information Sciences, Air Force Office of Scientific Research, October 1962, p. 5.

⑥出處同上。p. 6.

⑦Douglas Engelbart, oral history, interview by John Eklund, Division of Computers. Information, and Society, National Museum of American History. Smithsonian Institute, May 4, 1994, http://americanhistory.si.edu/csr/comphist/englebar.htm.

⑧Oral history, Interview by Lowood and Adams.

⑨M. Mitchell Waldrop, *The Dream Machine: J. C. R. Licklider and the Revolution That Made Computing Personal* (New York: Viking, 2001), p. 217.

⑩Oral history, interview by Eklund.

⑪作者採訪，William English, Sausalito, Calif., May ii 2001

⑫作者採訪，Don Andrews, Menio Park, Calif.', September 27,2001

⑬Oral history, interview by Lowood and Adams,

⑭Bill English. "Early Computer Mouse Encounters," presentation sponsored by the Computer History Museum, at the Xerox PARC Auditorium, October 17,2001.

⑮Stevens, *Storming Heaven*, p. 177.

⑯San Mateo *Call Bulletin*, January 5,1963.

⑰Stewart Brand, personal journal, 1962, Green Library Special Collection, Stanford University, Stanford, Calif.

⑱David Evans, e-mail to author, August 30,2001.

⑲Engelbart. "Augmented Knowledge Workshop," p. 194.

⑳口述歷史，Lowood and Adams.

㉑作者採訪，Bob Taylor, Woodside, Calif., August 12, 2000.

3 紅尿布嬰兒

①作者採訪，Les Earnest, Los Altos Hills, Calif, July 12,2001.

②Anonymous, "Take Me, I'm Yours, The Autobiography of SAIL," June 7, 1991, http://wwwdb.stanford.edu/pub/voy/museum/pictures/AIlab/SailFarewell.html.

③作者採訪，John McCarthy, Stanford, Calif, July 19, 2001.

④J.M. Graetz, "The Origin of Spacewar," *Creative Computing*. August 1981.

⑤出處同上。

⑥John McCarthy and Patrick J. Hayes, "Some Philosophical Problems from Standpoint of Artificial Intelligence," Stanford University, 1969, http://www-formal.stanford.edu/jmc/mcchay69/mcchay69.html.

⑦作者採訪，John McCarthy.

⑧作者採訪，John McCarthy; Lenny Siegel, Mountain View, Calif., July 9, 2001.

⑨作者採訪，John McCarthy.

⑩Steven Levy, *Hackers: Heroes of the Computer Revolution* (Garden City, N.Y.: Doubleday. 1984), pp,27-33.

⑪Brian Harvey, "What Is a Hacker?" http://www.cs.berkeley.edu/~bh/hacker.html.

⑫出處同上。

⑬Les Earnest, "My Life as a Cog," Matrix News 10. i(2000): 3.

⑭出處同上，p. 7.

⑮出處同上，p. 8.

⑯Horace Enea，電郵作者，November 10, 2001.

⑰Michael L, Mauldin, "Chatterbots, Tinymuds. and the Turing Test: Entering the Loebner Prize Competition." paper presented at AAAI-94, January 24.1994.

⑱Sean Colbath's e-mail from Les Earnest, posted to alt.foklore.computers, February 20, 1990.

⑲Les Earnest，電郵作者，September 15, 2001.

⑳Les Earnest, comments during a seminar at the Hackers Conference, Tenaya Lodge, Caif., November 11, 2001.

4 自由大學

①Larry McMurtry, "On the Road," *The New York Review of Books*, December 5, 2002.

②Midpeninsula Free University catalog, spring 1969.

③出處同上，fall 1969.

④作者採訪，Jim Warren, Woodside, Calif, July 16, 2001.

⑤John McCarthy, "The Home Information Terminal—a 1970 View," in *Man and Computer*, Proceedings of the First International Conference on Man and Computer, Bordeaux, 1970, ed. M. Marois (Basel: Karger, 1972), pp. 48-57.

⑥Alan C. Kay, "The Early History of Smalltalk," *ACM SIGPLAN Notices* 28:3 (March 1993): ii.

⑦Dennis Shasha and Cathy Lazere, *Out of Their Minds: The Lives and Discoveries of Fifteen*

Great Computer Scientists (New York: Copernicus, 1995), pp. 40-41.
⑧Kay, "The Early History of Smalltalk," p. 4.
⑨作者採訪，Alan Kay, Glendale, Calif., July 31, 2001.
⑩出處同上，p. 5.
⑪出處同上，p. 7.

5 手舞閃電

①「雙手舞弄閃電」一語出自何人，眾說紛紜。此語最早形諸文字，是在史都華・布蘭德所寫的一篇有關PARC和SAIL的《滾石》雜誌報導中，文中聲稱這句話是艾倫・凱伊說的。不過，凱伊不記得自己是不是最早說這話的人，倒是查克・賽克清楚記得他在一九七〇、七一年期間觀看恩格保的簡報錄影帶之後，驚嘆地表示：「他坐在那臺上一個半小時，雙方不停舞弄閃電。」另外PARC電腦科學實驗室主任羅勃・泰勒也記得賽克是這句話的創始人。因此，麥可・希爾茲克（Michael Hiltzik）在紀錄全錄帕羅奧圖研究中心歷史的文章中以「舞弄閃電的人」爲標題，就顯得突兀，因爲這話其實原本是用在恩格保身上的。
②"Whole Earth Visionary: Stewart Brand," *The Guardian* (London), August 4, 2001. p. 6.
③Sam Binkley, "Consuming Aquarius: Markets and the Moral Boundaries of the New Class,

1968-1980," Ph.D. dissertation. New School University, 2002.

④ *Whole Earth Catalog: Access to Tools, Thirtieth Anniversary Celebration* (San Rafael, Calif: Point Foundation, 1998), p. 2.

⑤Stewart Brand, personal journals, Stanford University Special Collections. March 24. 1957.

⑥Charles Irby, "The Augmented Knowledge Workshop," in *A History of Personal Workstations*, ed. Adele Goldberg (Reading. Mass.: Addison-Wesley, 1988). p. 185.

⑦口述歷史，Lowood and Adams,

⑧Katie Hafner and Matthew Lyon, *Where Wizards Stay Up Late: The Origins of the Internet* (New York; Simon &. Schuster, 1996). p. 153.

⑨作者採訪，Don Andrews, LOS Altos, C.ilif,. September 27, 2001.

⑩Dave Pugh, "The Anti-War Movement at Stanford: 1966-1969." September 14. 1999, unpublished draft. available from author.

⑪Dave Evans, e-mail message to author, August 30, 2001.

6 學者和野人

①Bob Albrecht, unpublished interview with Steven Levy. August 1982, private collection.

②出處同上。

③出處同上，1982.

④AnnaLee Saxenian, "Creating a Twentieth Century Technical Community. Frederick Terman's Silicon Valley." Paper prepared for inaugural symposium, "The Inventor and the Innovative Society," The Lemelson Center for the Study of Invention and Innovation, National Museum of American History, Smithsonian Institution. November 10-11, 1995. Available at http://www.sims.berkeley.edu/~anno/papers/terman.html#_ednl.

⑤"The Resistance." Palo Alto draft resistance pamphlet, n.d., author's personal collection.

⑥Fred Moore, unpublished interview with Steve Levy, n.d.

⑦作者採訪，Chris Jones, Berkeley, Calif., October 3, 2001.

⑧Fred Moore, personal Journal, April 7, 1973, courtesy of Irene Moore.

⑨出處同上。

⑩出處同上。

⑪Demise Party tape recording, courtesy of Irene Moore.

⑫Augment journal, January 15, 1972, Stanford University, Special Collections.

⑬Cedar POD notes. Augment journal, January 1972.

⑭Jacques Vallee, *The Network Revolution: Confessions of a Computer Scientist* (Berkeley, Calif.: And/Or Press, 1982), p. 103.

⑮Augment journal, January 24, 1972.

⑯Waldrop, *Dream Machine*, pp. 394-96.

⑰出處同上，p. 217.

7 蓄勢待發

①Ben Fritz, “Vidgame Biz Buoyed,” *Daily Variety*, January 26, 2004, p. 8.

②Alan C. Kay, “The Early History of Smalltalk,” *ACM SIGPLAN Notices* 28:3 (March 1993): 13.

③出處同上。

④出處同上。

⑤包括微軟的.Net和ＩＢＭ的Websphere等大型分散網路架構，都顯示此一概念恆久不衰。

⑥Michael A. Hiltzik, *Dealers of Lightning: Xerox PARC and the Dawn of the Computer Age* (New York: HarperBusiness, 1999), pp.168-69.

⑦作者採訪，Robert Taylor. Woodside, Calif., June 17, 2003.

⑧Hiltzik, *Dealers of Lightning*, pp. 168-69.

⑨作者採訪，Adele Goldberg. San Francisco. Calif., July 15. 2001.

⑩作者採訪，Larry Tesler, Menlo Park, Calif., August 27, 2001.

8 向諸神借火

①Fred Moore, letter to Dick Raymond and Point Agents. February 28, 1972, personal papers, courtesy of Irene Moore.

②Fred Moore, personal journal, March 24, 1972,

③作者採訪，Dennis Allison, Palo Alto, Calif. July 28, 2001.

④Gregory Yob, "Hunt the Wumpus," in *The Best of Creative Computing*, vol. i, ed. David H. Ahl, 2d ed. (Morristown, N.J.: Creative Computing Press, 1976), pp. 247-50.

⑤出處同上。

⑥作者採訪，Lee Felsenstein, Palo Alto, Calif., August 9, 2001.

⑦Fred Moore, unpublished interview with Steven Levy, n.d.

⑧John Draper website http://www.webcrunchers.com/crunch/story.html.

⑨作者採訪，Steven Jobs, Cupertino, Calif., June 2000.

⑩Fred Moore, personal journal, 1975.

⑪Fred Moore, unpublished interview with Steven Levy, n.d.

⑫出處同上。

⑬Homebrew Computer Club newsletter i, March 15,1975.

⑭出處同上。

⑮作者採訪，Lee Felsenstein, Palo Alto, Calif., August 9, 2001.

⑯Tape of San Francisco computer-club planning meeting, April 1975, courtesy of Irene Moore.

⑰杜爾這句話後被引用至網路狂飆時期，但他原意是指個人電腦產業。

參考書目

Abbate, Janet. *Inventing the Internet*. Cambridge, Mass.: MIT Press, 1999.

Ahl, David H., and Burchenal Green. *The Best of Creative Computing*. Morristown, N.J.: Creative Computing Press, 1976.

Anderson. Terry H. *The Movement and the Sixties*. New York Oxford University Press, 1996.

Bardini, Thierry. *Bootstrapping: Douglas Engelbart. Coevolution, and the Origins of Personal Computing*. Stanford, Calif.: Stanford University Press, 2000.

Beers, David. *Blue Sky Dream: A Memoir of America's Fall from Grace*. New York: Doubleday, 1996.

Bergin, Thomas J., and Richard G. Gibson. *History of Programming Languages II*. New York and Reading, Mass.: ACM Press, Addison-Wesley Pub. Co., 1996.

Black, David. *Acid: The Secret History of LSD*. Berkeley, Calif.: Frog Ltd. ,1998.

Braunstein, Peter, and Michael William Doyle. *Imagine Nation: The American Counterculture of the 1960s and '70S*. New York: Routledge, 2002.

Ceruzzi. Paul E. *A History of Modern Computing*. Cambridge, Mass.: MIT Press, 1998.

Cohen, Robert, and Reginald E. Zelnik. *The Free Speech Movement: Reflections on Berkeley in the 1960s*. Berkeley: University of California Press, 2002.

Cowan, Ruth Schwartz. *A Social History of American Technology*. New York: Oxford University Press, 1997.

Coyote, Peter. *Sleeping Where I Fall: A Chronicle*. Washington, D.C.: Counterpoint, 1998.

Edwards, Paul N. *The Closed World: Computers and the Politics of Discourse in Cold War America*. Cambridge, Mass.: MIT Press, 1996.

Engelbart, Douglas C, *Augmenting Human Intellect: A Conceptual Framework*. Director of Information Sciences, Air Force Office of Scientific Research, 1962.

Evans, Christopher Riche. *The Micro Millennium*. New York: Viking Press, 1980.

Farber. David R. *The Sixties: From Memory to History*. Chapel Hill: University of North Carolina PreaH, 1994.

——. *The Age of Great Dreams: America in the 1960s*, New York; Hill and Wang. 1994.

Flamm, Kenneth. *Creating the Computer: Government. Industry, and High Technology*. Washington, D.C.: Brooking Institution, 1988.

Frank, Thomas. *The Conquest of Cool: Business Culture, Counterculture, and the Rise of Hip Consumerism*, Chicago; University of Chicago Press. 1997.

Freiberger. Paul, and Michael Swaine. *Fire in the Valley The Making of the Personal Computer*. Berkeley, Calif.: Osborne/McGraw-Hill, 1984.

Gitlin, Todd. *The Sixties: Years of Hope, Days of Rage*. Toronto and New York: Bantam Books, 1987.

Goldberg, Adele. *A History of Personal Workstations*. New York and Reading, Mass.: ACM Press. Addison-Wesley Pub. Co., 1988.

Gross. Michael. *My Generation: Fifty Years of Sex, Drugs, Rock, Revolution, Glamour, Greed, Valor, Faith, and Silicon Chips*. New York: Cliff Street Books, 2000.

Grossman, Wendy. *From Anarchy to Power: The Net Comes of Age*. New York: New York University Press, 2001.

Hafner, Katie, and Matthew Lyon. *Where Wizards Stay Up Late: The Origins of the Internet*. New York: Simon & Schuster, 1996.

Hajdu, David. *Positively 4th Street: The Lives and Times of Joan Baez, Bob Dylan, Mimi Baez*

Fariña, and Richard Fariña. New York: Farrar, Straus and Giroux, 2001.

Himanen, Pekka. *The Hacker Ethic, and the Spirit of the Information Age*. New York; Random House, 2001.

Lee, Martin A., and Bruce Shlain. *Acid Dreams: The Complete Social History of LSD: The CIA, the Sixties, and Beyond*. New York: Grove Weidenfeld, 1992.

Levy, Steven. Crypto: *How the Code Rebels Beat the Government, Saving Privacy in the Digital Age*. New York: Viking. 2001.

——. *Hackers: Heroes of the Computer Revolution*. Garden City. N. Y.: Anchor Press/Doubleday, 1984.

Ludlow, Peter. *Crypto Anarchy, Cyberstates, and Pirate Utopias*. Cambridge, Mass.: MIT Press, 2001.

McNally, Dennis. *A Long Strange Trip: The Inside History of the Grateful Dead*. New York Broadway Books, 2002.

Margolis. Jon. *The Last Innocent Year: America in 1964—The Beginning of the "Sixties."* New York: William Morrow and Co., 1999.

Metzner, Ralph. *The Ecstatic Adventure*. New York; Macmillan, 1968.

Mullis, Kary B. *Dancing Naked in the Mind Field*. New York: Pantheon Books. 1998.

Mumford, Lewis. *The Pentagon of Power*. New York: Harcourt Brace Jovanovich, 1974.

Nelson, Fred, and Ed McClanahan. *One Lord, One Faith, One Cornbread*. Garden City. N.Y.: Anchor Press, 1973.

Nelson, Theodor H. *Computer Lib; Dream Machines*, Redmond, Wash.: Tempus Books of Microsoft Press, 1987.

Phillips, Michael. *What's Really Happening: Baby Boom II Comes of Age*. Bodega, Calif.: Clear Glass Pub., 1984.

Pinch, T. J. and Frank Trocco. *Analog Days: The Invention and Impact of the Moon Synthesizer*. Cambridge, Mass.: Harvard University Press, 2002.

Raymond, Eric S. *The New Hacker's Dictionary*. Cambridge, Mass.: MIT Press. 1993.

Reynolds, Terry S., and Stephen H. Cutcliffe. *Technology and the West: A Historical Anthology from Technology and Culture*. Chicago; University of Chicago Press, 1997.

Rheingold, Howard, *Tools for Thought: The People and Ideas Behind the Next Computer Revolution*. New York: Compute Book Division/Simon & Schuster. 1985.

Roszak Theodore. *The Making of a Counter Culture: Reflections on the Technocratic Society and Its Youthful Opposition*. London: Faber, 1970.

——. *From Satori to Silicon Valley: San Francisco and the American Counterculture*. San Francisco: Don't Call It Frisco Press, 1986.

——. *The Cult of Information: A Neo-Luddite Treatise on High Tech, Artificial Intelligence, and the True Art of Thinking*. Berkeley: University of California Press. 1994.

Segaller, Stephen. *Nerds 2.0.1.* New York: TV Books, 1998.

Selvin. Joel. *Summer of Love: The Inside Story of LSD, Rock & Roll, Free Love, and High Times in the Wild West*. New York: Dutton. 1994.

Smith, Douglas K., and Robert C. Alexander. *Fumbling the Future: How Xerox Invented. Then Ignored, the First Personal Computer*. New York: William Morrow, 1988.

Smith, Merritt Roe, and Leo Marx. *Does Technology Drive History?: The Dilemma of Technological Determinism*. Cambridge, Mass.; MIT Press, 1994.

Solnit, Rebecca. *River of Shadows: Eadweard Muybridge and the Technological Wild West*. New York: Viking, 2003.

Stevens, Jay. *Storming Heaven: LSD and the American Dream*. New York: Atlantic Monthly Press, 1987.

Stolaroff, Myron f. *Thanatos to Eros: 35 Years of Psychedelic Exploration Ethnomedicine and the Study of Consciousness (Series Ethnomedicine and the Study of Consciousness = Reihe)*, Verlag for Wissenschaft Und Bildung, 1994.

Vallee, Jacques. *The Network Revolution: Confessions of a Computer Scientist*. Berkeley, Calif.: And/Or Press, 1982.

Waldrop, M. Mitchell. *The Dream Machine: J.C.R. Licklider and the Revolution That Made Computing Personal*. New York: Viking. 2001.

Wayner, Peter. *Free for All: How Linux and the Free Software Movement Undercut the High-Tech Titans*. New York: Harper Business, 2000.

Wolfe, Tom. *The Electric Kool-Aid Acid Test*. New York: Farrar, Straus and Giroux, 1968.

Zachary, G. Pascal. *Endless Frontier. Vannevar Bush, Engineer of the American Century*. New York: Free Press, 1997.

國家圖書館出版品預行編目資料

PC迷幻紀事／馬可夫 (John Markoff) 著；
查修傑譯.-- 初版.-- 臺北市：
大塊文化，2006 [民95]
面；　公分.-- (From ; 35)
譯自：What the Dormouse Said
ISBN 986-7059-26-3(平裝)

1. 微電腦 - 歷史　2. 電腦文化

312.911609　　95011192

LOCUS

LOCUS

LOCUS

LOCUS